中等职业教育"十四五"校企合作规划教材

建筑 CAD 基础教程

主　编　邱　玲　崔先维　王凯璇
副主编　陈立博　李正一　姚　宏

中国建材工业出版社
北　京

图书在版编目（CIP）数据

建筑CAD基础教程/邱玲，崔先维，王凯璇主编. --北京：中国建材工业出版社，2024.1

中等职业教育"十四五"校企合作规划教材

ISBN 978-7-5160-3851-2

Ⅰ.①建… Ⅱ.①邱… ②崔… ③王… Ⅲ.①建筑设计－计算机辅助设计－AutoCAD软件－中等专业学校－教材 Ⅳ.①TU201.4

中国国家版本馆CIP数据核字（2023）第195459号

建筑CAD基础教程
JIANZHU CAD JICHU JIAOCHENG

主　编　邱　玲　崔先维　王凯璇
副主编　陈立博　李正一　姚　宏

出版发行：中国建材工业出版社
地　　址：北京市西城区白纸坊东街2号院6号楼
邮　　编：100054
经　　销：全国各地新华书店
印　　刷：北京印刷集团有限责任公司
开　　本：787mm×1092mm　1/16
印　　张：17.5
字　　数：300千字
版　　次：2024年1月第1版
印　　次：2024年1月第1次
定　　价：59.80元

本社网址：www.jccbs.com，微信公众号：zgjcgycbs
请选用正版图书，采购、销售盗版图书属违法行为
版权专有，盗版必究。本社法律顾问：北京天驰君泰律师事务所，张杰律师
举报信箱：zhangjie@tiantailaw.com　举报电话：（010）63567684
本书如有印装质量问题，由我社市场营销部负责调换，联系电话：（010）63567692

前　言

　　本教材在编写过程中注重学思结合，倡导启发式、探究式、讨论式、参与式教学，帮助学生学会学习，注重知行统一，坚持教育教学与生产劳动、社会实践相结合。因此，本教材具有以下几方面的特点：

　　一是校企合作开发。本教材由相关院校与广州中望龙腾软件股份有限公司共同开发。教材集成了一线教师多年的教学经验及积累的大量实践案例，并参照最新推出的中望CAD教育版编写而成。

　　二是易学易懂，强调实用性。本教材以建筑制图和建筑识图为主，以典型案例为经线，以绘图技术及软件命令应用为纬线，由浅入深、由单一到全面地介绍了绘图技术技巧，使学生能够轻松掌握绘图的全过程。

　　三是便于教学，强调操作性。本教材在编写中采用模块结构，既循序渐进，又相对独立。教师在课堂上可根据实际情况，既可采用连续的模块，也可精选部分模块来完成教学；学生在学习中也可以根据自己的学习情况进行灵活调整，使教与学具有更强的可操作性。

　　四是内容丰富，强调拓展性。本教材共分16个模块，每个模块都有对应的项目，每个项目下又设有对应的任务，命令的使用始终贯穿于每个任务当中。为拓展知识面，本教材每个模块后都配有充足的拓展训练题，便于学生复习自测。

　　五是技巧性强。编者将实践中积累的绘图技巧通过"小提示"的形式体现出来，从而提高绘图效率。

　　本教材由邱玲、崔先维、王凯璇担任主编，陈立博、李正一、姚宏担任副主编。本教材是集体智慧的结晶，参编人员有着丰富的教学、培训和实践经验。具体编写分工如下：邱玲编写模块3，陈立博编写模块15，李正一编写模块8和模块16，姚宏编写模块5和模块13，崔先维编写模块7和模块9，王凯璇编写模块14，孙钟编写模块10，周洪靖编写模块4和模块6，王翠凤编写模块2和模块11，郭聿荃编写模块1和模块12。邱玲对全书进行了统稿。

本教材既可作为中等职业学校教材，也可作为CAD技能大赛辅导培训教材。

本教材在编写过程中参考了大量同人的观点和已出版的教材，吸收了广州中望龙腾软件股份有限公司的相关资料。广州中望龙腾软件股份有限公司、中国建材工业出版社等给予了本教材大力支持并提出了许多宝贵的意见，在此一并表示衷心的感谢！

由于时间仓促，编者水平有限，书中难免有疏漏和不足之处，敬请广大读者批评指正。

编　者

2024 年 1 月

目 录

模块 1　中望 CAD 教育版概述

项目 1　中望 CAD 教育版的发展历史 ············· 2
项目 2　中望 CAD 教育版的工作界面 ············· 2
项目 3　中望 CAD 教育版命令的输入方法 ············· 12
项目 4　中望 CAD 教育版文件的新建与保存 ············· 15
小结 ············· 21
拓展训练 ············· 21

模块 2　绘图前的准备工作

项目 1　中望 CAD 教育版绘图环境的设置 ············· 24
项目 2　中望 CAD 教育版图形界限的设置 ············· 25
项目 3　中望 CAD 教育版图形单位的设置 ············· 26
项目 4　中望 CAD 教育版的坐标系统 ············· 27
小结 ············· 29
拓展训练 ············· 29

模块 3　二维图形的绘制

项目 1　直线命令 ············· 32
项目 2　构造线命令 ············· 33
项目 3　射线命令 ············· 34
项目 4　圆命令 ············· 35
项目 5　圆弧命令 ············· 37
项目 6　椭圆与椭圆弧命令 ············· 40
项目 7　点命令 ············· 41

项目 8	徒手画线命令	43
项目 9	多段线命令及多段线的编辑命令	44
项目 10	矩形命令	47
项目 11	正多边形命令	49
项目 12	多线样式、多线命令与多线编辑	50
项目 13	圆环命令	54
项目 14	样条曲线命令	55
项目 15	修订云线命令	56
小结		57
拓展训练		58

模块 4　灵活使用中望 CAD 的辅助功能

项目 1	使用捕捉、栅格和正交功能精确定位	64
项目 2	中望 CAD 对象捕捉功能	66
项目 3	中望 CAD 自动追踪功能	70
小结		73
拓展训练		73

模块 5　二维图形的编辑

项目 1	选择对象	76
项目 2	删除命令	78
项目 3	拉伸命令	78
项目 4	移动命令	80
项目 5	复制命令	81
项目 6	偏移命令	83
项目 7	镜像命令	85
项目 8	旋转命令	86
项目 9	缩放命令	88
项目 10	阵列命令	89
项目 11	夹点的使用	91
项目 12	修剪命令	93
项目 13	打断命令	94
项目 14	拉长命令	95
项目 15	延伸命令	96

项目 16	对齐命令	98
项目 17	倒角命令	99
项目 18	圆角命令	101
项目 19	分解命令	103
小结		103
拓展训练		104

模块 6　面域、布尔运算与图案填充

项目 1	创建面域	110
项目 2	面域的布尔运算	111
项目 3	图案填充	113
项目 4	图案填充的设置	115
项目 5	编辑图案填充	116
项目 6	渐变色填充	117
小结		119
拓展训练		119

模块 7　图形查询

项目 1	查询点坐标	122
项目 2	查询两点间距离	122
项目 3	查询图形半径和直径	123
项目 4	查询图形角度	123
项目 5	查询图形面积	124
项目 6	查询图形信息	125
项目 7	查询面域/质量特性	126
小结		128
拓展训练		128

模块 8　图层的管理和使用

项目	图层的设置与管理	130
小结		136
拓展训练		136

模块 9　图形的显示

项目 1　图形的重画与重新生成 ·· 138

项目 2　图形的缩放与平移 ·· 138

项目 3　平铺视口与多窗口排列 ·· 141

项目 4　图像 ·· 144

小结 ··· 149

拓展训练 ··· 149

模块 10　文字

项目 1　设置文字样式 ·· 152

项目 2　输入文字 ··· 153

项目 3　文字编辑 ··· 156

小结 ··· 158

拓展训练 ··· 158

模块 11　表格的绘制与编辑

项目 1　设置表格样式 ·· 160

项目 2　插入表格 ··· 161

小结 ··· 165

拓展训练 ··· 166

模块 12　尺寸标注

项目 1　尺寸标注相关规定与组成 ··· 168

项目 2　设置标注样式 ·· 168

项目 3　修改标注样式 ·· 171

项目 4　图形尺寸标注常用类型 ·· 171

小结 ··· 179

拓展训练 ··· 179

模块 13　图块、外部参照和设计中心

项目 1　图块的制作与使用 · 182
项目 2　属性的定义与使用 · 187
项目 3　外部参照 · 194
项目 4　设计中心 · 198
小结 · 200
拓展训练 · 201

模块 14　绘制三维图形

项目 1　了解三维绘图的基本术语 · 204
项目 2　三维绘图使用的坐标系 · 204
项目 3　视点、坐标、视觉样式、三维动态观察器 · 205
项目 4　用图元工具创建三维实体 · 209
项目 5　通过二维图形创建三维实体 · 211
小结 · 215
拓展训练 · 215

模块 15　编辑三维图形

项目 1　了解三维实体编辑的菜单 · 218
项目 2　运用布尔运算编辑制作模型 · 218
项目 3　运用实体编辑相关命令编辑复杂对象 · 222
项目 4　运用三维操作编辑复杂对象 · 230
小结 · 235
拓展训练 · 235

模块 16　建筑图形绘制实例

项目 1　建筑平面图实例 · 242
项目 2　建筑立面图实例 · 258
项目 3　建筑剖面图实例 · 264
小结 · 267
拓展训练 · 268

参考文献 · 270

模块 1
中望 CAD 教育版概述

☑ 教学目标

了解中望 CAD 教育版的发展历史。

熟悉中望 CAD 教育版工作界面的组成，并理解各组成部分的功能。

掌握中望 CAD 教育版命令的输入方法。

熟练掌握中望 CAD 教育版文件的新建与保存。

◈ 教学重点

熟悉中望 CAD 教育版命令的输入方法。

熟练掌握中望 CAD 教育版文件的新建与保存。

⚛ 教学难点

中望 CAD 教育版文件的新建。

模块1是本课程学习的基础，熟悉工作界面的组成、基本组成部分的功能和命令的输入方法，了解各组成部分的功能是学好本课程的关键。

项目1　中望CAD教育版的发展历史

中望CAD是由广州中望龙腾软件股份有限公司（简称中望软件）在2002年推出的拥有自主知识产权的CAD软件。根据行业的实际应用特点进行深度开发，适用于园林、建筑、装饰、规划、测绘、服装、模具、机械、造船、汽车、电力、电子等多个行业的工程制图。

中望软件于2008年成立教育事业部，十多年来一直从事以CAD/CAM软件为基础的信息化教学资源开发。中望软件快速建立教育服务生态体系，为广大中、高等院校提供信息化教学工具、设计软件、课程资源、师资培训、竞赛活动、认证体系等多维度、深层次的支持。

🔊 **小提示**

> 中望CAD教育版与AutoCAD的文件交流不需要进行转换，中望CAD教育版以DWG作为内部工作文件，支持AutoCAD所有版本的DWG文件和DXF文件，并且可以在AutoCAD软件相应版本中直接打开、编辑和保存。

项目2　中望CAD教育版的工作界面

图1-2-1　中望CAD教育版快捷图标

为了更快、更直接地了解和熟悉中望CAD教育版，这里选择了中望CAD教育版的经典界面，希望通过介绍中望CAD教育版的工作界面各组成部分和功能，让学生根据自己的使用习惯和绘图需要来设计中望CAD教育版的工作界面。

双击桌面上的中望CAD教育版的快捷图标（图1-2-1），启动中望CAD教育版，进入系统默认的工作界面，如图1-2-2所示。

中望CAD教育版工作界面主要由标题栏、菜单栏、绘图窗口、工具栏、命令行、状态栏等组成。

1. 标题栏

标题栏位于窗口顶部，软件在第一次打开时，会自动创建一个文件名"Drawing1.dwg"的文件，显示在标题栏空白处，其中".dwg"是CAD文件名的扩展名,如图 1-2-3 所示。

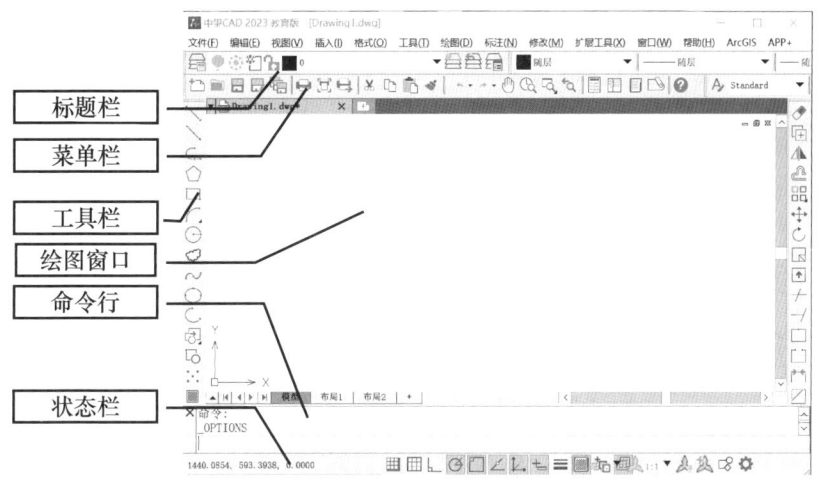

图 1-2-2　中望 CAD 教育版工作界面

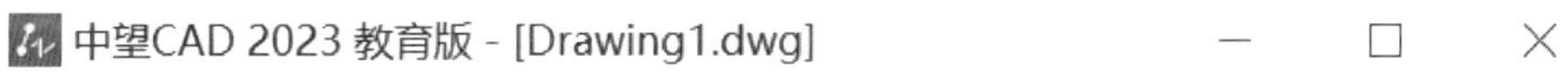

图 1-2-3　标题栏

2. 菜单栏

位于标题栏下方的是菜单栏,中望 CAD 教育版所有的绘图命令都可以通过菜单栏实现。其中包括文件、编辑、视图、插入、格式、工具、绘图、标注、修改、扩展工具、窗口、帮助、ArcGIS、APP+共 14 个菜单项,如图 1-2-4 所示,并且各个菜单都包含相对应的子菜单。

图 1-2-4　菜单栏

(1) 开启对应的下拉菜单

方法 1:在菜单项上单击,出现相对应的下拉菜单。

方法 2:利用快捷键的方式开启相对应的下拉菜单。按【Alt】键+对应菜单括号后面的字母开启下拉菜单。

例如:打开"编辑"的下拉菜单,如图 1-2-5 所示。

可以通过菜单栏打开:单击"编辑"菜单,还可以通过快捷键【Alt+E】实现。

(2) 级联菜单

在下拉菜单中出现黑色▼三角形的菜单选项,当鼠标滑过时会自动显示子菜单。

任务 1:通过菜单栏或快捷键的方式打开文本窗口,如图 1-2-6 和图 1-2-7 所示。

方法 1:菜单栏输入:视图—显示—文本窗口。

方法 2:快捷键输入:Alt+V—L—T。

建筑 CAD 基础教程

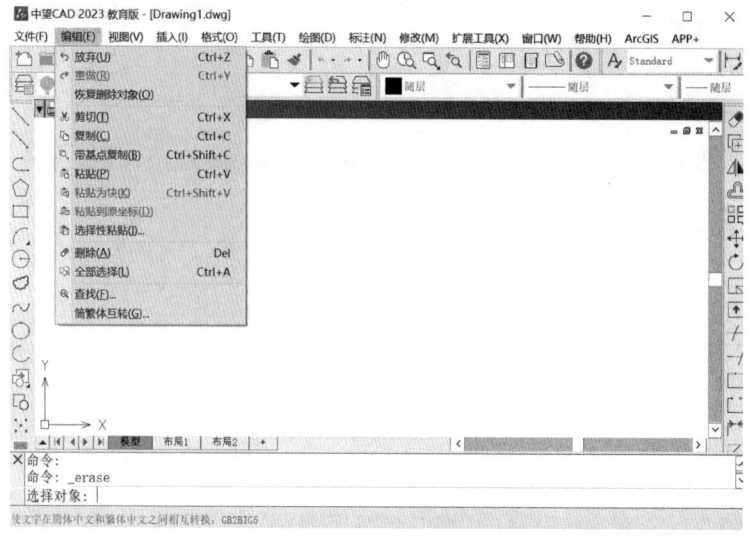

图 1-2-5　编辑菜单栏

🔊 小提示

> 当开启多个文件，需要同时操作时，可以通过菜单栏"窗口"中的层叠、水平平铺和垂直平铺，布置绘图窗口。
>
> 虽然通过菜单栏可以完成所有命令，但是在绘图过程中，使用菜单栏选择绘图工具，会大大降低绘图速度，建议在工作过程中养成使用命令行输入和快捷键操作的习惯。

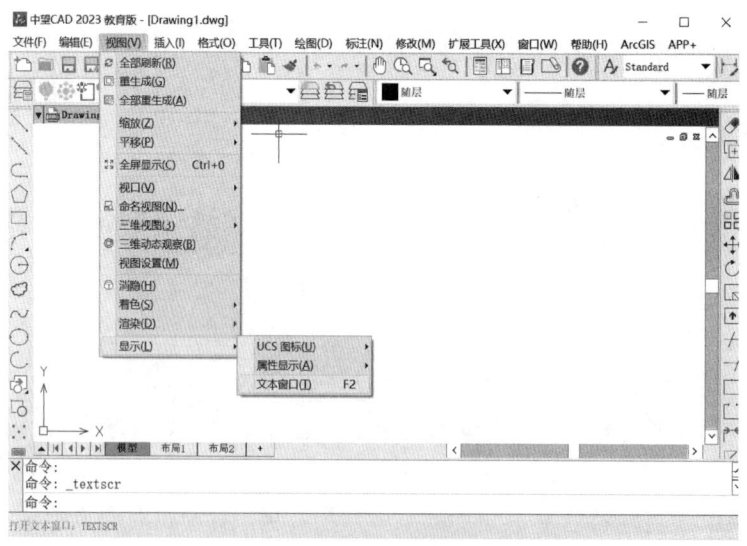

图 1-2-6　打开文本窗口

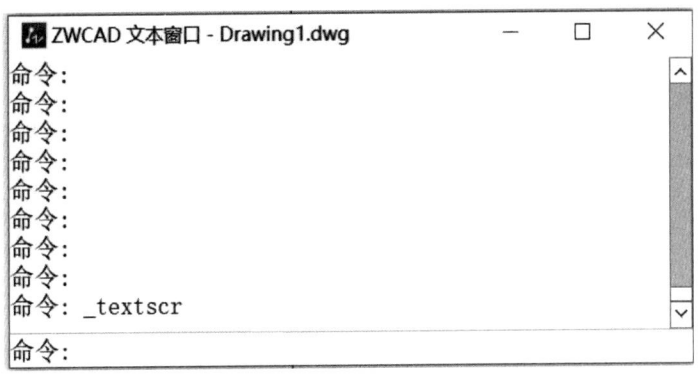

图 1-2-7 文本窗口界面

3. 工具栏

工具栏由形象化的图标按钮组成。默认状态下，工具栏会显示"特性""样式""设计中心""修改"等工具按钮，它们分别显示在菜单栏的下方和两侧。鼠标停留在这些按钮上，就会出现该按钮的名称；在工具栏按钮上单击，即可执行该项操作，在工具栏上空白处右击，可在弹出的快捷菜单中调整所有工具栏的开启状态。另外，拖动工具栏可改变工具栏的位置。

（1）标准工具栏，如图 1-2-8 所示。

图 1-2-8 标准工具栏

（2）绘图工具栏，如图 1-2-9 所示。

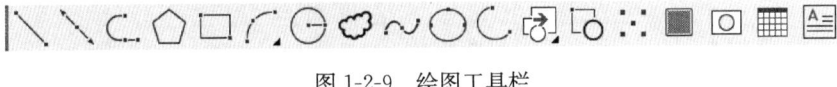

图 1-2-9 绘图工具栏

（3）修改工具栏，如图 1-2-10 所示。

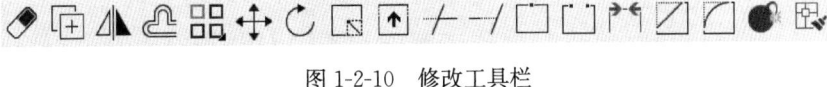

图 1-2-10 修改工具栏

（4）对象特性工具栏，如图 1-2-11 所示。

图 1-2-11 对象特性工具栏

（5）图层工具栏，如图 1-2-12 所示。

图 1-2-12 图层工具栏

（6）样式工具栏，如图 1-2-13 所示。

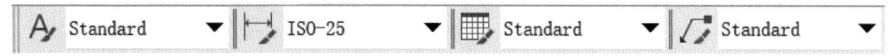

图 1-2-13　样式工具栏

开启或隐藏工具栏，可以通过以下 3 种方式打开：
① 命令：TOOLBAR，简写 TO。
② 菜单栏：工具—自定义—自定义工具，在命令行输入 T↙。
③ 工具栏：在任意工具条上右击，滑动鼠标，勾选需要开启或隐藏的工具栏。
如图 1-2-14 和图 1-2-15 所示。

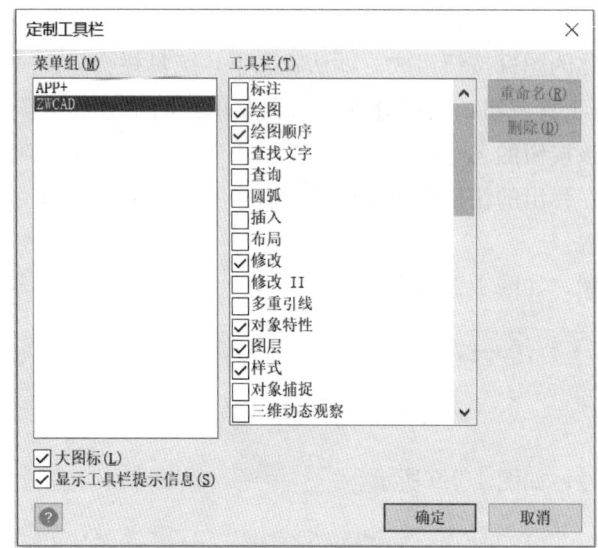

图 1-2-14　命令行、菜单栏开启工具栏

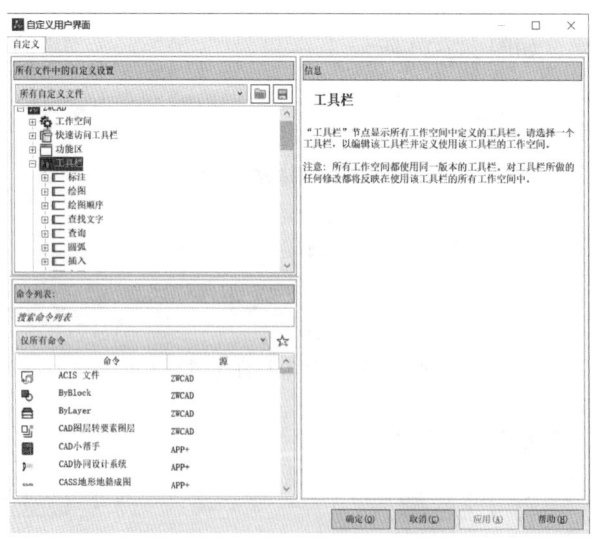

图 1-2-15　工具栏开启工具栏

任务 2：在默认工作界面下，关闭绘图工具栏，将修改工具栏移动到绘图工具栏原有的位置，再打开标注工具栏放置到绘图窗口的任意位置，如图 1-2-16 所示。

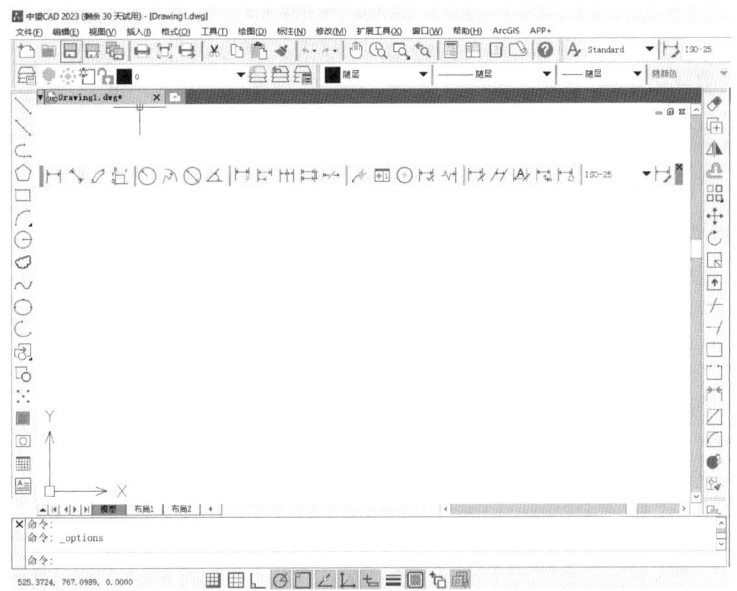

图 1-2-16　标注工具栏放置到绘图窗口的任意位置

方法 1：如图 1-2-17 所示。

① 命令：TO↙，打开"定制工具栏"对话框。

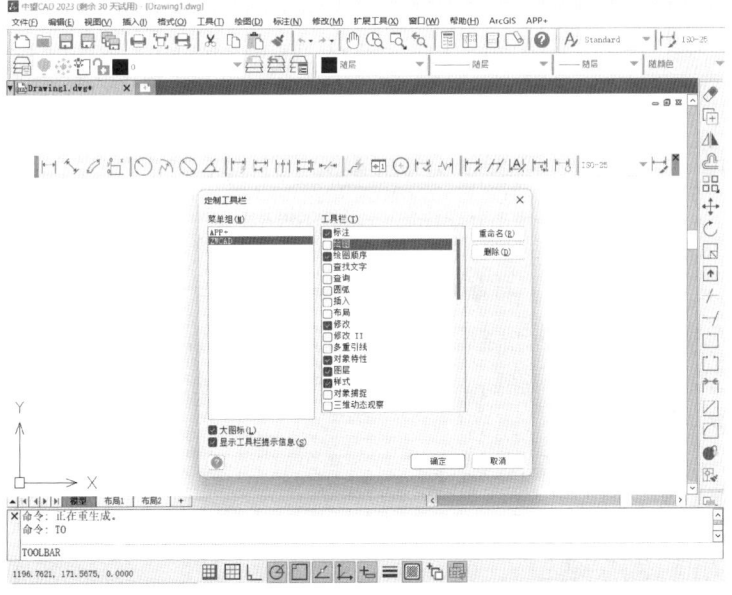

图 1-2-17　打开"定制工具栏"对话框

② 单击"工具栏"选项卡，勾选"标注"工具条，取消勾选"绘图"工具条，关闭"定制工具栏"对话框或单击"确定"按钮。

③在"修改"工具条的边缘按住鼠标左键,拖动到"绘图"工具条原有的位置上。调整标准工具条的位置,将其放置到绘图窗口。

方法2:

①工具栏输入:在任意工具条的边缘上右击,滑动鼠标,取消"绘图"工具条,勾选"标注"工具条(图1-2-18)。

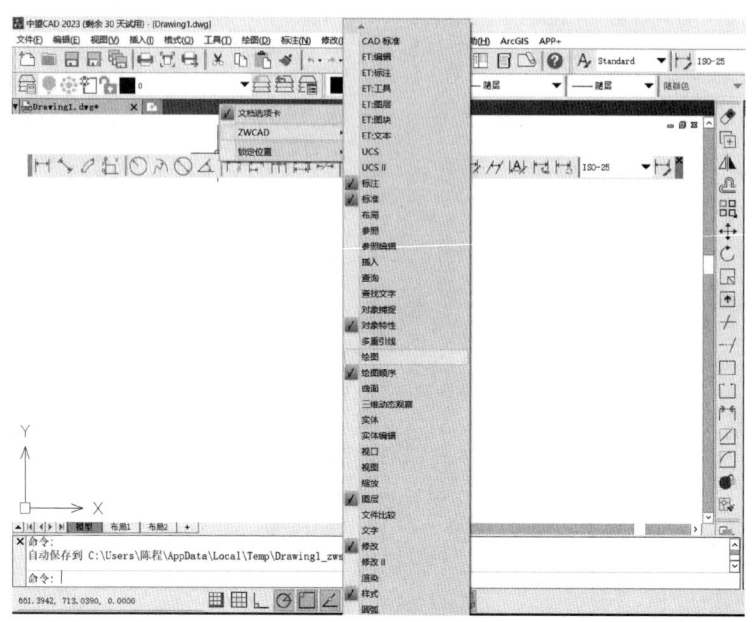

图1-2-18 工具栏输入

②在"修改"工具条的边缘按住鼠标左键,拖动到绘图工具条原有的位置上,调整标准工具条的位置,将其放置到绘图窗口。

🔊 小提示

当鼠标滑过工具栏上的命令按钮时,系统会显示该命令的名称和对应快捷键的注释信息,以确认命令,再单击命令按钮后执行命令。

中望CAD教育版中的工具栏具有浮动性,可根据自己的使用习惯,在任意工具条的边缘,按住鼠标左键,当出现虚线框后,拖动工具条到屏幕上任何想要放置的位置上。

4. 工具选项板

打开"工具选项板"窗口的命令启动方式有以下4种:

①命令:TOOLPALETTES。

②菜单栏:工具—选项板—工具选项板。

③工具栏:标准工具栏中的工具选项板按钮 ▤ 。

④快捷键:Ctrl+3。

任务3：将"工具选项板"窗口移动到绘图窗口，调换"建筑"与"绘图"选项的位置，并将建筑选项的视图样式更改为图标，如图 1-2-19 所示。

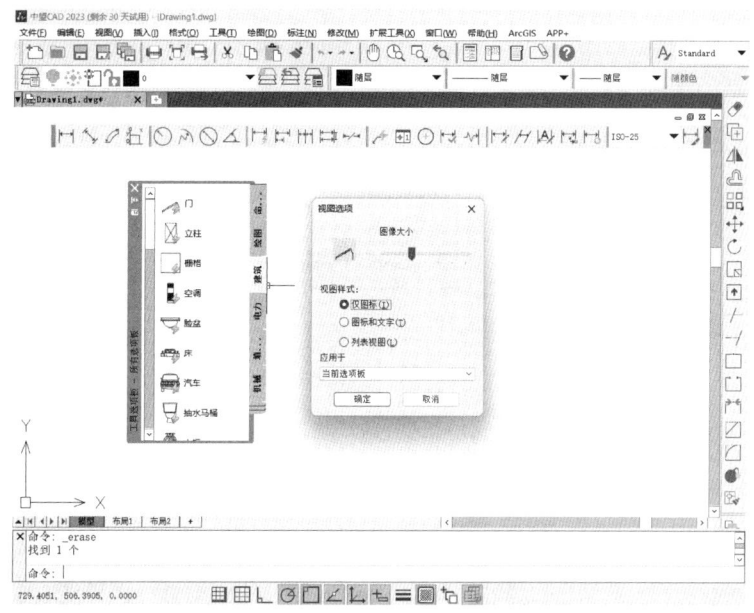

图 1-2-19　移动"工具选项板"窗口

① 在"工具选项板"窗口上边缘的双横线上按住鼠标左键，出现虚线框后，拖动工具选项板窗口到绘图窗口。

② 右击"工具选项板"窗口的"绘图"选项，打开快捷菜单，单击"上移"。

③ 右击"工具选项板"窗口的"建筑"选项，选择"视图选项"，在视图样式下，点选"仅图标"，单击"确定"按钮，完成任务。

小提示

> 右击"工具选项板"窗口中的选项卡，弹出相应的快捷菜单，可以上下移动当前选项卡的位置、删除或更改当前选项板的名称或者新建一个选项板。"工具选项板"窗口可以通过拖动选择固定或悬浮在 ZWCAD 程序中，但只支持将选项板附着到绘图窗口左侧或右侧。当"工具选项卡"处于悬浮状态时，在选项板的空白区域右击，右键菜单将在上面的基础上新增"透明度"选项。
>
> "工具选项板"窗口也可通过快捷键【Ctrl + 3】进行关闭和开启，在使用过程中更便捷。

5. 绘图窗口

绘图窗口是中望 CAD 教育版进行绘制、显示和观察图形的重要工作区域。在绘图窗口的内部和边框的边缘分别设有十字光标、坐标系图标、模型选项卡、布局选项卡、滚动条等，如图 1-2-20 所示。

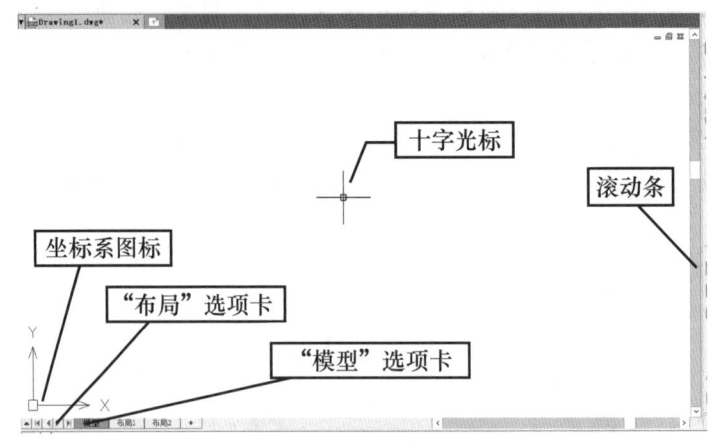

图 1-2-20 绘图窗口

（1）十字光标

十字光标主要进行选择和移动对象操作，并且显示当前工作点在坐标系中的位置。

（2）坐标系图标

在绘图区域的左下角带有 X、Y 水平垂直走向的箭头图标为坐标系图标，主要用于绘制点的参照坐标系，可以根据绘图需要进行开启和关闭。

开启与关闭坐标系图标的方法：

菜单输入：视图－显示－UCS 图标－开（图 1-2-21）。

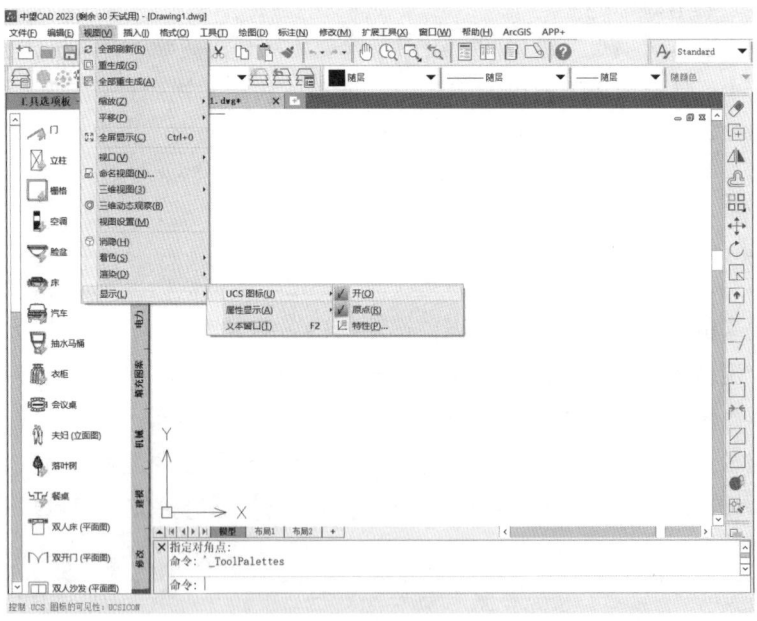

图 1-2-21 菜单输入

（3）"模型"选项卡

在中望 CAD 教育版绘图窗口的左下角设置了"模型"选项卡和"布局"选项卡，

系统默认显示"模型"选项卡下的模型空间,可以在这个界面下绘制和修改图形,并且这个绘图区域没有最大界限,可通过缩放功能进行放大和缩小。

(4)"布局"选项卡

单击"布局"选项卡,从模型空间转换到布局空间,主要用于打印出图,并且在布局空间可以设定不同规格的图纸。

(5)滚动条

拖动绘图窗口的右侧和下方提供的水平与垂直的滚动条对图形进行浏览。

6."文档"选项卡

"文档"选项卡用于显示当前开启文件的名称,在"文档"选项卡的空白处右击,可以新建或打开文件,如图1-2-22所示。

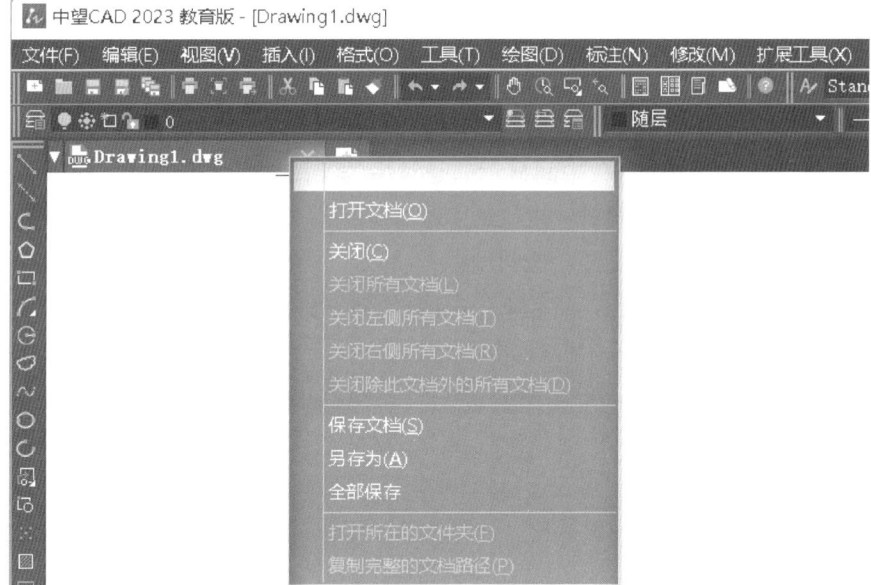

图1-2-22 "文档"选项卡

开启与隐藏"文档"选项卡的方法:在工具栏的空白处右击,勾选或取消"文档"选项卡。

7. 命令行窗口

在中望CAD教育版中命令行窗口由两部分组成,包括命令行和命令历史窗口。

命令行:用于输入命令,输入结束后通过【Enter】或空格键,执行命令。

命令历史窗口:用于保存中望CAD教育版当前文件中所有执行过的命令,如图1-2-23所示,可以通过拖动边缘线的方式调整命令历史窗口的大小。

图1-2-23 命令历史窗口

任务 4：开启或隐藏命令行窗口。
方法 1：菜单栏输入：工具—命令行。
方法 2：快捷键输入：Ctrl+9。

小提示

> 鼠标上下拖动命令行上方的双横线，可以调节命令行窗口的大小，并且通过【F2】键，可以调出独立的命令行文本窗口，方便查阅操作过的命令，如图 1-2-24 所示。

图 1-2-24 状态栏

8. 状态栏

状态栏位于软件界面的最下方。如图 1-2-25 所示，依次显示的图形坐标值、图形控制按钮和状态控制按钮。状态栏的左下角显示的是当前十字光标在绘图区的三维绝对坐标值，坐标值随着鼠标的移动而实时变化。中间显示的是常用的绘图辅助工具开关的控制按钮，鼠标停留在这些按钮上会出现相对应按钮的名称，如捕捉、栅格、正交、极轴追踪、三维对象捕捉、对象捕捉追踪、线宽、透明度等。可以单击相应按钮打开或关闭其状态。当按钮状态为凹下，为打开状态，凸起则为关闭状态。另外，可在按钮上右击，选择"设置"命令，在弹出的快捷菜单中进行详细设置。

图 1-2-25 状态栏

小提示

> 单击状态栏右下角的自定义图标可以在子菜单中开启或关闭状态栏。

项目 3 中望 CAD 教育版命令的输入方法

作为初学者，首先要掌握 CAD 命令的基本输入方法，才能更好地学习后面的内容，在 CAD 中主要通过菜单、鼠标操作、键盘操作 3 种操作方式输入命令。

1. 输入命令的方式

绘图过程中常用的命令执行方式有 3 种：菜单栏输入、工具栏输入、命令行输入，个别命令只能通过命令行输入或对话框选择，还有部分命令除常用的三种执行方式外还可以通过快捷菜单来执行命令。无论用什么方式执行命令，都会在命令行窗口记录操作过的命令历史，以便查阅自己的操作信息。

（1）菜单栏输入

在菜单栏选项下，选择命令后，会在状态栏中显示当前选择命令的命令名和相对应的命令说明，如图 1-3-1 所示。

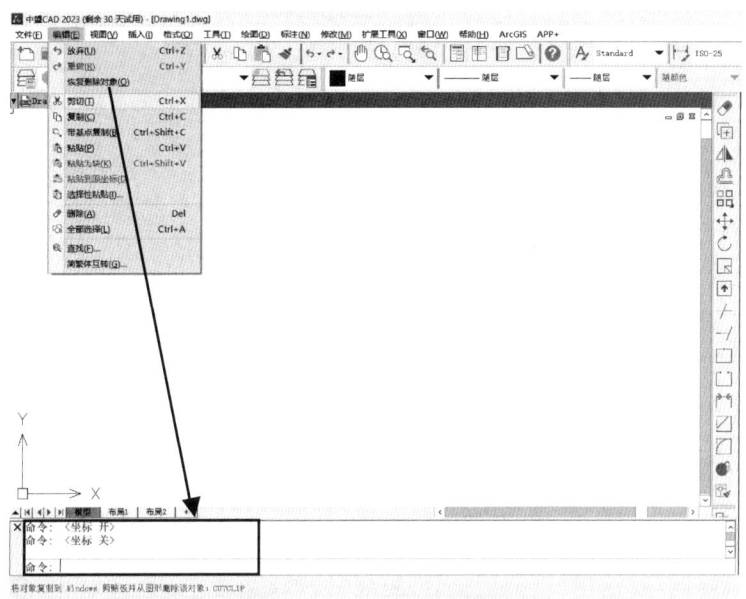

图 1-3-1　菜单栏输入方式

（2）工具栏输入

单击激活命令，然后在绘图窗口中再次单击确定工作起点，执行命令。

（3）命令行输入

在命令行窗口单击，闪动光标后输入命令名或命令缩写字母（命令输入以英文字符出现，不区分大小写），然后按【Enter】或空格键激活命令，在绘图窗口单击后确定工作点，执行命令。

（4）快捷命令输入

在命令行窗口的空白处右击，打开快捷菜单，也可在"近期使用的命令"的子菜单中选择近期使用过的命令，如图 1-3-2 所示。

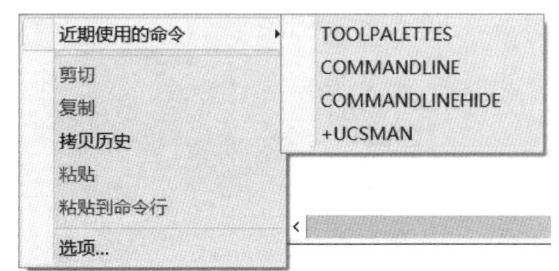

图 1-3-2　快捷命令输入方式

2. 鼠标操作

① 单击：单击选择文件—选择对象—打开菜单或打开命令或打开对话框等。

② 右击：右击后，在弹出的快捷菜单中选择所需的命令操作；也可在工具栏任意处右击，打开工具"选项"菜单，选择需要显示的工具栏。与【Enter】键功能相同。

③ 鼠标左键拖动：移动工具栏或移动窗口位置等。

④ 滑动滚轮：对视图进行实时缩放，前后滚动可放大（向前）或缩小（向后）。按住滚轮不放并拖动，此时鼠标为手形状，可以进行平移操作。

⑤ 双击滚轮：缩放到图形范围。

⑥【Shift】键＋按住滚轮不放并拖动：三维旋转。

3. 键盘操作

①【Enter】键：确认执行的命令，取消、重复上次操作的命令。

一击：执行命令。

二击：取消命令。

三击：重复执行上次的命令。

② 空格键：确认执行的命令、重复上次操作的命令。

③【Esc】键：取消一个正在执行的命令和取消当前选取的对象。

任务 5：利用 LINE 命令绘制直线，了解 CAD 命令的输入方式，并分别执行直线命令的重复、取消和撤销。

命令行输入：LINE，简写 L。

菜单输入：绘图—直线 ╲ 。

工具栏输入：单击绘图工具栏中的直线按钮。

命令：L↙

LINE 指定第一个点：　　　　　　　//用鼠标在绘图窗口中任意拾取一点

指定下一点或 [角度（A）/长度（L）/放弃（U）]：

　　　　　　　　　　　　　　　　//用鼠标在绘图窗口中任意拾取一点

指定下一点或 [角度（A）/长度（L）/放弃（U）]：↙

　　　　　　　　　　　　　　　　//完成绘制直线的操作

按空格或者 Enter 键，重复上一个命令

指定第一个点：　　　　　　　　　//用鼠标在绘图窗口中任意拾取一点

指定下一点或 [角度（A）/长度（L）/放弃（U）]：

　　　　　　　　　　　　　　　　//用鼠标在绘图窗口中任意拾取一点

指定下一点或 [角度（A）/长度（L）/放弃（U）]：

　　　　　　　　　　　　　　　　//按 Esc 键取消命令

按空格或者 Enter 键，重复上一个命令

指定第一个点：　　　　　　　　　//用鼠标在绘图窗口中任意拾取一点

指定下一点或 [角度（A）/长度（L）/放弃（U）]：

　　　　　　　　　　　　　　　　//用鼠标在绘图窗口中任意拾取一点

指定下一点或 [角度（A）/长度（L）/放弃（U）]：U↙

指定下一点或 [角度（A）/长度（L）/放弃（U）]：U↙

　　　　　　　　　　　　　　　　//撤销两步操作，所画线段已被撤销

小提示

在实际工作中,要求绘图的熟练度和速度,所以命令行输入命令缩写字母,可以大大增加工作效率,建议在日后的练习中要多使用命令行输入的方法。

项目 4　中望 CAD 教育版文件的新建与保存

本项目主要任务是中望 CAD 教育版的基本操作内容,包括新建文件、打开文件、保存文件、退出文件。

1. 新建文件

如图 1-4-1 所示,在开始要使用中望 CAD 教育版绘制图形之前,首先要新建一个 CAD 文件。

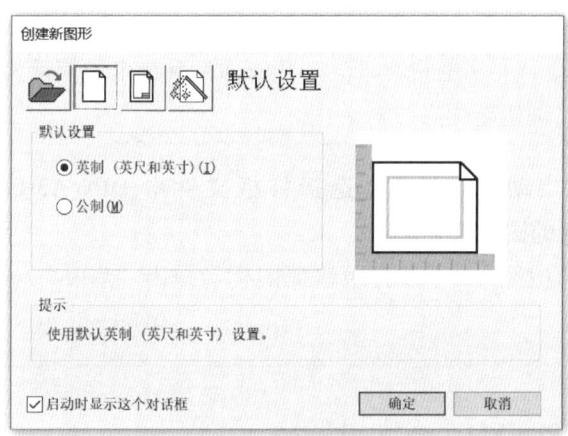

图 1-4-1　"创建新图形"对话框

新建中望 CAD 教育版文件的命令启动方式有以下 4 种:

① 命令:NEW。

② 菜单栏:文件－新建。

③ 工具栏:单击"标准"工具栏的新建按钮 。

④ 快捷键:Ctrl+N。

任务 6:运用命令行输入命令,打开"创建新图形"对话框,选择默认设置,创建一个以公制为单位的新 **CAD 图形文件。**

命令:NEW,执行命令后系统弹出"创建新图形"对话框(图 1-4-2),在"默认设置"下点选"公制",单击"确定"按钮,系统创建新图形文件,图形名默认为 drawing1.dwg。

建筑 CAD 基础教程

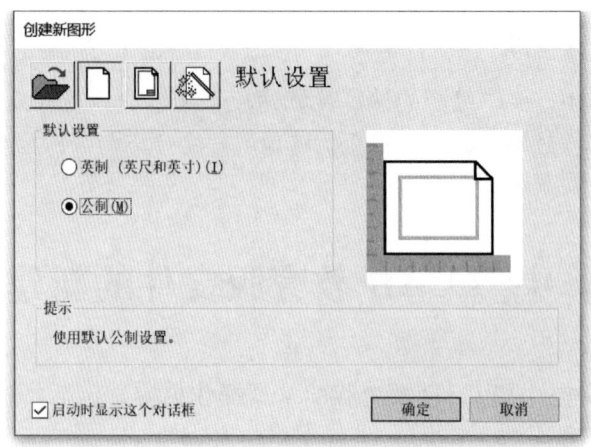

图 1-4-2　创建新图形文件

小提示

若输入命令后，系统没有弹出"创建新图形"对话框，可以在命令行输入 STARTUP 系统变量，并将值设为 1，将 FILEDIA 系统变量值设为 1。再输入新建命令，就会弹出"创建新图形"对话框。

任务 7：运用"启动"对话框，选择样板文件中 DIN A3-Color Dependent Plot Styles.dwt，创一个新的图形文件。

① 双击桌面上的中望 CAD 教育版快捷图标，弹出"启动"对话框，选择使用样板，如图 1-4-3 所示。

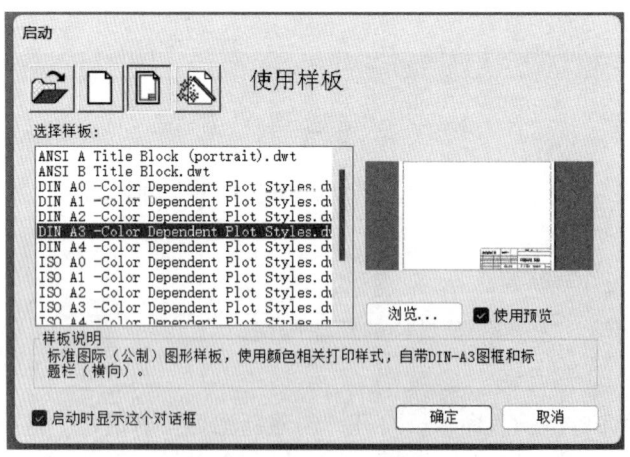

图 1-4-3　"使用样板"创建新图形文件

② 在选择样板下，选择"DIN A3-Color Dependent Plot Styles.dwt"，单击"确定"按钮。

小提示

样板文件的内容包括图形界限、图形单位、图层、线宽、线型、标注样式、文字样式、表格样式、布局等设置,以及标题栏和绘制图框等。

图形样板文件的后缀名为.dwt,使用样板文件可以保证各种图形文件使用的标准一致,另外可以根据自己的需要,把每次绘图都要重复的工作以样板文件的形式保存下来,应用时可以直接调用,避免重复性的工作,提高绘图效率。

任务 8:运用菜单栏输入的方法,通过"使用向导"创建新图形,选择向导中的"快速设置",测量单位设为"小数",默认区域数值。

① 在"文件"菜单栏中单击"新建"按钮后。弹出"创建新图形"对话框,选择"使用向导"按钮,在"选择向导"中选择"快速设置",单击"确定"按钮,如图 1-4-4 所示。

② 弹出"快速设置"对话框,在"选择测量单位"下,点选"小数",单击"下一页"按钮,如图 1-4-5 所示。

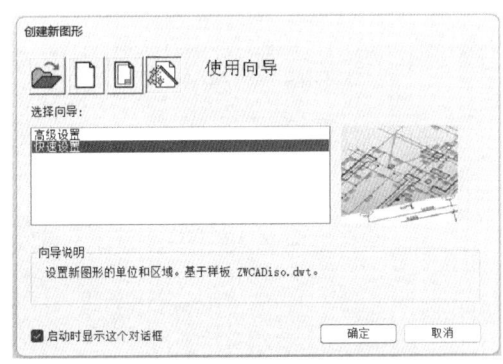

图 1-4-4 "使用向导"创建图形文件

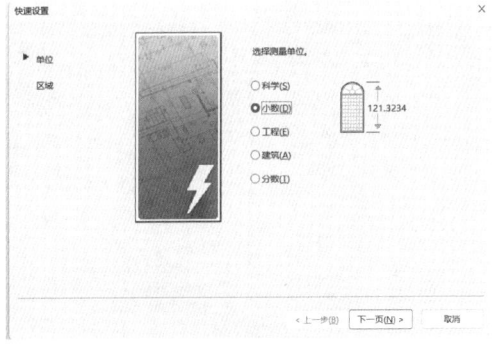

图 1-4-5 选择"小数"

③ 跳转到"区域"选项,单击"完成"按钮,如图 1-4-6 所示。

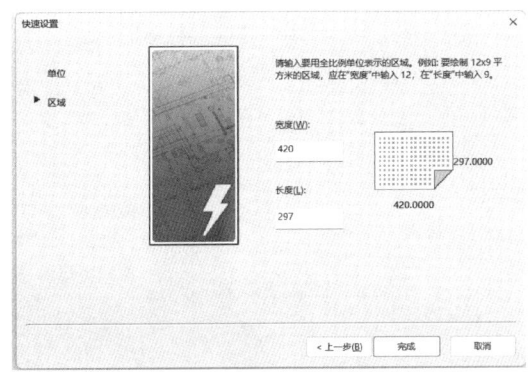

图 1-4-6 跳转到"区域"选项

小提示

> "使用向导"创建图形文件，还可以选择向导中的"高级设置"对图形文件的单位、角度、角度测量、角度方向、区域等进行精确数值的设置，通过"下一步"和"上一步"按钮完成每一页设置，在最后一页上单击"完成"按钮即可。

2. 打开文件

打开文件的命令启动方式有：

① 命令：OPEN。

② 菜单：文件—打开。

③ 工具栏：单击"标准"工具栏的打开按钮 ![] 。

④ 快捷键：Ctrl+O。

执行命令后，弹出"选择文件"对话框，选择需要打开的文件，单击"打开"按钮，如图1-4-7所示。

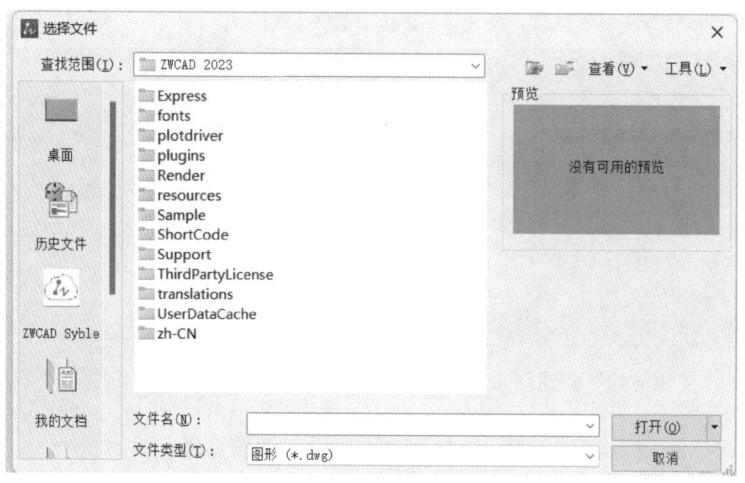

图 1-4-7 "选择文件"对话框

3. 保存文件

保存文件的命令启动方式有：

① 命令：SAVE 或 QSAVE。

② 菜单：文件—保存或另存为。

③ 工具栏：单击"标准"工具栏的保存按钮 ![] 。

④ 快捷键：Ctrl+S。

执行命令后，弹出"图形另存为"对话框，在"文件名"后输入所保存的文件名，选择"文件类型"，单击"保存"按钮，如图1-4-8所示。

模块 1
中望 CAD 教育版概述

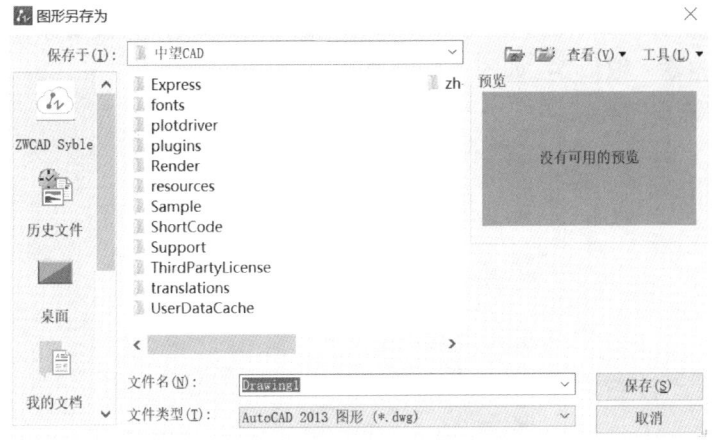

图 1-4-8 "图形另存为"对话框

小提示

如果曾经保存并命名了该图形，在修改后重新保存时，系统直接用修改后的图形覆盖原图形。如果是第一次保存图形，则弹出"图形另存为"对话框。

在中望 CAD 教育版中有 3 种文件格式，分别为图形文件的后缀 .dwg、模板文件的后缀 .dwt、图形交换文件的后缀 .dxf。

需要注意的是在中望 CAD 教育版文件中，高版本的 CAD 可以打开低版本的 CAD 文件，但是低版本的 CAD 不能打开高版本的 CAD 文件，所以我们通常会将高版本的 CAD 文件另存为低版本 CAD 文件。

任务 9：将系统设置成每间隔 5 分钟自动保存一次当前文件。

① 在"工具"菜单中，单击"选项"，如图 1-4-9 所示。

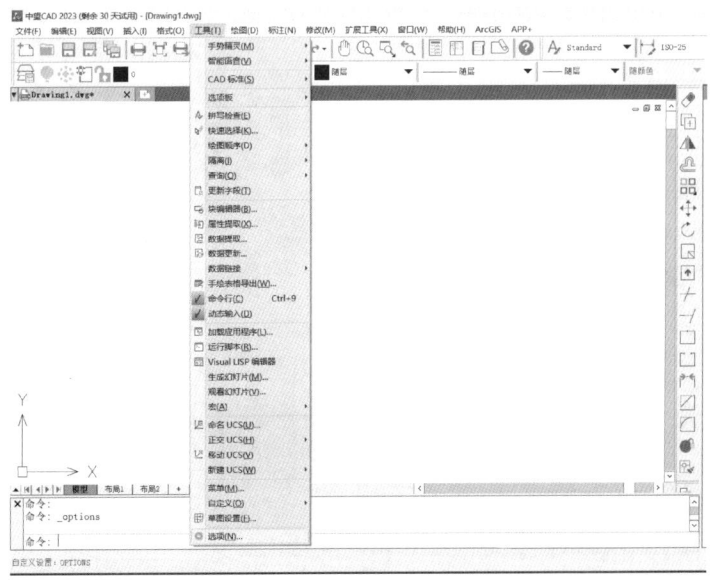

图 1-4-9 单击"工具"菜单中的"选项"

② 单击"选项"对话框中"打开和保存"选项卡，选择"自动保存"并在"保存间隔分钟数"内输入数值5，如图1-4-10所示。

③ 单击"确定"按钮。

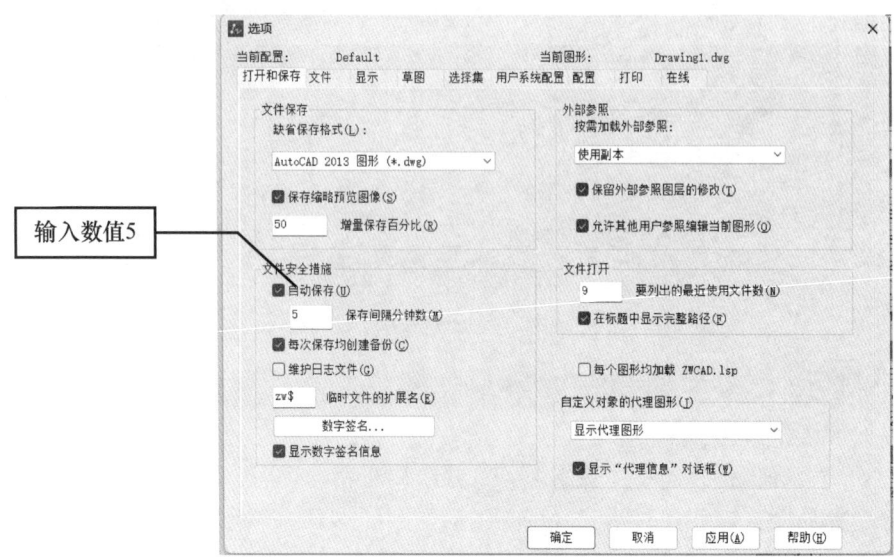

图1-4-10 "打开和保存"选项卡

任务10：运用工具栏图标，选择"创建新图形"对话框中的默认设置，默认设置单位为"公制"，创建一个新的图形文件，并保存名为"yangban.dwt"的样板文件，样板说明不需要填写内容。

命令：SAVE✓，弹出"图形另存为"对话框，在文件类型下拉菜单中选择"图形样板文件"，名称输入"yangban.dwt"，单击"保存"按钮，如图1-4-11所示。

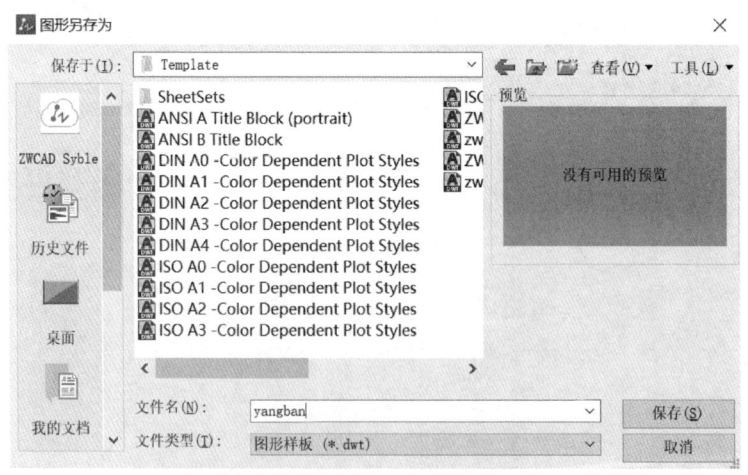

图1-4-11 "图形另存为"对话框

4. 退出文件

退出文件的命令启动方式有：

① 命令：QUIT。

② 菜单栏：文件—退出。系统提示尚未保存的文件，是否保存修改，如图 1-4-12 所示。

③ 快捷键：Alt＋F4。

④ 快捷方法：单击右上角的关闭按钮 ✕。

⑤ 双击左上角控制按钮 。

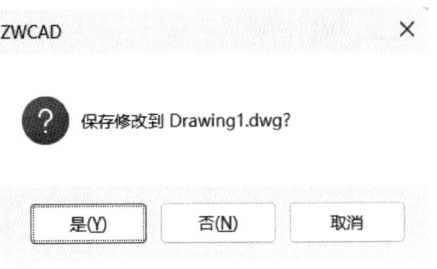

图 1-4-12　系统提示尚未保存的文件

小　　结

在本模块的学习中，熟悉了中望 CAD 教育版工作界面的组成和各组成部分的功能，希望通过完成以上任务，能够掌握中望 CAD 教育版命令的输入方法，并且能够熟练地对文件进行新建和保存。

拓展训练

一、选择题

1. 鼠标操作（　　），可执行命令、选对象、移动、定位点。
A. 左键　　　　　　B. 中键　　　　　　C. 右键

2. （　　）键可以取消一个正在执行的命令。
A. Esc　　　　　　B. 空格　　　　　　C. Enter

3. 新建文件时，应在命令行中输入（　　）命令。
A. TOOLPALETTES　　　　　　B. NEW
C. SAVE　　　　　　　　　　D. QUIT

4. 当使用"新建图形对话框"时，若输入命令后，系统没有弹出新建图形对话框，可以在命令行中输入 STARTUP 系统变量值为（　　），FILEDIA 系统变量值为（　　）。再输入新建命令，就会弹出"创建新图形"对话框。
A. 1，0　　　　B. 0，1　　　　C. 0，0　　　　D. 1，1

5. 中望 CAD 中，可通过（　　）键，打开独立的命令行文本窗口。
A. F2　　　　　B. F3　　　　　C. F6　　　　　D. F8

二、操作题

1. 在默认工作界面下，将修改工具栏移动到图层工具栏的右侧，开启"对象捕捉"工具栏，放置到修改工具栏原有的位置上。

2. 运用"启动"对话框中的使用样板，选择名为 ANSI B Title Block.dwt 的样板文件，新建一个名为 1.dwg 的图形文件，文件类型为 AutoCAD 2018（*.dwg），保存到桌面，退出文件。

3. 新建一个名为 2.dwt 的图形样板文件，要求运用"创建新图形"对话框中的"使用向导"，选择向导中的"高级设置"，测量单位为"小数"、角度为度/分/秒、测量角度为"北"、角度方向为"逆时针"、区域宽度 297，长度 420。保存到桌面，关闭文件。

模块 2
绘图前的准备工作

☑ 教学目标

掌握绘图环境的设置方法。

熟悉绘图界限和图形单位的设置。

熟练掌握坐标的输入方法。

⬢ 教学重点

熟悉绘图界限和图形单位的设置。

熟练掌握坐标的输入方法。

⚛ 教学难点

熟练掌握坐标的输入方法。

为了准确、高效地绘制工程图形，用户首先要做的准备就是绘图环境、绘图界限，以及图形单位的设置。

项目 1　中望 CAD 教育版绘图环境的设置

在绘制图形之前，要了解一些图形的基本设置，为以后的绘制和编辑图形做好准备。用户可以通过"草图设置"对话框，对绘图环境进行设置。

打开"草图设置"对话框的命令有：

① 命令：OPTIONS，简写 OP。

② 菜单：工具—选项。

任务 1：将十字光标大小改为 7、统一背景的颜色改为白色，十字光标颜色改为蓝色。

① 命令：OPTIONS✓，选择"显示"选项卡—"十字光标大小"，如图 2-1-1 所示。

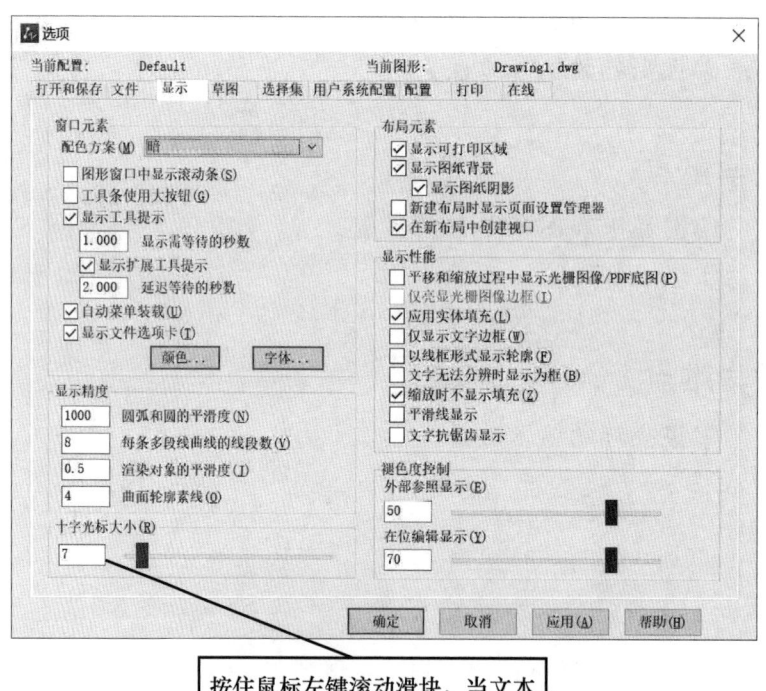

图 2-1-1　设置十字光标的大小

② 单击"显示"菜单下"窗口元素"中的"颜色"按钮，如图 2-1-2 所示，分别选择统一背景和十字光标，然后在下拉列表中选择对应颜色。

③ 设置完成后，单击"应用并关闭"按钮。

模块 2
绘图前的准备工作

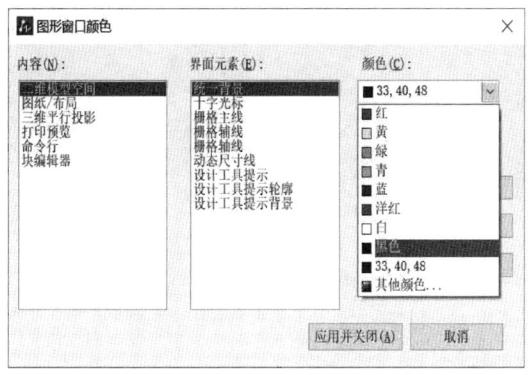 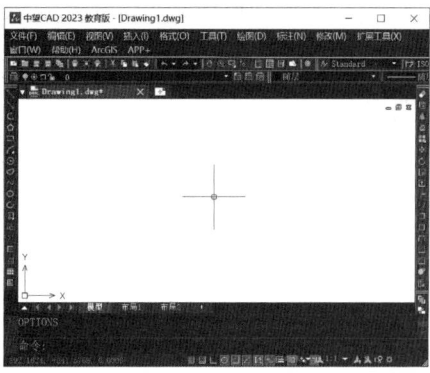

图 2-1-2　设置十字光标和背景颜色

小提示

在编写文稿时，如果需要插入 CAD 图形，就要把屏幕改成白色背景，此时光标颜色最好选择和白色反差大的颜色，否则不易看清光标的行踪。但如果是工程图形的话，颜色就不必设置过多，不要以处理图像的方式来处理图形。

任务 2：自动捕捉标记颜色更改为"索引 6 号洋红"。

命令：OP↙，选择"草图"选项卡，单击"颜色"按钮，如图 2-1-3 所示。

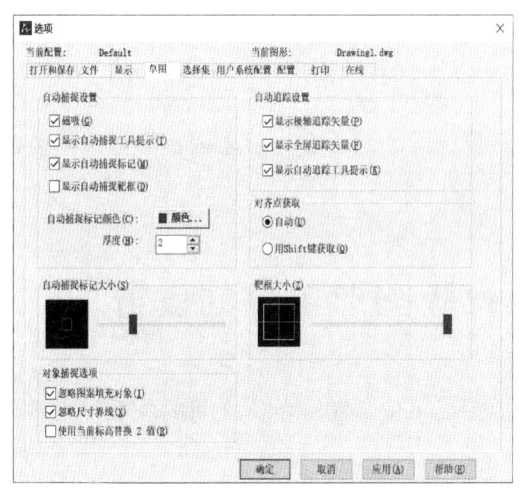 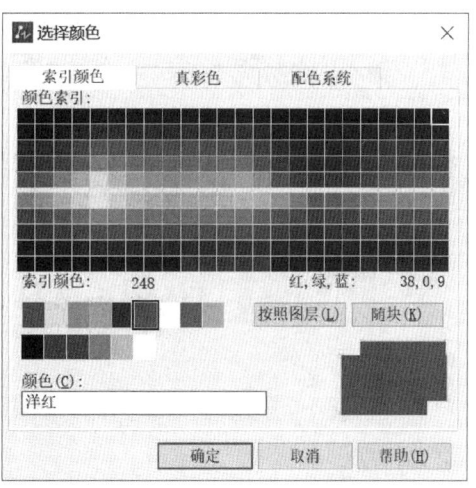

图 2-1-3　设置自动捕捉标记颜色

项目 2　中望 CAD 教育版图形界限的设置

为了使绘图更规范，并方便检查，用户可以在模型空间中设置一个矩形区域作为图形界限，用于设置绘图区域大小，标明用户的图纸边界，防止绘制的图形超出某个范围。用户可以使用栅格来显示图形界限。

图形界限的命令启动方式有：

① 命令：LIMITS。

② 菜单：格式—图形界限。

任务 3：将图纸设置为 **A2** 图纸，并打开图形界限检查功能。

命令：LIMITS↙

指定左下点或限界 [开（ON）/关（OFF）] 〈0.0000，0.0000〉：0，0↙

指定右上点〈420.0000，297.0000〉：594，420↙

然后重新输入命令：

命令：LIMITS↙

指定左下点或限界 [开（ON）/关（OFF）] 〈0.0000，0.0000〉：ON↙

//打开图形界限检查功能

小提示

> 注意在 Z 轴方向上不可以定义图形界限。系统默认的绘图范围是 A3 图幅的，如果设置其他图幅，只需改成相应的尺寸即可。绘图时我们一般都用真实的尺寸绘图，等出图的时候再考虑比例尺的问题，如果用直线或者矩形绘制图框会比 LIMITS 更直观。当图形界限为 ON 时，如果拾取或者输入的坐标点超出图形界限的话，操作无效。当图形界限为 OFF 时，绘图不受限制。图形界限检查功能只限制输入的坐标点不能超出绘图边界，而不能限制整个图形。

例如：当我们用中心点来绘制椭圆时，只要椭圆的圆心在界限之内，就可以绘制出来，即使椭圆的一部分位于界限之外。

项目3　中望 CAD 教育版图形单位的设置

一般情况下，用户要在绘图前，就要知道图形单位与实际单位之间的关系，设置好长度和角度的制式和精度。

图形单位的命令启动方式有：

① 命令：UNITS，简写 UN。

② 菜单：格式—单位。

任务 4：将长度单位设置成小数、精确到毫米，角度单位设置成十进制度数、精确到小数点后一位。

① 命令：UNITS↙，打开"图形单位"对话框，界面显示如图 2-3-1 所示。

② 完成图形单位的设置后，单击"确定"按钮即可。

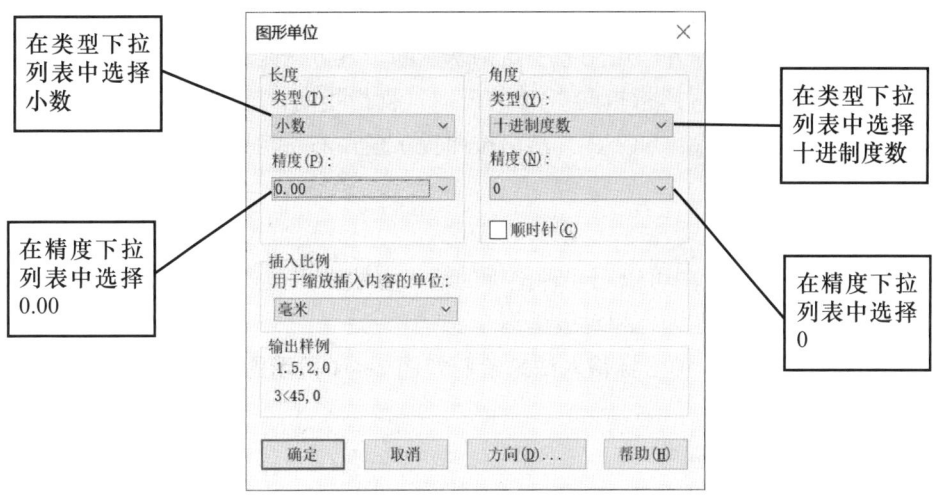

图 2-3-1 设置图形单位

小提示

> 长度单位的精度最高为小数点后 8 位，角度单位的精度最高为小数点后 8 位。一般在建筑图中，精确到毫米就可以了。同时还可以点击图中的顺时针复选框设置角度的测量方向，但系统默认的是逆时针为正方向，还可以单击上图中的"方向"按钮打开"方向控制"对话框，设置角度测量的起始位置。系统默认的角度起始位置为水平向东。

项目 4　中望 CAD 教育版的坐标系统

中望 CAD 教育版的坐标系统分为世界坐标系（WCS）和用户坐标系（UCS），下面分别简单介绍一下这两个坐标系统。

1. 世界坐标系（WCS）

中望 CAD 教育版软件本身默认的是 WCS，X、Y、Z 互相垂直，在 2D 空间中 Z 坐标始终为 0。绘制二维图形时，所有绘制的图形都在 XY 平面上，所以使用默认的 WCS 就可以了。空间中 WCS 的原点和坐标方向是固定不变的，不随用户绘制和编辑图形而发生改变。

2. 用户坐标系（UCS）

有时在绘图时，用户需要改变坐标系的原点和方向，尤其是在绘制 3D 图形时，因为每个要定位的点都可能有互不相同的 Z 坐标，需要改变坐标的原点和方向，那么 UCS 就可以做到这一点。

通过单击视图—显示—UCS 图标，可以打开和关闭坐标系统，还可以选择是否显示坐标原点,也可以设置 UCS 坐标图标的样式、大小和颜色。在 UCS 中,X、Y、Z 仍然互相垂直,改变坐标方向可用右手定则来判断。其方法是:伸出右手的中指、食指和拇指,互相保持垂直,拇指指向 X 轴的正向,食指指向 Y 轴的正向,中指指向 Z 轴的正向。在命令行中输入:UCS↙,然后按照提示遵循右手定则来改变坐标原点及坐标方向。

3. 坐标的输入方法

在中望 CAD 教育版中可以用 4 种坐标的输入方法来定位点,分别是绝对直角坐标、绝对极坐标、相对直角坐标、相对极坐标。

任务 5:使用以上 **4** 种坐标输入法来绘制如图 **2-4-1** 所示图形。

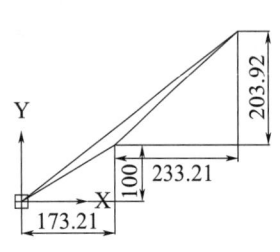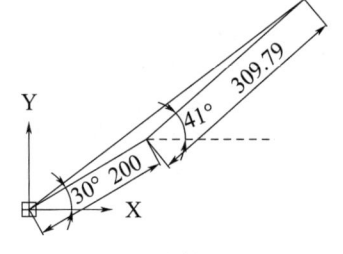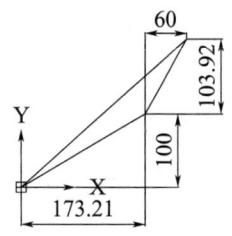

图 2-4-1　绘制图形

使用绝对直角坐标:

命令:L↙

指定第一点:0,0↙

指定下一点或[角度(A)/长度(L)/放弃(U)]:173.21,100↙

指定下一点或[角度(A)/长度(L)/放弃(U)]:233.21,203.92↙

指定下一点或[角度(A)/长度(L)/闭合(C)/放弃(U)]:C↙

使用绝对极坐标:

命令:L↙

指定第一点:0<0↙

指定下一点或[角度(A)/长度(L)/放弃(U)]:200<30↙

指定下一点或[角度(A)/长度(L)/放弃(U)]:309.79<41↙

指定下一点或[角度(A)/长度(L)/闭合(C)/放弃(U)]:C↙

使用相对直角坐标:

命令:L↙

指定第一点:0,0↙

指定下一点或[角度(A)/长度(L)/放弃(U)]:@173.21,100↙

指定下一点或[角度(A)/长度(L)/放弃(U)]:@60,103.92↙

指定下一点或[角度(A)/长度(L)/闭合(C)/放弃(U)]:C↙

使用相对极坐标:

命令:L↙

指定第一点:0<0↙

指定下一点或［角度（A）/长度（L）/放弃（U）］：@200<30↵
指定下一点或［角度（A）/长度（L）/放弃（U）］：@120<60↵
指定下一点或［角度（A）/长度（L）/闭合（C）/放弃（U）］：C↵

小　　结

通过本模块的学习，用户能够熟练掌握绘图界限、图形单位，以及用户界面的设置，对绘图前的准备工作有了初步的了解，通过完成任务，强化了对图形单位、图形界限的设置方法。

拓展训练

一、填空题

1. 更改十字光标大小，应单击工具菜单下_____命令，再选择_____选项卡。
2. 通过命令行输入_____，可以设置图形界限。
3. 中望CAD教育版中有_____和_____两个坐标系统。
4. 中望CAD教育版坐标输入方法有几种：_____、_____、_____、_____。

二、选择题

1. 系统默认情况下，是（　　）坐标系统。
A. 世界坐标系　　　　　　　　　　　　B. 用户坐标系
2. 绘图单位设置的命令是（　　）。
A. LIMITS　　　　　B. OP　　　　　C. UN
3. 下列选项中（　　）的坐标原点和方向是不随用户绘制和编辑图形而发生改变。
A. WCS　　　　　　　　　　　　　　B. UCS
4. 系统默认的是（　　）用户界面。
A. 用户　　　　　　　　　　　　　　　B. Ribbon
5. 中望CAD教育版中，下列坐标中使用相对直角坐标的是（　　）。
A. （15，42）　　　　　　　　　　　　B. （48<85）
C. （@50<65）　　　　　　　　　　　　D. （@21，36）

三、操作题

1. 设置 A4 图幅的图形界限,并将图形界限检查功能打开。
2. 利用绝对直角坐标和相对直角坐标的输入方法,绘制图 1。
3. 利用极坐标和相对极坐标的输入方法绘制图 2。

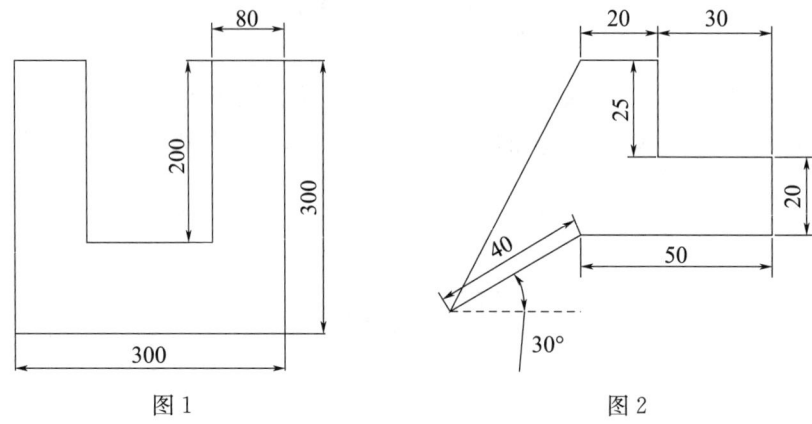

图 1   图 2

模块 3
二维图形的绘制

📩 教学目标

掌握二维图形的绘制命令及其快捷键。

熟练掌握各二维图形的绘制命令及其子命令的使用方法。

◈ 教学重点

熟练掌握二维图形的绘制命令中的直线、构造线、圆、圆弧、矩形、正多边形、多段线及多段线编辑、多线、多线样式及多线的编辑等命令。

熟练掌握以上二维图形绘制命令中的子命令。

综合应用绘图命令完成基本图形的快速绘制。

⚛ 教学难点

熟练掌握圆、圆弧、矩形、正多边形、多段线及多段线编辑、多线、多线样式及多线的编辑等命令及其子命令。

综合应用绘图命令完成基本图形的快速绘制。

建筑 CAD 基础教程

在中望 CAD 中，二维图形对象都是通过一些基本二维图形的绘制，以及在此基础上的编辑得到的，中望为用户提供了大量的基本图形绘制命令，用户通过这些命令的结合使用，可以方便快速的绘制出二维图形对象。

本模块的内容是整个中望 CAD 绘图的基础，所以用户要掌握好本模块中的基本命令。

项目 1　直线命令

直线命令是最基本最常用的直线型绘图命令，使用 LINE 命令可以在两点间进行线段的绘制。用户可以通过鼠标或键盘来决定线段的起点和终点，它是为数不多的可以自动重复使用的命令之一，可以将一条直线的终点作为下一条直线的起点，并连续地提示下一个直线的终点，直到按【Enter】键或【Esc】键结束命令为止。在这里我们以二维直线为学习对象，来掌握直线命令的使用。

直线的命令启动方式有以下 3 种：

① 命令：LINE，简写 L。

② 菜单：绘图－直线。

③ 工具栏：单击绘图工具栏的直线按钮 。

任务 1：使用直线命令结合正交绘制直角三角形，完成后如图 3-1-1 所示。

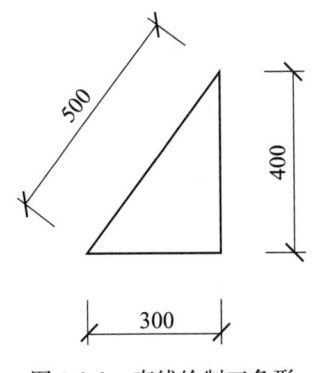

图 3-1-1　直线绘制三角形

命令：L↙

LINE 指定第一个点：　　　　　//用鼠标在绘图区单击任意点作为直线的起点

指定下一点或 [角度 (A)/长度 (L)/放弃 (U)]：300↙

　　　　　　　　　　//按 F8 键打开正交，鼠标向右平移输入 300

指定下一点或 [角度 (A)/长度 (L)/放弃 (U)]：400↙

　　　　　　　　　　//鼠标向上平移输入 400

指定下一点或 [角度 (A)/长度 (L)/闭合 (C)/放弃 (U)]：c↙

　　　　　　　　　　//输入闭合子命令 C

任务 2：使用直线命令结合坐标输入绘制标高符号，完成后如图 3-1-2 所示。

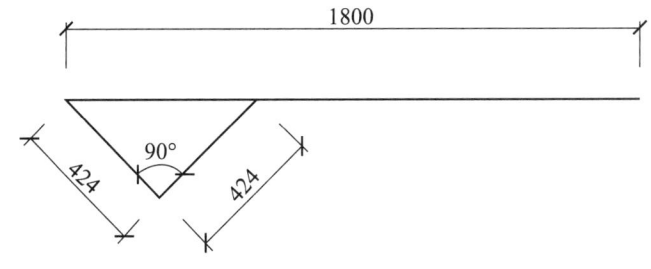

图 3-1-2　直线绘制标高符号

命令：L✓
LINE 指定第一个点：0，0　　　　　　　　　　　//输入原点坐标作为直线的起点
指定下一点或 [角度（A）/长度（L）/放弃（U）]：@424<-135✓
　　　　　　　　　　　　　　　　　　　　　　//输入第二点的极坐标
指定下一点或 [角度（A）/长度（L）/放弃（U）]：@424<135✓
　　　　　　　　　　　　　　　　　　　　　　//输入第三点的极坐标
指定下一点或 [角度（A）/长度（L）/闭合（C）/放弃（U）]：1800，0✓
　　　　　　　　　　　　　　　　　　　　　　//输入第四点的直角坐标
指定下一点或 [角度（A）/长度（L）/闭合（C）/放弃（U）]：✓
　　　　　　　　　　　　　　　　　　　　　　//按空格键确定

🔊 小提示

> 闭合子命令（C）是将第一条直线段的起点和最后一条直线段的终点连接起来，组成一封闭区域。但用户必须在绘制了两条或两条以上的直线段后才可以选择此选项。放弃子命令（U）是撤销最近绘制的一条直线段。重新指定新的起点或终点。若用户多次在命令行提示下选择此项，系统将按绘制直线段次序的相反顺序逐个撤销先前绘制的直线段。

项目 2　构造线命令

绘制构造线，构造线无限延伸，长度无限。构造线通常在绘图过程中作为辅助线使用。

构造线的命令启动方式有以下 3 种：
① 命令：XLINE，简写 XL。
② 菜单：绘图—构造线。
③ 工具栏：单击绘图工具栏的构造线按钮 ╲ 。

任务 3：使用构造线命令绘制基准坐标轴，完成后如图 3-2-1 所示。

命令：〈正交 开〉　　　　　　　　　　　　//按 F8 键打开正交绘图模式

命令：XL↙

XLINE 指定构造线位置或［等分（B）/水平（H）/竖直（V）/角度（A）/偏移（O）］：　　　　　　　　　　　　//用鼠标在绘图区指定一点

　　指定通过点：　　　　　　　　　　　　//水平移动鼠标，单击指定通过点

　　指定通过点：　　　　　　　　　　　　//垂直移动鼠标，单击指定通过点

任务 4：使用构造线命令绘制已知角 AOB 的角平分线，完成后如图 3-2-2 所示。

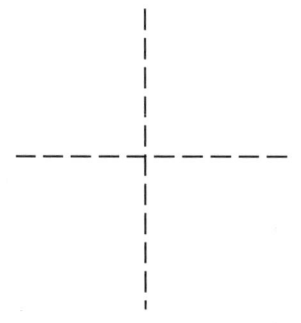
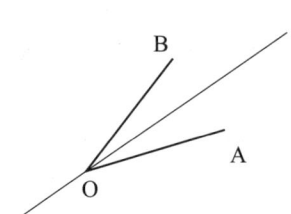

图 3-2-1　构造线绘制基准坐标　　　　图 3-2-2　构造线绘制角平分线

命令：XL↙

XLINE 指定构造线位置或［等分（B）/水平（H）/竖直（V）/角度（A）/偏移（O）］：B↙　　　　　　　　　　//输入等分子命令 B

　　指定顶点［对象（E）］：　　　　　　　//捕捉 O 点

　　指定平分角起点：　　　　　　　　　　//捕捉 A 或 B 点

　　指定平分角终点：　　　　　　　　　　//捕捉 B 或 A 点

　　指定平分角终端点：　　　　　　　　　//按空格键结束命令

📢 **小提示**

　　　角度（A）可以绘制一条或多条成一定角度的构造线。偏移子命令（O）可以绘制平行于另一对象的构造线，偏移的对象必须是直线、多段线、射线或构造线，偏移子命令（O）下的对象（E）可以绘制平分线段、弧线和多段线段。

项目 3　射 线 命 令

　　射线绘制的是一种特殊的构造线，是从指定的开始点绘制往一方向无限延伸的构造线。

　　射线的命令启动方式有以下 3 种：

① 命令：RAY。
② 菜单：绘图—射线。
③ 工具栏：单击绘图工具栏的射线按钮 ＼ 。

任务 5：使用射线命令绘制基本坐标轴的正方向，一条 30°和一条 60°的辅助线，完成后如图 3-3-1 所示。

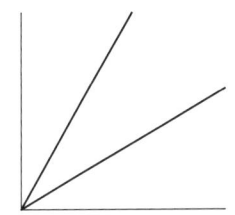

图 3-3-1　射线绘制辅助线

命令：RAY↙
指定射线起点或［等分（B）/水平（H）/竖直（V）/角度（A）/偏移（O）］：
　　　　　　　　　　　　　　//用鼠标在绘图区上指定起点
指定通过点：〈正交 开〉　　　//F8 键调整正交模式，指定一个通过点
指定通过点：　　　　　　　　//指定另一个通过点，形成坐标轴的两个正方向
指定通过点：@100＜30↙　　　//输入辅助线通过的点的坐标
指定通过点：@100＜60↙　　　//输入另一辅助线通过的点的坐标
指定通过点：↙　　　　　　　//结束命令

📢 **小提示**

> 射线命令在 CAD 中的应用不多，一般能用构造线的都不用射线，只有一些辅助线使用射线来绘制。

项目 4　圆　命　令

圆命令可以绘制任意大小的圆。预设的画圆方法是以圆的中心点和半径来画，但画圆的方法有很多，我们还可以根据已知条件选择其他方法。

圆的命令启动方式有以下 3 种：
① 命令：CIRCLE，简写 C。
② 菜单：绘图—圆—选择一种圆的绘制方法。
③ 工具栏：单击绘图工具栏的圆按钮 ⊙ 。

任务 6：如图 3-4-1 所示，使用圆命令，以 A 点为圆心，以 AO 距离为半径画圆，完成后如图 3-4-1（b）所示。

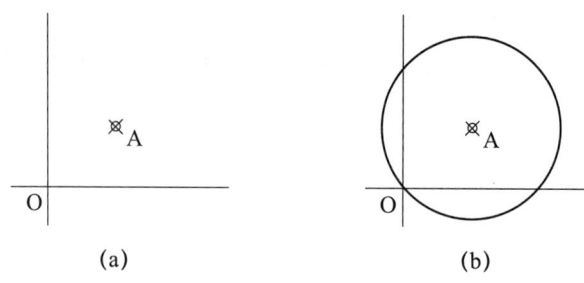

图 3-4-1　圆的绘制一

命令：C↙

CIRCLE 指定圆的圆心或 [三点（3P）/两点（2P）/切点、切点、半径（T）]：

　　　　　　　　　　//捕捉 A 点为指定圆的圆心

指定圆的半径或 [直径（D）]〈146.5824〉：

　　　　　　　　　　//捕捉 O 点为指定圆的半径

任务 7：如图 3-4-2 所示，使用圆命令，在已知三角形上绘制圆，完成后如图 3-4-2（b）所示。

图 3-4-2　圆的绘制二

命令：C↙

CIRCLE 指定圆的圆心或 [三点（3P）/两点（2P）/切点、切点、半径（T）]：2P↙

　　　　　　　　　　//输入两点画圆的子命令 2P

指定圆的直径的第一个端点：　　//捕捉三角形的一个顶点

指定圆的直径的第二个端点：　　//捕捉三角形另一个顶点

重复前面圆的绘制方法，绘制另外两个直径为三角形边长的圆

命令：C↙

CIRCLE 指定圆的圆心或 [三点（3P）/两点（2P）/切点、切点、半径（T）]：3P↙

指定圆上的第一个点：　　//依次捕捉三角形的三个顶点（没有先后顺序）

指定圆上的第二个点：

指定圆上的第三个点：

在菜单栏上找到"相切、相切、相切"的绘制圆的命令,绘制中间与三个圆相切的小圆,或者使用 3P 子命令绘制小圆(需要将对象捕捉设置为只捕捉切点)。

任务 8:如图 3-4-3 所示,使用圆命令,绘制与角的两边相切,半径为 5 的圆,完成后如图 3-4-3(b)所示。

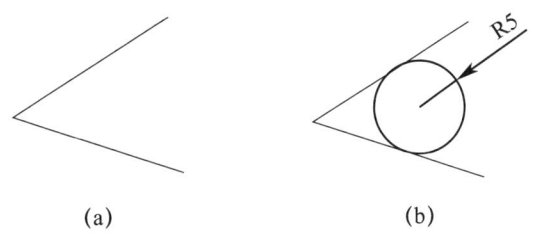

(a)   (b)

图 3-4-3　圆的绘制命令三

命令:C↙
CIRCLE 指定圆的圆心或 [三点 (3P)/两点 (2P)/切点、切点、半径 (T)]:T↙
指定对象与圆的第一个切点:　　//用鼠标捕捉与一个边相切的切点
指定对象与圆的第二个切点:　　//用鼠标捕捉在另一边上的切点
指定圆的半径 ⟨5.0000⟩:5↙

小提示

> 绘制圆的方法比较多,可以根据已知条件来判断用哪种方法去绘制,在捕捉切点的时候一定要注意切点的位置要正确,尤其是圆与圆相切的切点。

项目5　圆弧命令

圆弧的绘制必须有 3 个已知条件,才能完成。已知起点、经过点和端点可以绘制,或者已知起点、圆心加上端点、长度、角度中的任一值,或者已知起点、端点加上半径、方向、角度中的任一值。

圆弧的命令启动方式有以下 3 种:
① 命令:ARC,简写 A。
② 菜单:绘图—圆弧—根据已知条件选择一种绘制方法。
③ 工具栏:单击绘图工具栏的圆弧按钮 。(需要根据已知条件调整按钮)

任务 9:如图 3-5-1 所示,使用圆弧命令的 3 种不同方法,在下面的等边三角形中绘制 3 个圆弧,完成后如图 3-5-1(b)所示。

命令:A↙
指定圆弧的起点或 [圆心 (C)]:

建筑 CAD 基础教程

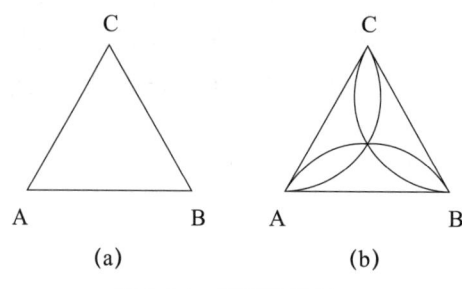

图 3-5-1 圆弧的绘制一

　　　　　　　　　　　　　　//捕捉 A 点为圆弧的起点
指定圆弧的第二个点或 [圆心 (C)/端点 (E)]：
　　　　　　　　　　　　　　//捕捉三角形的中心点为圆弧的第二点
指定圆弧的端点：　　　　//捕捉 C 点为圆弧的端点
命令：A↙
指定圆弧的起点或 [圆心 (C)]：
　　　　　　　　　　　　　　//按空格键重复圆弧命令；捕捉 C 点为圆弧起点
指定圆弧的第二个点或 [圆心 (C)/端点 (E)]：E↙
　　　　　　　　　　　　　　//输入端点子命令 E
指定圆弧的端点：　　　　//捕捉 B 点为圆弧的端点
指定圆弧的圆心或 [角度 (A)/方向 (D)/半径 (R)]：A↙
　　　　　　　　　　　　　　//输入角度子命令 A
指定包含角：120↙　　　　//输入圆弧的角度 120°
命令：A↙ 指定圆弧的起点或 [圆心 (C)]：
　　　　　　　　　　　　　　//按空格键重复圆弧命令；捕捉 B 点为圆弧起点
指定圆弧的第二个点或 [圆心 (C)/端点 (E)]：E↙
　　　　　　　　　　　　　　//输入端点子命令 E
指定圆弧的端点：　　　　//捕捉 A 点为圆弧的端点
指定圆弧的圆心或 [角度 (A)/方向 (D)/半径 (R)]：D↙
　　　　　　　　　　　　　　//输入方向子命令 D
指定圆弧的起点切向：　　//捕捉 C 点为圆弧起点的切向

任务 10：如图 3-5-2 所示，请使用直线和圆弧命令完成绘制。
命令：L↙
LINE 指定第一个点：　　//在绘图区捕捉任意一点为直线起点
指定下一点或 [角度 (A)/长度 (L)/放弃 (U)]：30↙
　　　　　　　　　　　　　　//输入直线的长度 30
指定下一点或 [角度 (A)/长度 (L)/放弃 (U)]：↙
　　　　　　　　　　　　　　//结束直线命令

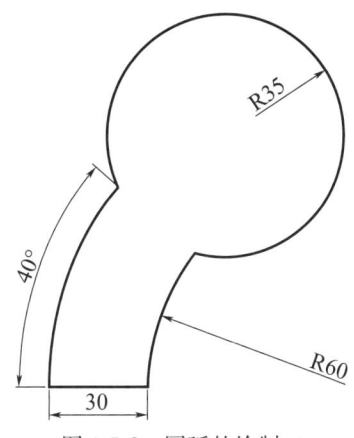

图 3-5-2　圆弧的绘制二

命令：A↙

指定圆弧的起点或［圆心（C）］：
　　　　　　　　　　//捕捉直线右端点为圆弧的起点

指定圆弧的第二个点或［圆心（C）/端点（E）］：C↙
　　　　　　　　　　//输入圆心子命令 C

指定圆弧的圆心：60↙
　　　　　　　　　　//捕捉直线右端点，应用自动捕捉的延伸功能，输入 60，得到圆心点

指定圆弧的端点或［角度（A）/弦长（L）］：A↙
　　　　　　　　　　//输入角度子命令

指定包含角：－40↙　　//因为是顺时针绘制圆弧，所为输入的圆弧角度为－40

命令：A↙

指定圆弧的起点或［圆心（C）］：
　　　　　　　　　　//捕捉直线左端点为圆弧的起点

指定圆弧的第二个点或［圆心（C）/端点（E）］：C↙

指定圆弧的圆心：　　　//捕捉前一圆弧的圆心

指定圆弧的端点或［角度（A）/弦长（L）］：A↙

指定包含角：－40↙

命令：A↙

指定圆弧的起点或［圆心（C）］：
　　　　　　　　　　//捕捉右侧圆弧的上端点为起点

指定圆弧的第二个点或［圆心（C）/端点（E）］：E↙
　　　　　　　　　　//输入端点子命令 E

指定圆弧的端点：　　　//捕捉左侧圆弧的上端点为端点

指定圆弧的圆心或［角度（A）/方向（D）/半径（R）］：R↙
　　　　　　　　　　//输入半径子命令 R

指定圆弧的半径：-35↵

　　　　　　　　//因为绘制的是优弧，所以输入半径时为-35

小提示

> 绘制圆弧必须根据已知的条件来操作，有些时候条件是隐含的，必须找出这些条件后，才能顺利绘制出来。

项目 6　椭圆与椭圆弧命令

绘制椭圆或椭圆弧对象的命令是用一个命令，椭圆弧的命令包含在椭圆命令的子命令中。

椭圆和椭圆弧的命令启动方式有以下 3 种：

① 命令：ELLIPSE，简写 EL。

② 菜单：绘图—椭圆—选择绘制方法。

③ 工具栏：单击绘图工具栏的椭圆按钮 ⬭，椭圆弧按钮 ⌒ 。

任务 11：使用椭圆命令绘制图，完成后如图 3-6-1 所示。

命令：EL↵

ELLIPSE↵

指定椭圆的第一个端点或 [弧（A）/中心（C）]：

　　　　　　　　//捕捉绘图区任一点为椭圆的轴端点

指定轴向第二端点：100↵

　　　　　　　　//鼠标右移，极轴 0°或正交模式下，输入
　　　　　　　　　100，得到椭圆轴的另一个端点

指定其他轴或 [旋转（R）]：30↵

　　　　　　　　//输入另一条半轴长度 30

命令：ELLIPSE↵

　　　　　　　　//按 Enter 键重复椭圆命令

指定椭圆的第一个端点或 [弧（A）/中心（C）]：C↵

　　　　　　　　//输入中心点子命令 C

指定椭圆的中心：　　　　//捕捉前一椭圆的中心点

指定轴向第二端点：@50<60↵　　//输入椭圆轴端点的相对极坐标

指定其他轴或 [旋转（R）]：30↵　　//输入另一条半轴长度 30

命令：ELLIPSE↵　　　　//重复上一操作，绘制另一个椭圆

指定椭圆的第一个端点或 [弧（A）/中心（C）]：C↵

指定椭圆的中心：　　　　　　　//捕捉前一椭圆的中心点
指定轴向第二端点：@50＜120✓　//输入不同的相对极坐标
指定其他轴或［旋转（R）］：30✓

任务 12：使用椭圆命令，绘制椭圆弧，完成后如图 3-6-2 所示。

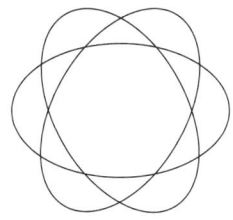 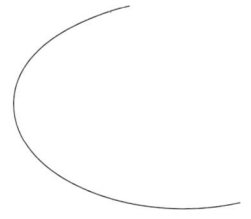

图 3-6-1　椭圆的绘制　　　　图 3-6-2　椭圆弧的绘制

命令：EL✓
ELLIPSE✓
指定椭圆的第一个端点或［弧（A）/中心（C）］：A✓
　　　　　　　　　　　　　　　　//输入椭圆弧子命令 A
指定椭圆的第一个端点或［中心（C）］：//捕捉绘图区任一点为轴端点
指定轴向第二端点：100✓　　　//鼠标右移，输入 100，绘制轴的另一端点
指定其他轴或［旋转（R）］：30✓　//输入另一条半轴的长度 30
指定弧的起始角度或［参数（P）］：－60✓
　　　　　　　　　　　　　　　　//输入椭圆弧的起始角度为－60
指定终止角度或［参数（P）/包含（I）］：120✓
　　　　　　　　　　　　　　　　//输入其终止角度为 120°

小提示

　　通过定义椭圆弧的第一和第二端点来定义椭圆弧的第一条轴线。第一条轴的角度确定了椭圆弧的角度。第一条轴既可为椭圆弧长轴，也可为椭圆弧短轴。

项目 7　点　命　令

点命令可以绘制点对象，对象捕捉时使用节点可以捕捉到绘制的点。
① 命令：POINT，简写 PO。
② 菜单：绘图—点—单点（只能绘制一个点）；
　　　　　　　—多点（可以连续绘制多个点，直到结束命令）。
③ 工具栏：单击绘图工具栏的点按钮 。
与点相关的命令还有点样式（DDPTYPE）、定数等分（DIVIDE）、定距等分

（MEASURE）等。要想使用点，首先需要对点样式进行设置。

任务13：如图3-7-1所示，对点样式进行设置，选择第二行第四列的图块，然后使用点命令绘制3个点，完成后如图3-7-1（b）所示。

命令：DDPTYPE↙　　　　　　　　　　//输入点样式命令打开点样式设置对话框；选择第二行

第四列的图块，如图3-7-1（a）所示，单击"确定"完成设置（也可以输入点命令PO选择子命令S打开点样式设置对话框。）

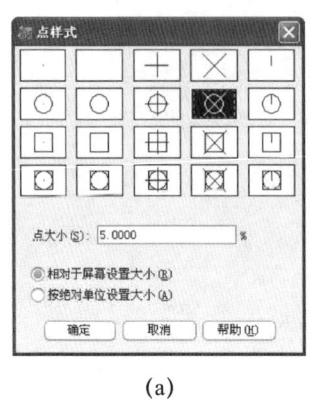
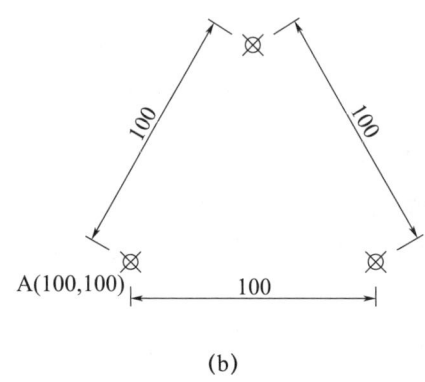

(a)　　　　　　　　　　　　　　(b)

图3-7-1　点样式和点的绘制

命令：PO↙
POINT↙
指定点定位或［设置（S）/多次（M）］：M↙　　//输入多次子命令M
指定点定位或［设置（S）］：100，100↙　　//输入A点的绝对坐标100，100
指定点定位或［设置（S）］：@100＜0↙　　//输入右侧点的相对极坐标@100＜0
指定点定位或［设置（S）］：@100＜120↙
　　　　　　　　　　　　　　　　　　　　//输入上面点的相对极坐标@100＜120
指定点定位或［设置（S）］：↙　　　　　　//退出命令

任务14：在圆弧上均匀绘制5个点，完成后如图3-7-2所示。

命令：DIV↙
DIVIDE↙
选取分割对象：　　　　　　　　　　　　//单击选中圆弧
输入分段数或［块（B）］：6↙　　　　　　//输入平均分的数目，然后按Enter键确认

任务15：在圆弧上从左侧开始每隔20的距离，绘制1个点，完成后如图3-7-3所示。

命令：MEASURE↙
选取量测对象：　　　　　　　　　　　　//单击选中圆弧，（在圆弧的左侧单击）
指定分段长度或［块（B）］：20↙　　　　//输入两点间的距离20，然后按Enter键确认

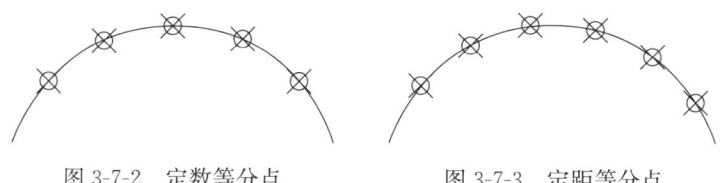

图 3-7-2　定数等分点　　　　　图 3-7-3　定距等分点

小提示

定数等分是沿着所选的对象放置标记。标记会平均地将对象分割成指定的分割数，可以分割线、弧、圆、椭圆、样条曲线或多段线。标记为点对象或图块。定距等分是沿着对象的边长或周长，以指定的间隔放置标记（点或图块），将对象分成各段。该命令会从距选取对象处最近的端点开始放置标记。除了可以在点样式对话框中设置点样式外，还可以使用点数值命令（PDMODE）和点尺寸命令（PDSIZE）来设置点样式。

项目 8　徒手画线命令

徒手画线是以光标的移动来绘制一系列连续的线段，其随意性比较强，通常用于插图（如植物、装饰画等），具有较强的艺术性。

徒手画线的命令：SKETCH。

任务 16：使用徒手画线命令，绘制一个植物图例，完成后如图 3-8-1 所示（相似即可）。

图 3-8-1　徒手画线

命令：SKETCH↙
指定分段长度〈1.0000〉：3↙　　　//修改记录增量为 3
按 Enter 键结束/落笔（P）　　　　//单击开始绘制
按 Enter 键结束/停止（Q）/抬笔（P）/擦除（E）/写入图中（W）：（素描（S）…）
按 Enter 键结束/停止（Q）/落笔（P）/擦除（E）/写入图中（W）/连接（C）/直接到

光标（S）：(暂停（P）…)   //移动鼠标进行绘制
　　写入手画线素描到图中…
　　已记录 105 条直线   //按 Enter 键结束绘制
                                    //输入子命令 W 即可对画好的线完成记录
                                    　写入图中，绘制完成后可按 Enter 键结束。

小提示

> 分段长度也就是记录的增量，鼠标移动的距离必须大于记录增量才能生成线段。记录子命令是将徒手描绘对象储存至图形中，但不同于按【Enter】键的是，它不会结束命令，系统将继续提示绘制徒手线。

项目 9　多段线命令及多段线的编辑命令

多段线命令可以绘制二维多段线，但不同于用直线和圆弧绘制的结果，是由几段线段或圆弧构成的连续线条。它是一个单独的图形对象。无论有多少个点（段），均为一个整体，而且对它的编辑需要特定的多段线编辑命令。

多段线的命令启动方式有以下 3 种：

① 命令：PLINE，简写 PL。

② 菜单：绘图－多段线。

③ 工具栏：单击绘图工具栏的多段线按钮 ⌒。

多段线的编辑命令启动方式有以下 3 种：

① 命令：PEDIT，简写 PE。

② 菜单：修改－对象－多段线。

③ 工具栏：单击修改工具栏的编辑多段线按钮 ✎。

任务 17：使用多段线命令绘制（参数详见绘制过程），完成后如图 3-9-1 所示。

图 3-9-1　多段线的绘制

命令：PL↙
PLINE↙

指定多段线的起点或〈最后点〉：　　//在绘图区任意单击一点为起点
当前线宽为 0.0000
指定下一点或 [圆弧（A）/半宽（H）/长度（L）/撤销（U）/宽度（W）]：W✓
　　　　　　　　　　　　　　//输入宽度子命令 W
指定起始宽度〈0.0000〉：5✓　　//输入起始的宽度 5
指定终止宽度〈5.0000〉：✓　　//按 Enter 键默认终止宽度为 5
指定下一点或 [圆弧（A）/半宽（H）/长度（L）/撤销（U）/宽度（W）]：50✓
　　　　　　　　　　　　　　//利用极轴追踪在水平右侧的方向上输入
　　　　　　　　　　　　　　50 得到下一个点
指定下一点或 [圆弧（A）/闭合（C）/半宽（H）/长度（L）/撤销（U）/宽度（W）]：W✓

指定起始宽度〈5.0000〉：20✓

指定终止宽度〈20.0000〉：0✓

指定下一点或 [圆弧（A）/闭合（C）/半宽（H）/长度（L）/撤销（U）/宽度（W）]：50✓

指定下一点或 [圆弧（A）/闭合（C）/半宽（H）/长度（L）/撤销（U）/宽度（W）]：w✓

指定起始宽度〈0.0000〉：5✓

指定终止宽度〈5.0000〉：✓

指定下一点或 [圆弧（A）/闭合（C）/半宽（H）/长度（L）/撤销（U）/宽度（W）]：A✓　　//输入圆弧子命令 A

指定圆弧的端点（按住 Ctrl 键以切换方向）或
[角度（A）/圆心（CE）/闭合（CL）/方向（D）/半宽（H）/直线（L）/半径（R）/第二个点（S）/宽度（W）/撤销（U）]：A✓
　　　　　　　　　　　　　　//输入角度子命令 A
指定包含角：180✓　　　　　//输入圆弧包含的角为 180
指定圆弧的端点（按住 Ctrl 键以切换方向）或 [圆心（C）/半径（R）]：
　　　　　　　　　　　　　　//捕捉多段线的起点为圆弧的端点
指定圆弧的端点（按住 Ctrl 键以切换方向）或
[角度（A）/圆心（CE）/闭合（CL）/方向（D）/半宽（H）/直线（L）/半径（R）/第二个点（S）/宽度（W）/撤销（U）]：
　　　　　　　　　　　　　　//捕捉箭头的另一端点完成绘制
指定圆弧的端点（按住 Ctrl 键以切换方向）或
[角度（A）/圆心（CE）/闭合（CL）/方向（D）/半宽（H）/直线（L）/半径（R）/第二个点（S）/宽度（W）/撤销（U）]：✓
　　　　　　　　　　　　　　//结束多段线命令

任务 18：如图 3-9-2 所示，编辑直线和圆弧，完成后如图 3-9-2（c）所示。

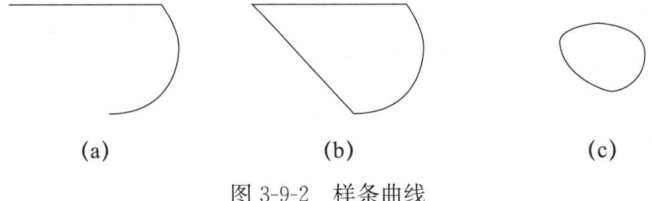

(a)   (b)   (c)

图 3-9-2 样条曲线

命令：PE✓
PEDIT 选择要编辑的多段线或 [多个 (M)]：M
          //输入多条子命令 M
选择对象：指定对角点：找到 3 个 //选择编辑的对象直线和圆弧
选择对象：✓   //按 Enter 键确认，结束选择
将直线、圆弧和样条曲线转换为多段线？[是（Y）/否（N）]〈是〉：✓
          //按 Enter 键执行默认命令是
输入选项 [闭合（C）/打开（O）/连接（J）/宽度（W）/拟合（F）/样条曲线（S）/非曲线化（D）/线型模式（L）/反向（R）/撤销（U）]〈退出（X）〉：J
合并类型：Extend
输入模糊距离或 [合并类型（J）]〈0.000000〉：✓
          //按 Enter 键确认默认距离；
输入选项 [闭合（C）/打开（O）/连接（J）/宽度（W）/拟合（F）/样条曲线（S）/非曲线化（D）/线型模式（L）/反向（R）/撤销（U）]〈退出（X）〉：J✓
          //输入连接子命令 J
合并类型：Extend
输入模糊距离或 [合并类型（J）]〈0.000000〉：
          //按 Enter 键执行连接命令
选择集当中的对象：2
输入选项 [闭合（C）/打开（O）/连接（J）/宽度（W）/拟合（F）/样条曲线（S）/非曲线化（D）/线型模式（L）/反向（R）/撤销（U）]〈退出（X）〉：S✓
          //输入样条曲线子命令 S
输入选项 [闭合（C）/打开（O）/连接（J）/宽度（W）/拟合（F）/样条曲线（S）/非曲线化（D）/线型模式（L）/反向（R）/撤销（U）]〈退出（X）〉：*取消*
          //结束命令完成编辑

📢 小提示

> 多段线的编辑命令 PEDIT 不仅可以编辑二维多段线，还可以编辑三维多段线和三维网格，不仅能闭合还可以打开，也能编辑宽度、顶点等。

项目 10 矩 形 命 令

矩形命令创建的是矩形多段线对象。这个命令的子命令比较多,我们在这里只简单介绍它的部分二维功能。

矩形的命令启动方式有以下 3 种:

① 命令:RECTANG,简写 REC。

② 菜单:绘图－矩形。

③ 工具栏:单击绘图工具栏的矩形按钮 □。

任务 19:根据矩形角点的坐标,使用矩形命令绘制矩形,完成后如图 3-10-1 所示。

命令:REC✓

RECTANG✓

指定第一个角点或 [倒角(C)/标高(E)/圆角(F)/正方形(S)/厚度(T)/宽度(W)]:100,100✓　　　　　　//我们以角点 A、C 为例,先输入点 A 的坐标(100,100)

指定其他的角点或 [面积(A)/尺寸(D)/旋转(R)]:200,160✓
　　　　　　//输入对角点 C 的坐标(200,160)(也可以输入其相对坐标(@100,60)

任务 20:根据已知条件,使用矩形命令绘制倒角矩形,完成后如图 3-10-2 所示。

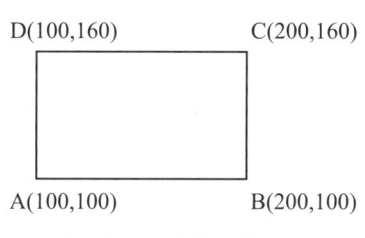

图 3-10-1　矩形的绘制一

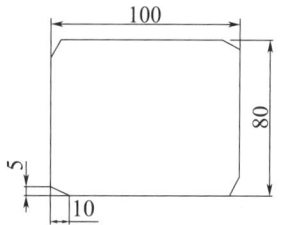

图 3-10-2　矩形的绘制二

命令:REC✓

RECTANG✓

指定第一个角点或 [倒角(C)/标高(E)/圆角(F)/正方形(S)/厚度(T)/宽度(W)]:C✓　　　　　　//输入倒角子命令 C

指定所有矩形的第一个倒角距离 〈0.0000〉:5✓
　　　　　　//输入第一个倒角距离 5

指定所有矩形的第二个倒角距离 〈5.0000〉:10✓
　　　　　　//输入第二个倒角距离 10

指定第一个角点或 [倒角(C)/标高(E)/圆角(F)/正方形(S)/厚度(T)/宽度(W)]:　　　　　　//在绘图区域单击任一点为矩形的第一个角点

指定其他的角点或［面积（A）/尺寸（D）/旋转（R）］：D↙

　　　　　　　　　　　　　　　//输入尺寸子命令 D

指定矩形的长度〈10〉：100↙　　//输入矩形的长度 100

指定矩形的宽度〈10〉：80↙　　 //输入矩形的宽度 80

指定其他的角点或［面积（A）/尺寸（D）/旋转（R）］：

　　　　　　　　　　　　　　　//选择右上的方向单击，确定矩形的方向

任务 21：根据已知条件，使用矩形命令绘制圆角矩形，完成后如图 3-10-3 所示。

命令：REC↙

RECTANG↙

图 3-10-3　矩形的绘制三

指定第一个角点或［倒角（C）/标高（E）/圆角（F）/正方形（S）/厚度（T）/宽度（W）］：F↙　　//输入圆角子命令 F

指定所有矩形的圆角距离〈0.0000〉：10↙

　　　　　　　　　　　　　　　//输入圆角半径 10

指定第一个角点或［倒角（C）/标高（E）/圆角（F）/正方形（S）/厚度（T）/宽度（W）］：　　//在绘图区域单击任一点为矩形第一个角点

指定其他的角点或［面积（A）/尺寸（D）/旋转（R）］：R↙

　　　　　　　　　　　　　　　//输入旋转子命令 R

指定旋转角度或［拾取点（P）］〈0〉：30↙

　　　　　　　　　　　　　　　//输入旋转角度 30

指定其他的角点或［面积（A）/尺寸（D）/旋转（R）］：A↙

　　　　　　　　　　　　　　　//输入面积子命令 A

输入以当前单位计算的矩形面积〈100〉：6000↙

　　　　　　　　　　　　　　　//输入矩形面积 6000

计算矩形标注时依据［长度（L）/宽度（W）］〈长度〉：L↙

　　　　　　　　　　　　　　　//输入长度子命令 L

输入矩形长度〈10〉：100↙　　//输入矩形长度 100，按 Enter 键完成绘制

指定其他的角点或［面积（A）/尺寸（D）/旋转（R）］：

　　　　　　　　　　　　　　　//在矩形确认方向上单击，结束命令

🔊 小提示

矩形绘制的方法较多，在绘制过程中先根据已知条件，再选择绘制的子命令，矩形命令还可以创建三维对象。如果用户已经绘制了带有倒角、圆角或者线宽的矩形，当再次绘制矩形时，要将倒角、圆角和线宽的数值都修改为 0。

项目11 正多边形命令

正多边形命令创建的对象是以多段线对象为基准建立起来的正多边形。

正多边形的命令启动方式有以下3种：

① 命令：POLYGON，简写 POL。

② 菜单：绘图-正多边形。

③ 工具栏：单击绘图工具栏的正多边形按钮 ⬠。

任务 22：已知圆的半径为 **50**，使用正多边形命令绘制两个正六边形，完成后如图 3-11-1 所示。

命令：POL↙

POLYGON↙

输入边的数目〈4〉或 ［多个（M）/线宽（W）］：6↙

               //输入正六边形的边数6

指定正多边形的中心点或 ［边（E）］：　　//捕捉圆心为正六边形的中心点

输入选项 ［内接于圆（I）/外切于圆（C）］〈外切于圆〉：I↙

               //按 Enter 键选择默认子命令 I

指定圆的半径：　　　　　　　　//捕捉圆的上象限点，指定半径及方向

命令：POLYGON↙　　　　　　//按 Enter 键，重复执行正多边形命令

输入边的数目〈6〉或 ［多个（M）/线宽（W）］：↙

               //按 Enter 键，选择默认边数6

指定正多边形的中心点或 ［边（E）］：　　//捕捉圆心为正六边形的中心点

输入选项 ［内接于圆（I）/外切于圆（C）］〈外切于圆〉：C↙

               //输入外切于圆子命令 C

指定圆的半径：　　　　　　　　//捕捉圆的上象限点，指定半径及方向

这两个正多边形在绘制过程中，只有一个子命令不同，其他的完全一样，但其绘制结果差别很大。

任务 23：已知两点 **A、B**，是正五边形的两个相邻顶点，使用正多边形命令绘制这两个正五边形，完成后如图 3-11-2 所示。

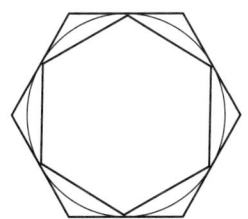
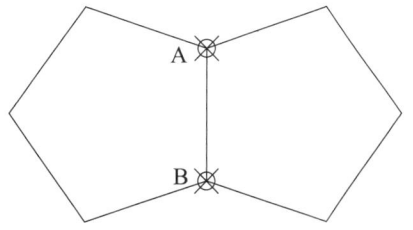

图 3-11-1　正多边形的绘制一　　　图 3-11-2　正多边形的绘制二

命令：POL✓
POLYGON✓
输入边的数目⟨6⟩或[多个（M）/线宽（W）]：5
　　　　　　　　　　　　　　//输入要绘制的正多边形的边数
指定正多边形的中心点或[边（E）]：E✓
　　　　　　　　　　　　　　//更改绘制正多边形的子命令
指定边的第一个端点：　　　　//指定点 A
指定边的第二个端点：　　　　//指定点 B
命令：✓
POLYGON
[多个（M）/线宽（W）]或输入边的数目⟨5⟩：
指定正多边形的中心点或[边（E）]：E✓
指定边的第一个端点：　　　　//与前面不同，先指定点 B
指定边的第二个端点：　　　　//指定点 A

小提示

在执行正多边形命令后，输入多个子命令 M，可以连续绘制多个正多边形对象，直到用户按【Enter】键结束。在输入正多边形的边数时，边数的取值范围为 3～1024 之间的所有整数。

项目12　多线样式、多线命令与多线编辑

在使用多线命令之前，必须对多线样式进行设置，然后才能使用多线绘制图形，要对绘制的多线之间相交的关系进行修改需要使用多线编辑命令。我们在这里通过以绘制墙体和梁为例，讲述 3 个命令的使用方法。

设置多线样式的命令启动方式有：
① 命令：MLSTYLE。
② 菜单：格式—多线样式。
绘制多线的命令启动方式有：
① 命令：MLINE，简写 ML。
② 菜单：绘图—多线。
多线编辑的命令是：菜单—修改—对象—多线。

任务 24：新建多线样式"墙体"和"梁"，分别编辑和修改元素的数目和特性、背景颜色和端点封口等。

命令：MLSTYLE✓，如图 3-12-1～图 3-12-3 所示。

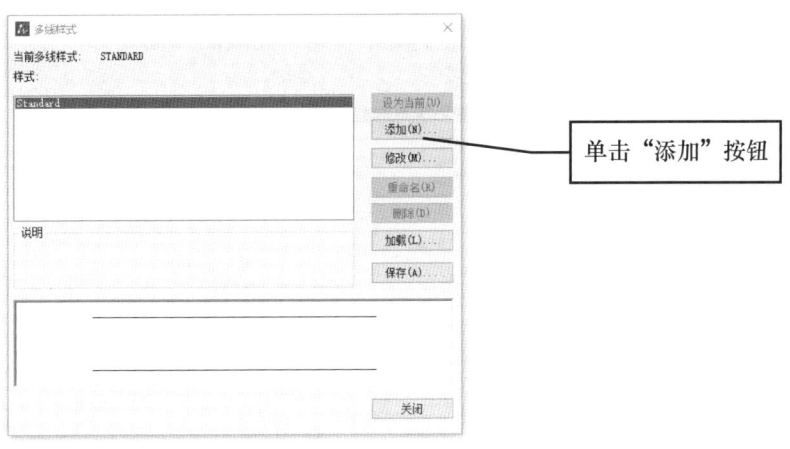

图 3-12-1 "多线样式"对话框

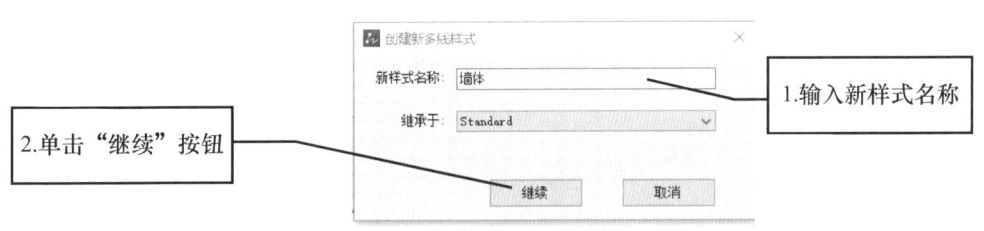

图 3-12-2 新建多线样式

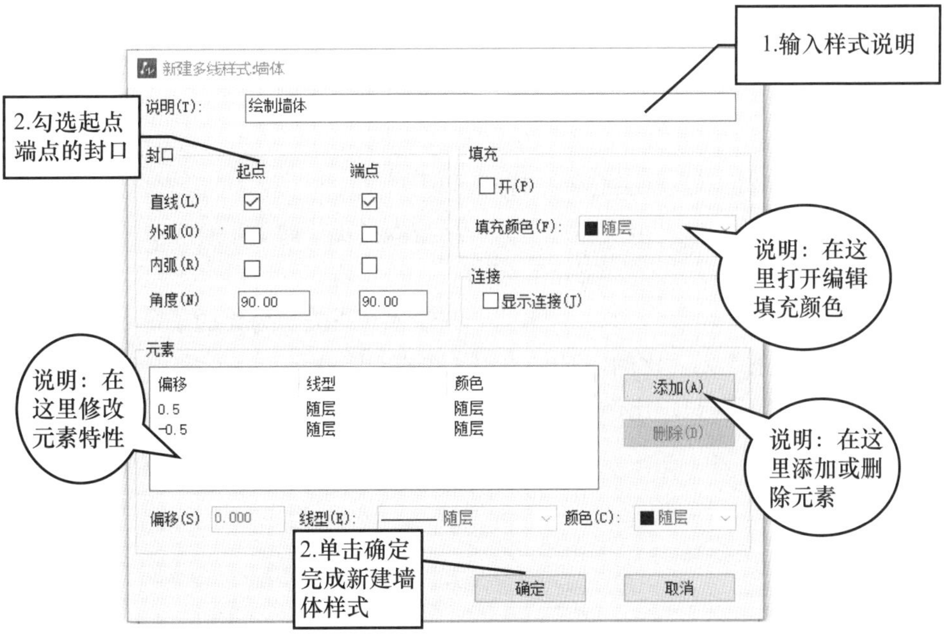

图 3-12-3 编辑墙体样式

再新建一个"梁"样式,更改元素的偏移分别为 1.2 和 -2.5,并打开颜色填充,把填充颜色设为 ByLayer;单击"确定"按钮后返回"多线样式"对话框中,选中"墙体"样式单击"设为当前"按钮,关闭"多线样式"对话框。

建筑CAD基础教程

任务 25：使用多线命令在轴网上绘制墙体和梁，完成后如图 3-12-4 所示。

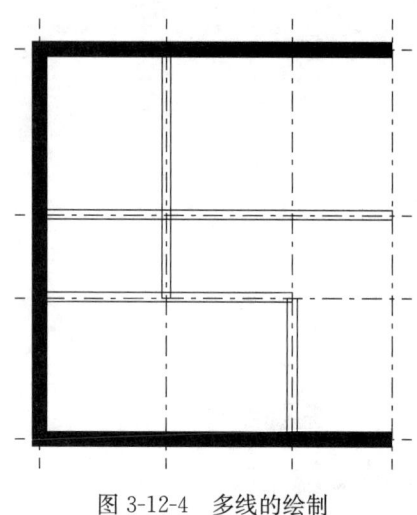

图 3-12-4　多线的绘制

（1）绘制墙体

命令：ML↙

MLINE↙

当前设置：对正＝上，比例＝20.0000，样式＝墙体

指定起点或［对正（J）/比例（S）/样式（ST）］：S↙

　　　　　　　　　　　//查看当前设置，输入比例子命令 S

输入多线比例〈20.0000〉：240↙　　//输入多线比例为 240

当前设置：对正＝上，比例＝240.00，样式＝墙体

指定起点或［对正（J）/比例（S）/样式（ST）］：J↙

　　　　　　　　　　　//输入对正子命令 J

输入对正类型［上（T）/无（Z）/下（B）］〈上〉：Z↙

　　　　　　　　　　　//输入对正类型为无的子命令 Z

当前设置：对正＝无，比例＝240.0000，样式＝墙体

指定起点或［对正（J）/比例（S）/样式（ST）］：

　　　　　　　　　　　//捕捉轴网的交点，按图绘制墙体

（2）绘制梁

命令：ML↙

MLINE↙

当前设置：对正＝无，比例＝240.0000，样式＝墙体

指定起点或［对正（J）/比例（S）/样式（ST）］：ST↙

　　　　　　　　　　　//查看当前设置，输入样式子命令 ST

输入多线样式名或［?］：梁↙　　//输入多线样式名"梁"

当前设置：对正＝无，比例＝240.00，样式＝梁

指定起点或［对正（J）/比例（S）/样式（ST）］：
//捕捉轴网的交点，按图绘制梁

任务 26：使用多线编辑命令编辑多线间的相交关系，完成后如图 **3-12-5** 所示。

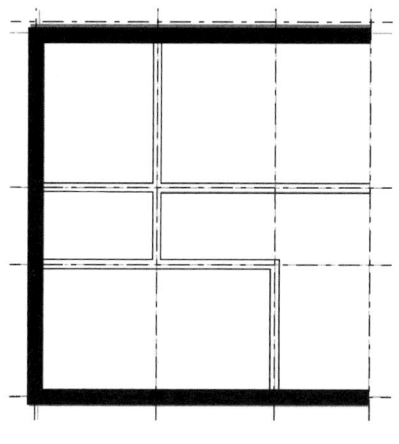

图 3-12-5　多线的编辑

命令：MLEDIT✓　　　　　　　　　//打开多线编辑工具对话框

选择相对应的多线编辑工具"十字打开""T 形合并"和"角点结合"等单击进行与图形相对应的多线编辑，完成后如图 3-12-6 所示。

图 3-12-6　多线编辑工具

小提示

进行多线样式设置时，多线对象最多可包含 16 个元素，也就是 16 条直线。在进行绘制多线时，一定要调整好当前设置，并按正确的方向进行绘制；当对绘制的多线进行编辑时，可以双击打开"多线编辑工具"对话框，编辑时要注意选择两条多线的先后顺序，且编辑工具命令是可以重复使用的。

项目 13　圆环命令

圆环命令是用来绘制圆环对象的，它是由宽弧线段组成的闭合多段线构成的。

圆环的命令启动方式有：

① 命令：DONUT。

② 菜单：绘图－圆环。

任务 27：认识圆环的内径和外径，绘制圆环，完成后如图 3-13-1 所示（图中圆环为选中状态，可以显示夹点）。

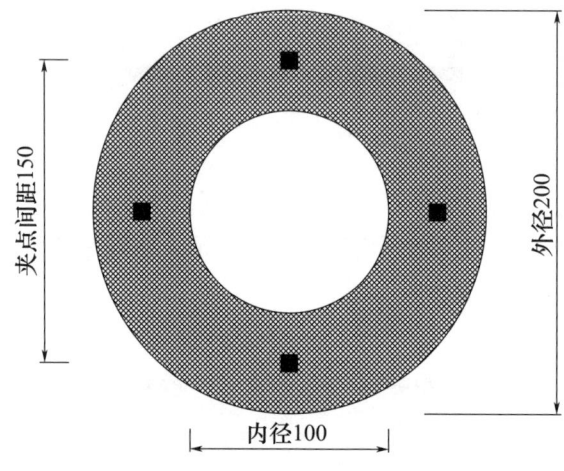

图 3-13-1　圆环的绘制

命令：DONUT↙

指定圆环的内径〈0.5000〉：100↙

　　　　　　　　　　　　　　//输入圆环的内径 100

指定圆环的外径〈1.0000〉：200↙

　　　　　　　　　　　　　　//输入圆环的外径 200

指定圆环的中心点或〈退出〉：

　　　　　　　　　　　　　　//单击绘图区域，指定圆环的中心点

📢 小提示

> 指定圆环内圆直径。若内圆直径为 0，绘制的对象将成为填充圆。
>
> 圆环体中心点可确定圆环的位置。按【Enter】键之前，系统会不断提示要求用户指定"圆环体中心"。

项目 14 样条曲线命令

样条曲线命令绘制的线是经过一系列给定点的光滑曲线。

样条曲线的命令启动方式有以下 3 种：

① 命令：SPLINE，简写 SPL。

② 菜单：绘图－样条曲线。

③ 工具栏：单击绘图工具栏的样条曲线按钮 ～ 。

任务 28：在已知矩形（100×30）中绘制样条曲线切向为 60°（先进行定数等分点），完成后如图 3-14-1 所示。

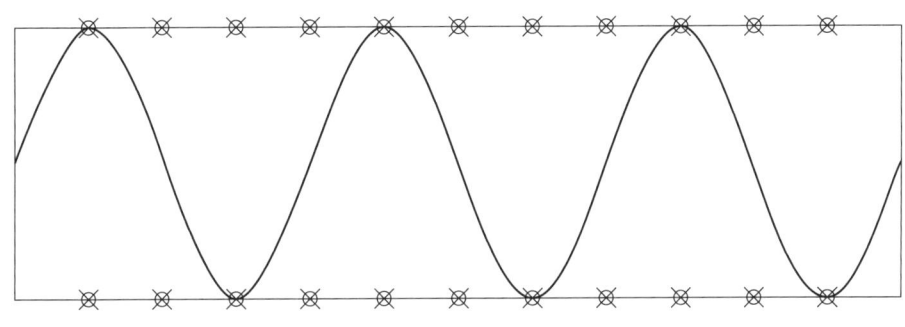

图 3-14-1 样条曲线的绘制

命令：SPL↙

SPLINE↙

指定第一个点或 [对象（O）]： //捕捉左侧垂线中点为第一点

指定下一点： //依次捕捉节点绘制样条曲线

指定下一点或 [闭合（C）/拟合公差（F）/放弃（U）]〈起点切向〉：

……

指定下一点或 [闭合（C）/拟合公差（F）/放弃（U）]〈起点切向〉：

//按 Enter 键执行子命令起点切向

指定起点切向： //利用极轴追踪捕捉起点切向角度

指定端点切向： //利用极轴追踪捕捉端点切向角度

小提示

如果想绘制一个封闭的样条曲线，可以将最后一个点与第一个点连接起来，形成封闭区域。指定的一个点可用来定义切向矢量，或者使用"切点"和"垂足"对象捕捉模式使样条曲线与现有对象相切或垂直。

项目 15　修订云线命令

修订云线命令可以绘制由多个圆弧连接组成的云线形多段线对象。指定起点后，移动鼠标开始绘制，当鼠标捕捉到起点时绘制成封闭的云线。

修订云线的命令启动方式有以下 3 种：

① 命令：REVCLOUD。

② 菜单：绘图—修订云线。

③ 工具栏：单击绘图工具栏的修订云线按钮 ☁ 。

任务 29：使用修订云线命令将已知两个矩形（120×80；100×60）编辑成修订云线，完成后如图 3-15-1 所示。

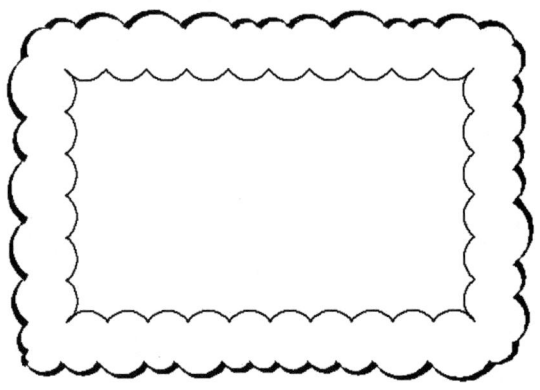

图 3-15-1　绘制修订云线

命令：REVCLOUD✓

当前设置：最小弧长=4，最大弧长=8，样式=普通，类型=自由绘制

指定起点或 [弧长（A）/对象（O）/矩形（R）/多边形（P）/自由绘制（F）/样式（S）]〈对象〉：S✓　　　　　　　//输入样式子命令 S

请选择圆弧样式 [普通（N）/手绘（C）]〈普通〉：C✓

　　　　　　　　　　　　　　　　//输入手绘子命令 C

圆弧样式=手绘

当前设置：最小弧长=4，最大弧长=8，样式=手绘，类型=自由绘制

指定起点或 [弧长（A）/对象（O）/矩形（R）/多边形（P）/自由绘制（F）/样式（S）]〈对象〉：A✓　　　　　　　//输入弧长子命令 A

指定圆弧的大约长度〈6〉：15✓　　//指定圆弧大约长度为 15

当前设置：最小弧长=10，最大弧长=20，样式=手绘，类型=自由绘制

指定起点或 [弧长（A）/对象（O）/矩形（R）/多边形（P）/自由绘制（F）/样式（S）]〈对象〉：✓　　　　　　　//按 Enter 键执行默认〈对象〉子命令

选择对象： 　　　　　　　　　　　//单击外侧矩形
反转方向［是（Y）/否（N）］〈否〉：✓ //按Enter键选否
修订云线完成。
命令：✓
REVCLOUD✓
当前设置：最小弧长＝10，最大弧长＝20，样式＝手绘，类型＝自由绘制
指定起点或［弧长（A）/对象（O）/矩形（R）/多边形（P）/自由绘制（F）/样式（S）］〈对象〉：S✓ 　　　//输入样式子命令S
请选择圆弧样式［普通（N）/手绘（C）]〈手绘〉：N✓
　　　　　　　　　　　　　　//更改样式为普通
圆弧样式＝普通
当前设置：最小弧长＝10，最大弧长＝20，样式＝普通，类型＝自由绘制
指定起点或［弧长（A）/对象（O）/矩形（R）/多边形（P）/自由绘制（F）/样式（S）］〈对象〉：A✓ 　　　//输入弧长子命令S
指定圆弧的大约长度〈15〉：12✓ //指定圆弧大约长度为12
当前设置：最小弧长＝8，最大弧长＝16，样式＝普通，类型＝自由绘制
指定起点或［弧长（A）/对象（O）/矩形（R）/多边形（P）/自由绘制（F）/样式（S）］〈对象〉：✓ //按Enter键执行默认〈对象〉子命令
选择对象：
反转方向［是（Y）/否（N）]〈否〉：Y✓
　　　　　　　　　　　　　　//选择反转方向
修订云线完成

📢 小提示

要注意的是，设置的最大和最小弧长将保存在系统注册表中，下一次调用时，此值就是当前值。当系统和使用不同比例因子的图形一起使用时，可让设置的弧长乘以系统变量DIMSCALE的值以保持统一。

小　　结

通过本模块的学习，用户能够熟练掌握简单二维图形的基本绘制方法，对一些由简单二维图形组合的图形能够快速绘制，另外，要求一种图形要掌握多种绘制方法，根据已知条件的不同，使用不同的绘制方法。

拓展训练

一、选择题

1. 下面哪个命令不能绘制三角形（　　）。
   A. LINE   B. RECTANG
   C. POLYGON   D. PLINE

2. 下面哪个命令可以绘制连续的直线段，且每一部分都是单独的线对象（　　）。
   A. POLYGON   B. RECTANGLE
   C. POLYLINE   D. LINE

3. 下面哪个对象不可以使用 PLINE 命令来绘制（　　）。
   A. 直线   B. 圆弧
   C. 具有宽度的直线   D. 椭圆弧

4. 下面哪个命令以等分长度的方式在直线、圆弧等对象上放置点或图块（　　）。
   A. POINT   B. DIVIDE
   C. MEASURE   D. SOLIT

5. 可以使用下面哪两个命令来设置多线样式和编辑多线（　　）。
   A. MLSTYLE，MLINE   B. MLSTYLE，MLEDIT
   C. MLEDIT，MLSTYLE   D. MLEDIT，MLINE

6. 应用相切、相切、相切方式画圆时（　　）。
   A. 相切的对象必须是直线   B. 从下拉菜单激活画圆命令
   C. 不需要指定圆的半径和圆心 D. 不需要指定圆心但要输入圆的半径

7. （　　）是中望CAD中另一种辅助绘图命令，它是一条没有端点而无限延伸的线，它经常用于建筑设计和机械设计的绘图辅助工作中。
   A. 样条曲线   B. 射线   C. 多线   D. 构造线

8. （　　）命令常用来绘制建筑工程上的墙线。
   A. 直线   B. 多段线   C. 多线   D. 样条曲线

9. 运用"正多边形"命令绘制的正多边形可以看作是一条（　　）。
   A. 多段线   B. 构造线
   C. 样条曲线   D. 直线

10. 在中望CAD中，使用"绘图"—"矩形"命令可以绘制多种图形，以下答案中最恰当的是（　　）。
    A. 圆角矩形   B. 有厚度的矩形
    C. 倒角矩形   D. 以上答案全正确

11. 在绘制多段线时，当在命令行提示输入 A 时，表示切换到（　　）绘制方式。
A. 角度　　　　　　B. 圆弧　　　　　　C. 直径　　　　　　D. 直线

12. 在绘制二维图形时，要绘制多段线，可以选择（　　）命令。
A. "绘图"—"多段线"　　　　　　B. "绘图"—"多线"
C. "绘图"—"3D多段线"　　　　　D. "绘图"—"样条曲线"

13. 在绘制圆弧时，已知道圆弧的圆心、弦长和起点，可以使用"绘图"—"圆弧"命令中的（　　）子命令绘制圆弧。
A. 起点、端点、方向　　　　　　B. 起点、端点、角度
C. 起点、圆心、长度　　　　　　D. 起点、圆心、角度

二、使用绘图工具绘制下列图形（图 1～图 24）。

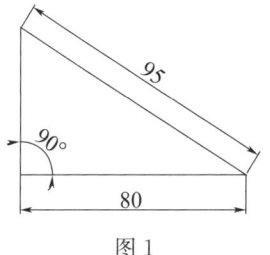

图 1

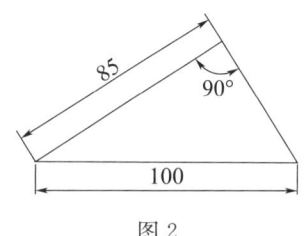

图 2

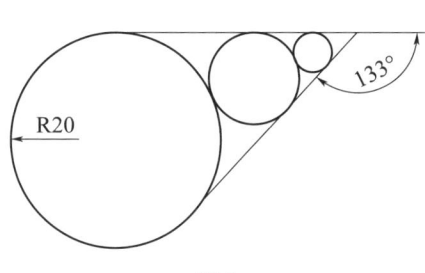

图 3

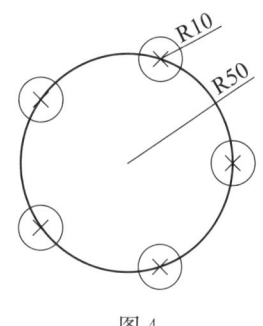

图 4

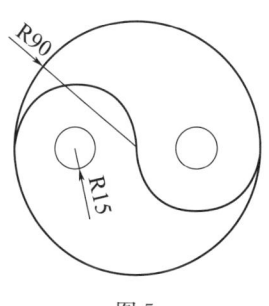

图 5

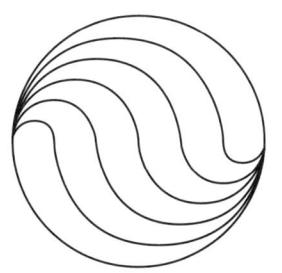

图 6　大圆直径为 90

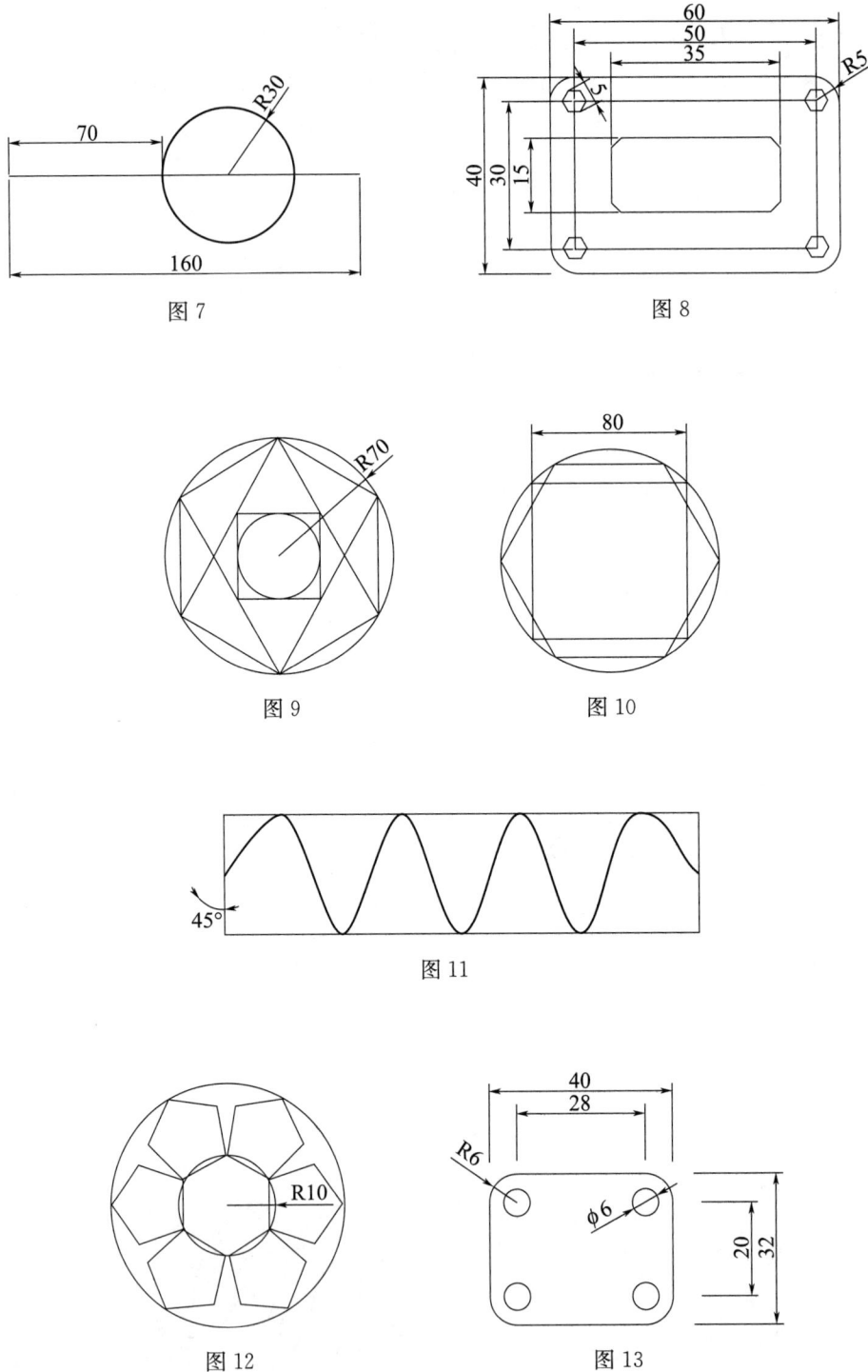

图 7　　　　　　　图 8

图 9　　　　　　　图 10

图 11

图 12　　　　　　　图 13

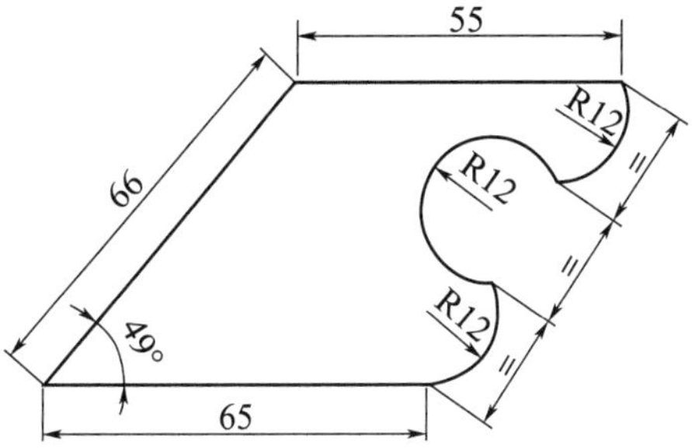

图 14

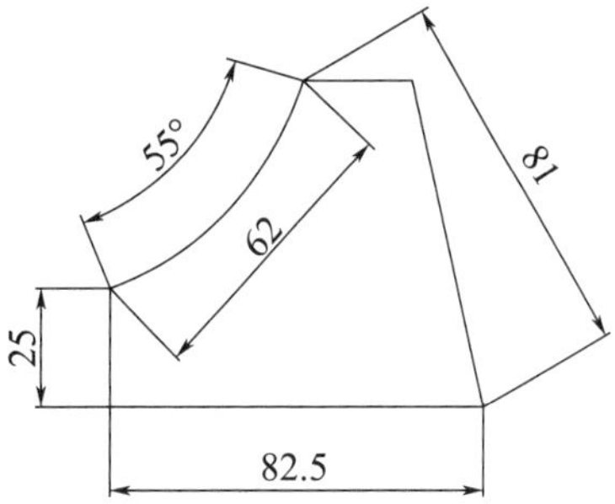

图 15

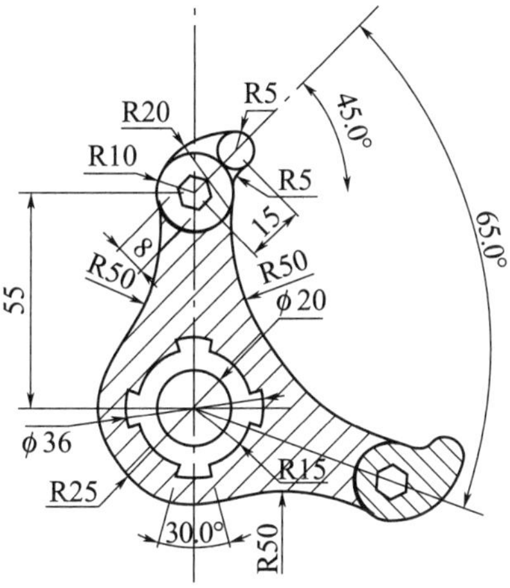

图 16

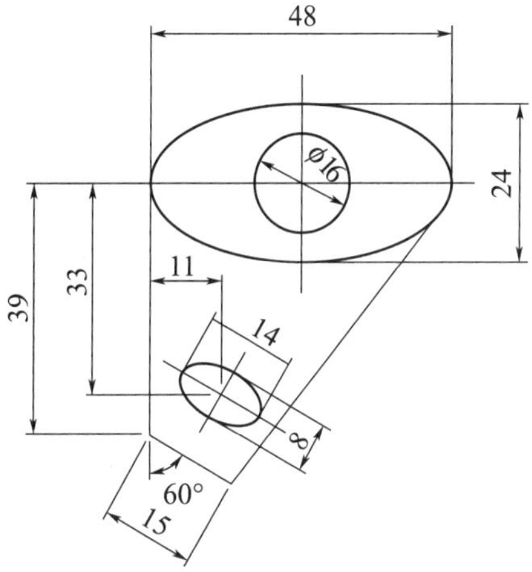

图 17

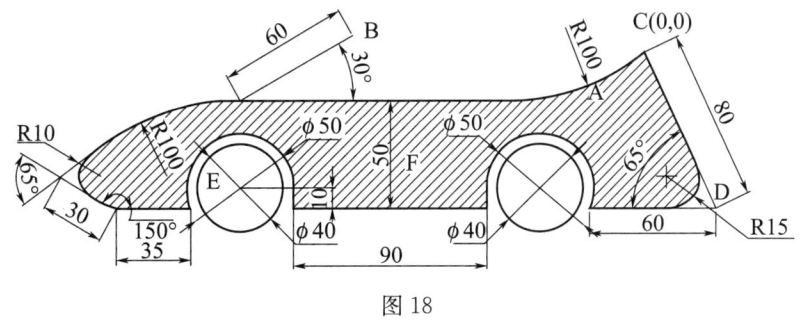

图 18

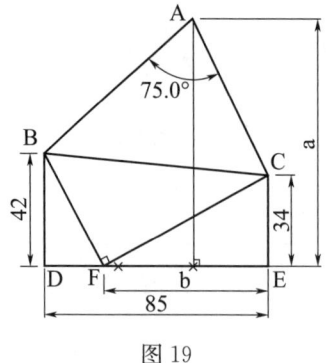

图 19

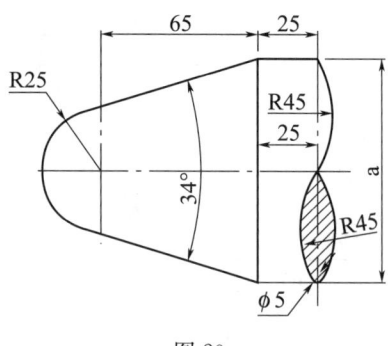

图 20

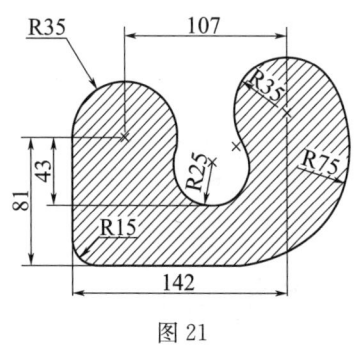

图 21

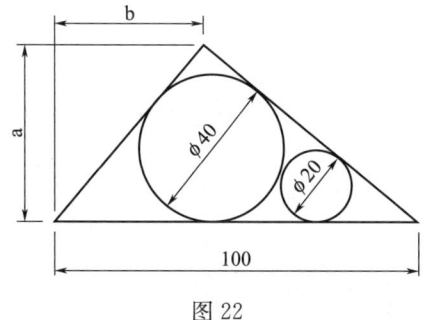

图 22

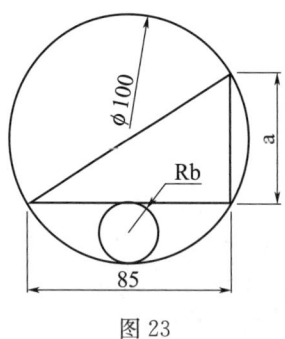

图 23

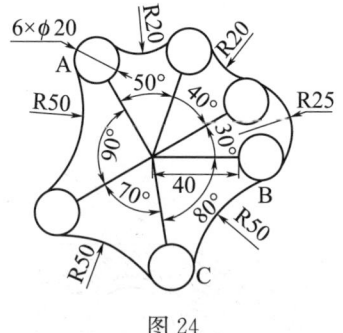

图 24

模块 4
灵活使用中望 CAD 的辅助功能

☑ 教学目标

熟练掌握利用捕捉、栅格和正交功能精确定位点。
熟练掌握对象捕捉和自动追踪功能。
熟练掌握使用对象捕捉和自动追踪功能绘制图形的方法。

⬙ 教学重点

熟练掌握对象捕捉和自动追踪功能。
熟练掌握使用对象捕捉和自动追踪功能绘制图形的方法。

⚛ 教学难点

熟练掌握利用对象捕捉和自动追踪功能精确绘制图形的方法。

中望CAD能够精确绘制图形，保证每个细节部分的准确无误，是因为它自身具备多种辅助功能，用户为了准确、高效地绘制图形，辅助功能的应用必不可少。

项目1 使用捕捉、栅格和正交功能精确定位

在绘制图形的时候，用户可以通过移动光标来确定点的位置，但该方法很难精确无误。用户要精确定位点，可以使用栅格、捕捉和正交功能。捕捉可以设定鼠标指针移动的间距大小。栅格是一些设定位置的点，可以直观地提供距离和位置的参考。正交可以方便用户在绘图窗口绘制水平线和垂直线。

1. 栅格和捕捉

栅格是由一系列排列规则的点组成的点阵，有助于定位和捕捉配合使用，可以提高绘图的精度和效率。

通过打开"草图设置"对话框，对栅格的X、Y轴间距，栅格的开启和关闭进行设置。

打开"草图设置"对话框的方式有：

① 命令：DSETTING，简写DS。

② 菜单：工具—草图设置。

任务1：将栅格X、Y轴的参数设置为10，并开启"启用栅格"功能；捕捉X、Y轴的参数设置为10。

① 命令：DS，打开如图4-1-1所示"草图设置"对话框进行设置。

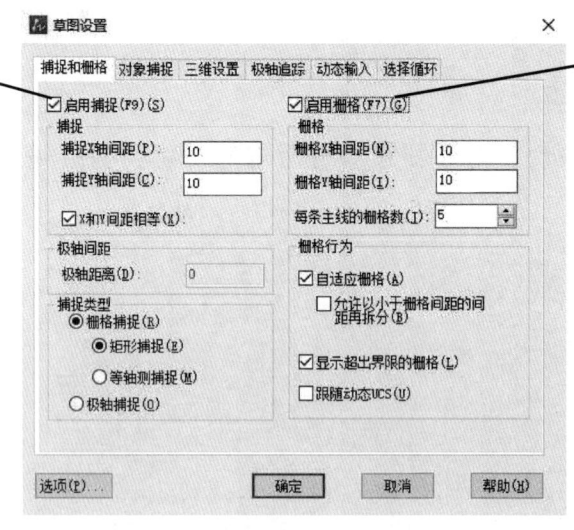

图4-1-1 "草图设置"对话框

② 设置完成后，单击"确定"按钮。

在中望CAD中也可以通过执行GRID命令设置栅格间距，并打开栅格显示，也可

以通过执行 SNAP 命令设置 X 轴和 Y 轴间距的数值。

🔊 小提示

单击状态区"栅格"按钮或按【F7】键可以切换栅格的开启与关闭，单击状态区"捕捉"按钮或按【F9】键可以切换捕捉的开启与关闭。用户绘图时栅格与捕捉需配合使用，捕捉和栅格的 X、Y 轴间距的数值相等（或一半），这样才能保证鼠标定位的准确。

2. 正交

用鼠标绘制水平线与垂直线时，准确绘制非常困难，误差较大，用户可以使用正交功能。当打开正交功能时，用户在绘图窗口只能绘制水平线和垂直线，线的角度严格地被限定为 0°、90°、180°、270°。

正交功能的命令启动方式有：

① 命令：ORTHO。

② 单击状态栏的"正交"按钮或按【F8】键打开或关闭。

任务 2：利用正交功能绘制如图 4-1-2 所示的图形。

单击状态栏的"正交"按钮打开正交功能。

命令：L↙

LINE↙

指定第一点：0，0↙

指定下一点或［角度（A）/长度（L）/放弃（U）］：140↙

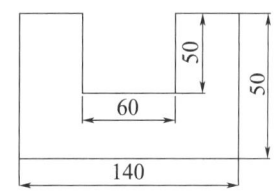

图 4-1-2　利用正交模式画线

指定下一点或［角度（A）/长度（L）/放弃（U）］：90↙

指定下一点或［角度（A）/长度（L）/闭合（C）/放弃（U）］：40↙

指定下一点或［角度（A）/长度（L）/闭合（C）/放弃（U）］：50↙

指定下一点或［角度（A）/长度（L）/闭合（C）/放弃（U）］：60↙

指定下一点或［角度（A）/长度（L）/闭合（C）/放弃（U）］：50↙

指定下一点或［角度（A）/长度（L）/闭合（C）/放弃（U）］：40↙

指定下一点或［角度（A）/长度（L）/闭合（C）/放弃（U）］：C↙

任务 3：利用正交功能绘制带有角度的图形如图 4-1-3 所示。

单击状态栏的"正交"按钮打开正交功能。

命令：L↙

LINE↙

指定第一点：0，0↙

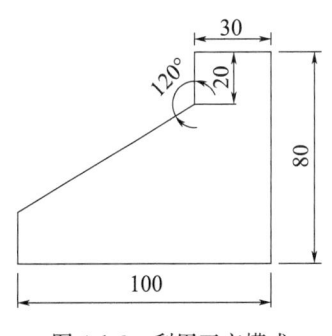

图 4-1-3　利用正交模式画有角度的线

指定下一点或［角度（A）/长度（L）/放弃（U）］：100↙
指定下一点或［角度（A）/长度（L）/放弃（U）］：80↙
指定下一点或［角度（A）/长度（L）/闭合（C）/放弃（U）］：30↙
指定下一点或［角度（A）/长度（L）/闭合（C）/放弃（U）］：20↙
指定下一点或［角度（A）/长度（L）/闭合（C）/放弃（U）］：A↙
指定角度：210↙   //沿前210°方向画一条比较长的直线，结束命令
L↙
LINE
指定第一点   //选取原点
指定下一点或［角度（A）/长度（L）/放弃（U）］：
                   //向上与210°直线相交，在交点处点击即可

小提示

> 当正交功能打开时，如不特殊选择角度（A）子命令，那么画出来的线均为水平线或垂直线。

项目 2　中望 CAD 对象捕捉功能

用户在绘图的时候，经常需要用到图形对象上一些特征点，例如圆弧的端点或中点、圆的圆心、两个对象的交点等，如果用户只是通过肉眼观察来拾取，那是不可能精确找到这些点的。中望 CAD 向用户提供了对象捕捉功能，利用这个功能，用户可以在已有的图形对象上准确捕捉到这些特征点，从而能够精确绘制图形。用户可以通过对象捕捉工具栏、"草图设置"对话框、对象捕捉快捷菜单等方法应用对象捕捉功能。

1. 打开对象捕捉的几种方法

通过"草图设置"对话框打开对象捕捉功能。首先通过命令行输入"DDOSNAP"，或者通过菜单选择"工具"—"草图设置"选项，或者通过右击"对象捕捉"选项卡—设置，打开"草图设置"对话框，选中"启用对象捕捉"复选框，选择相应的特征点，单击"确定"按钮即可。

（1）对象捕捉工具栏

用户绘图时，当要确定点时，单击"对象捕捉"工具栏上对应的特征点按钮，如图 4-2-1 所示，再将光标移动到绘图窗口中图形对象的特征点附近，这样就能够捕捉到相应的特征点。

图 4-2-1　"对象捕捉"工具栏

（2）对象捕捉快捷菜单

用户绘图需要指定点时，可按住【Shift】键的同时右击，会打开如图 4-2-2 所示的"对象捕捉"快捷菜单，用户可以选择需要的捕捉模式，再把光标移到对象捕捉的特征点附近，可以捕捉到相应的特征点。

在"对象捕捉"快捷菜单中，除了"点过滤器"外其余各项都与对象捕捉工具栏中的各种捕捉模式相对应。"点过滤器"选项中各子命令可用于满足指定坐标条件的点。

表 4-2-1 列出了对象捕捉的模式及功能，与图 4-2-1 所示的工具栏图标及图 4-2-2 所示的快捷菜单命令相对应，现对部分捕捉模式进行应用。

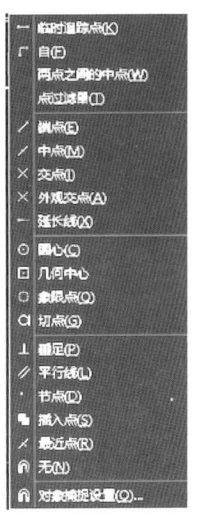

图 4-2-2 "对象捕捉"快捷菜单

表 4-2-1 对象捕捉模式功能表

捕捉模式	功能
临时点追踪点	建立临时追踪点
自	建立一个临时参考点，作为指出后继点的基点
两点之间的中点	捕捉两个独立点之间的中点
点过滤器	由坐标选择点
端点	线段或圆弧的端点
中点	线段或圆弧的中点
交点	线、圆弧或圆等的交点
外观交点	图形对象在视图平面上的交点
延长线	指定对象的延伸线
圆心	圆或圆弧的圆心
几何中心	在 CAD 中，有封闭曲线，经常要找到封闭曲线的中心点也就是几何中心
象限点	光标最近的圆或圆弧上可见部分的象限点，如圆周上 0°、90°、180°、270°位置上的点
切点	最后生成的一个点到选中的圆或圆弧上引切线的切点位置
垂足	在线段圆圆弧或它们的延长线上捕捉一个点，使之和最后生成的点的连线与该线段、圆或圆弧正交
平行线	绘制与指定对象平行的图形对象
节点	捕捉用 POINT 或 DIVIDE 等命令生成的点
插入点	文本对象和图块的插入点
最近点	离拾取点最近的线段、圆、圆弧等对象上的点
无	关闭对象捕捉
对象捕捉设置	设置对象捕捉

2. 对象捕捉的几种模式

（1）"自"模式

"自"模式是建立一个临时参考点，作为指出后继点的基点，通常与其他对象捕捉模式及相关坐标一起使用。

任务 4：利用"自"模式绘制如图 4-2-3 所示图形。

命令：L↙

LINE↙

指定第一点：50，50↙

指定下一点或［角度（A）长度（L)/放弃（U)］：FROM↙

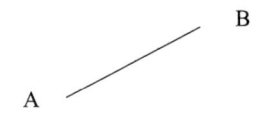

图 4-2-3 "自"模式绘制线段

基点：100，100↙

〈偏移〉：@—30，30↙

指定下一点或［角度（A）长度（L)/放弃（U)］：↙

这样就绘制出如图 4-2-3 所示的从 A 点（50，50）到 B（70，130）的一条线段。

（2）"垂足"模式

利用"垂足"模式可以绘制已知直线的垂直线。

任务 5：过线段外的一点 A 作已知线段 BC 的垂线 AD。

首先在绘图窗口中任意画一条线 BC，然后执行以下操作：

命令：L↙

LINE↙

指定第一点：　　　　//在绘图窗口中用鼠标在已知直线外任意拾取一点作为 A 点

指定下一点或［角度（A）长度（L)/放弃（U)］PER↙

　　　　//将光标放到 BC 上移动，当显示
　　　　垂足字样时单击，确定 D 点

指定下一点或［角度（A）长度（L)/放弃（U)］↙

绘制结果如图 4-2-4 所示。

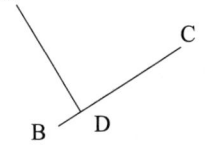

图 4-2-4 利用垂足模式绘制垂线

3. 自动捕捉

用户在绘图过程中，有时需要确定的特征点有多个，可以使用自动捕捉功能，提高绘图效率。

自动捕捉就是用户根据绘图的实际需要，提前选择好捕捉模式，每当绘图过程中命令行提示要确定点时，用户只要将光标移到一个图形对象点上，系统就自动捕捉到该对象上靠近光标的特征点，并显示出相应的标记，用户单击即可确定该特征点。

用户可以利用 DDOSNAPD 命令，打开如图 4-2-5 所示"草图设置"对话框，启用对象捕捉，并选择需要的特征点，单击"确定"按钮即可。

4. 运行捕捉和覆盖捕捉

对象捕捉模式又分为运行捕捉模式和覆盖捕捉模式。

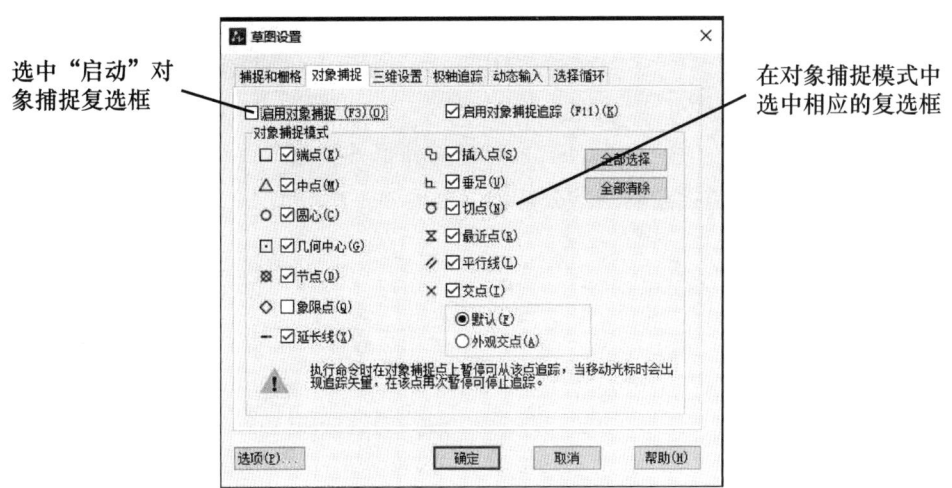

图 4-2-5 自动捕捉模式的设置

用户在"草图设置"对话框的"对象捕捉"选项卡中,设置的对象捕捉模式一直处于运行状态,直到关闭它们为止,这种捕捉模式称为运行捕捉模式。

用户在系统提示确定点的时候,单击对象捕捉工具栏的某个按钮或在对象捕捉快捷菜单中选某一个选项,为临时打开对象捕捉模式,称为覆盖捕捉。它只对本次捕捉有效,命令行中会出现一个"于"字。

任务 6:利用覆盖捕捉绘制如图 **4-2-6** 所示三角形的外接圆。

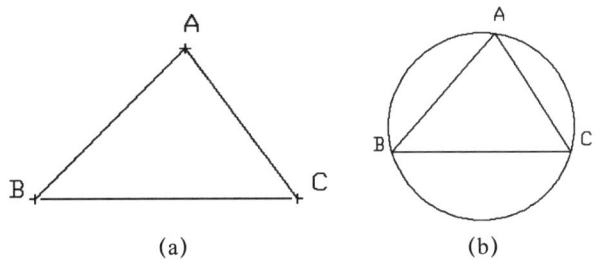

图 4-2-6 绘制三角形的外接圆

首先绘制一个如图 4-2-6(a)所示的三角形,然后按照以下提示操作。
命令:C↙
CIRCLE↙
指定圆的圆心或[三点(3P)/两点(2P)/切点、切点、半径(T)]:3P↙
指定圆的第一个点: //单击捕捉工具栏的 ⊠,命令行出现"交点",然后在绘图窗口中移动光标至 A 点附近,当 A 处出现标记时单击
指定圆的第二个点: //单击捕捉工具栏的 ⊠,命令行出现"交点",然后在绘图窗口中移动光标至 B 点附近,当 B 处出现标记时单击

建筑CAD基础教程

指定圆的第三个点： //单击捕捉工具栏的 ⊠，命令行出现"交点"，然后在绘图窗口中移动光标至C点附近，当C处出现标记时单击

此方法很快绘制出如图4-2-6（b）所示的三角形外接圆。

任务7：利用运行捕捉绘制圆的公切线，如图4-2-7所示。

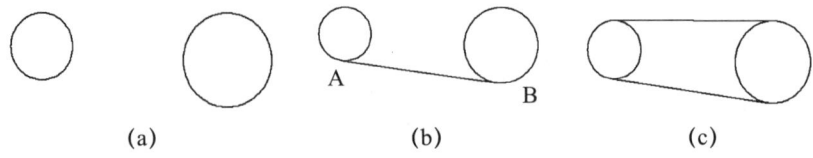

图 4-2-7　利用运行捕捉方式绘制图

先绘制如4-2-7（a）所示的两个圆，然后按照以下提示操作进行。
命令：L↙
LINE↙
指定第一个点： //单击捕捉工具栏的 ◯，命令行出现"切点"，然后在绘图窗口中移动光标至A点附近，当A处出现标记时单击

指定下一点或［角度（A）/长度（L）/放弃（U）］：
　　　　　　　　　　　//单击捕捉工具栏的 ◯，命令行出现"切点"，然后在绘图窗口中移动光标至B点附近，当B处出现标记时单击，绘制如图4-10（b）所示图形

重复上面的操作可绘制如图4-2-7（c）所示的图形。

🔊 小提示

> 用户绘制的单点和多点，在绘图过程中显示的特征点为节点，而文字和块显示的则是插入点；圆有4个象限点，圆弧也有象限点，具体几个要看圆弧的形状。

项目3　中望CAD自动追踪功能

自动追踪功能是中望CAD一个非常适用的辅助功能，它包括极轴追踪和对象追踪方式。应用极轴追踪方式，可以方便地捕捉到所设角度线上的任意点；应用对象捕捉方式，可以捕捉到指定对象延长线上的点。

任务 8：利用自动追踪的对象捕捉追踪方式绘制以如图 4-3-2（c）所示的矩形中心点为圆心，直径为 10 的圆。

① 命令：DS↙，打开如图 4-3-1 所示"草图设置"对话框。

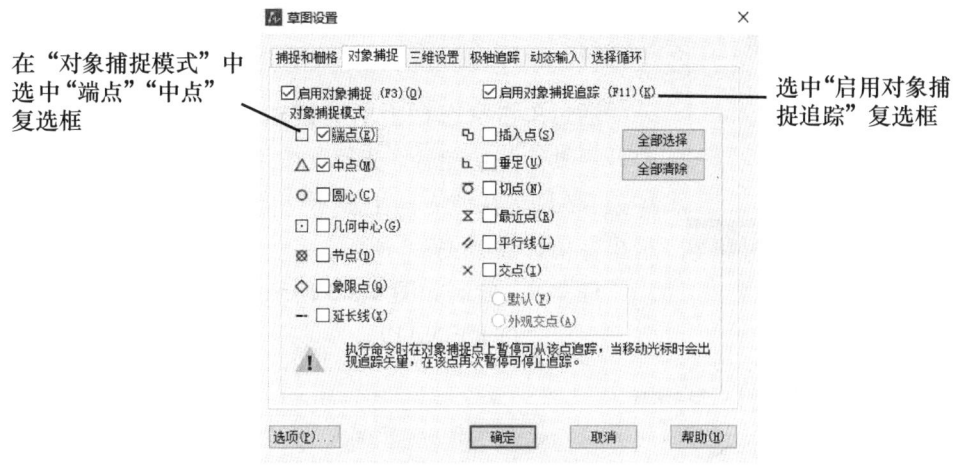

图 4-3-1　自动捕捉追踪模式的设置

② 设置完成后单击"确定"按钮，然后按照下面提示进行操作。

命令：C↙

CIRCLE↙

指定圆的圆心或〔三点（3P）/两点（2P）/相切、相切、半径（T）〕：

//移动光标至矩形左边的中点附近稍作停留，直到出现小十字标记，水平方向向右拉出追踪虚线

移动光标至矩形上边的中点附近稍作停留，直到出现小十字标记，竖直向下拉出追踪虚线，当两条对象追踪虚线交点出现如图 4-3-2（b）所示的"×"标记时单击，圆心位置确定。

指定圆的半径或〔直径（D）〕：30↙

通过以上的操作，绘制出以矩形中心为圆心直径为 10 的圆，如图 4-3-2（c）所示。

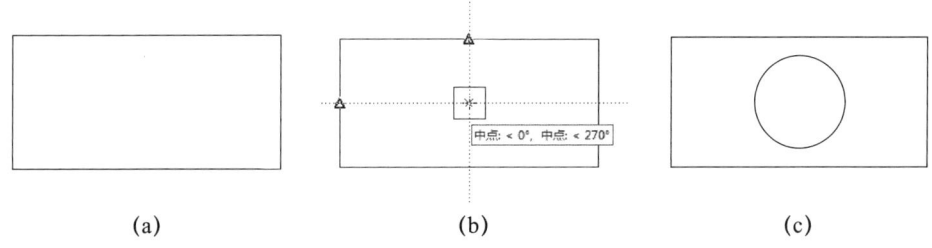

　　　(a)　　　　　　　　　　(b)　　　　　　　　　　(c)

图 4-3-2　利用对象捕捉追踪方式绘制图形

🔊 小提示

对象捕捉追踪方式的应用必须与固定对象捕捉相配合,捕捉某点延长线上的任意点。对象捕捉追踪方式的使用可通过单击状态栏中"对象追踪"按钮或按【F11】键进行切换。

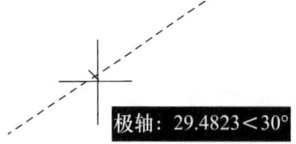

图 4-3-3 极轴追踪

通过单击状态栏上的"极轴"按钮,打开极轴追踪。打开极轴追踪功能后,光标就按用户设定的极轴方向移动,中望 CAD 将在该方向上显示一条追踪辅助线及光标点的极坐标值,如图 4-3-3 所示。

任务 9:绘制如图 4-3-5 所示图形。

命令:DDOSNAPD↙,打开如图 4-3-4 所示对话框。

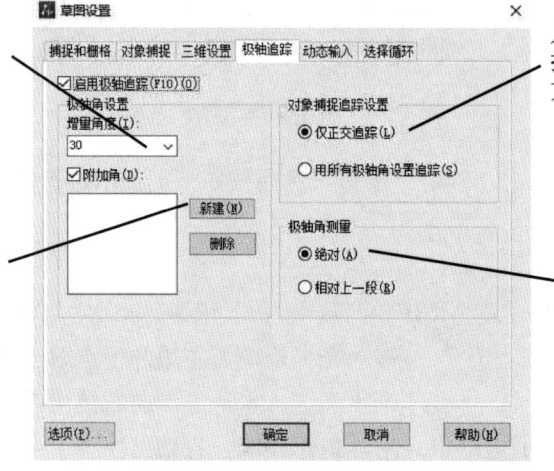

图 4-3-4 设置极轴追踪角

命令:L↙

指定第一个点: //在绘图窗口中用鼠标任意拾取一点作为 A 点,如图 4-3-5 所示

指定下一点或 [角度(A)/长度(L)/放弃(U)]:30↙

//沿 0°方向追踪输入 AB 长度

指定下一点或 [角度(A)/长度(L)/放弃(U)]:10↙

//沿 120°方向追踪输入 BC 长度

指定下一点或 [角度(A)/长度(L)/闭合(C)/放弃(U)]:15↙

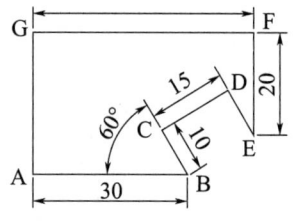

图 4-3-5 利用极轴追踪画线

//沿 30°方向追踪输入 CD 长度

指定下一点或 [角度(A)/长度(L)/闭合(C)/放弃(U)]:10↙

//沿 300°方向追踪输入 DE 长度

指定下一点或［角度（A）/长度（L）/闭合（C）/放弃（U）］：20↙

//沿 90°方向追踪输入 EF 长度

指定下一点或［角度（A）/长度（L）/闭合（C）/放弃（U）］：43↙

//沿 180°方向追踪输入 FG 长度

指定下一点或［角度（A）/长度（L）/闭合（C）/放弃（U）］：C↙

小提示

① 极轴追踪方式的打开与关闭可以通过单击状态栏的极轴按钮或按【F10】键切换。

② 光标可以追踪到增量角的整数倍，例如：增量角设置成 60°，那么光标可以追踪的角度有 60°、120°、180°、240°、300°、360°，而附加角则只能追踪附加角本身，如附加角设置成 75°，那么光标就只能追踪到 75°。

小　结

在本模块中我们学习了中望 CAD 提供的绘图辅助工具，主要包括正交、栅格、捕捉、对象捕捉、极轴追踪等功能，在绘图过程中，用户灵活运用这些辅助工具，能够提高绘图的准确性和效率。

拓展训练

一、填空题

1. 捕捉用于设定鼠标指针移动的_____。_____是一些标定位置的小点，它可以提供直观的距离和位置参考。

2. 中望 CAD 的自动追踪功能分为_____和_____两种。

3. 正交模式使用时，光标只能在_____和_____方向移动，所以正交模式不能与极轴追踪模式同时打开。

4. 中望 CAD 中，对象捕捉模式分为_____和_____。

5. 中望 CAD 中，自动追踪是一个非常有用的辅助绘图功能，可分为_____和_____两种。

6. 中望 CAD 中，提供的辅助工具包括：_____、_____、_____、_____、_____、_____。

二、选择题

1. 在中望CAD中，不能用（　　）方法打开"栅格"功能。

A. 在状态栏中单击"栅格"

B. 按【F7】键

C. 按【F9】键

D. 在"捕捉和栅格"选项卡中"启动栅格"

2. 在中望CAD中，打开正交模式，不能绘制（　　）。

A. 垂直线　　　　　B. 水平线　　　　　C. 斜线

3. 在对象捕捉快捷菜单中，除了（　　）外其余各项都与"对象捕捉"工具栏中的各种捕捉模式相对应。

A. 临时追踪点　　　B. 点过滤器　　　C. 象限点　　　D. 切点

三、使用捕捉功能和自动追踪绘制图1～图5所示图形

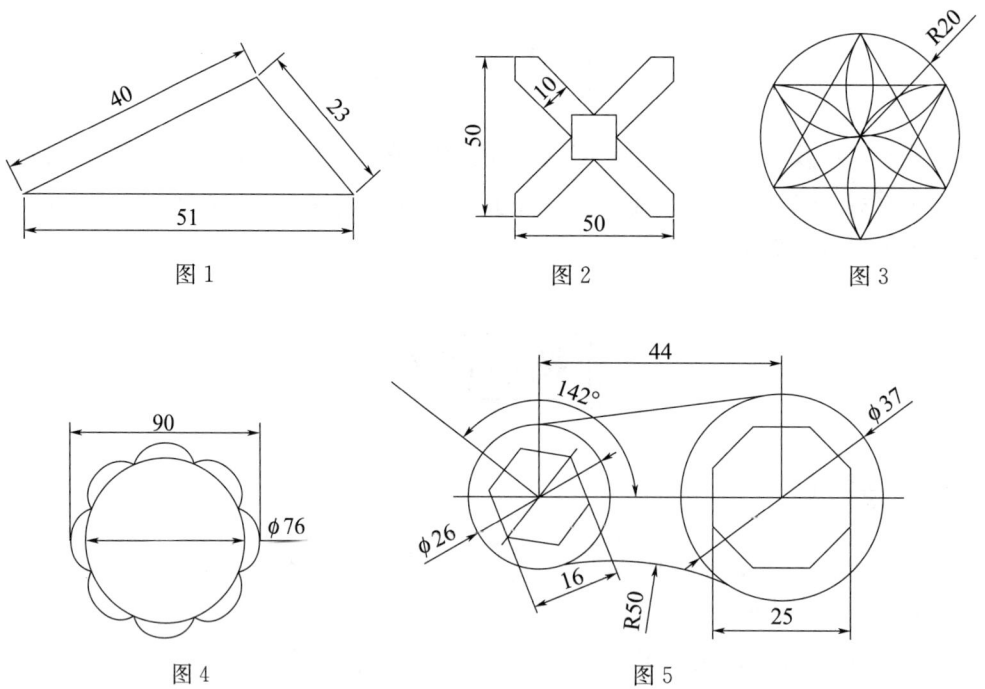

图1

图2

图3

图4

图5

模块 5
二维图形的编辑

☑ 教学目标
掌握二维图形编辑命令的调用方法。
熟练掌握利用编辑命令绘制复杂二维图形的基本方法。

◈ 教学重点
调用编辑命令的几种方法。
使用编辑命令绘制复杂的二维图形。

⚛ 教学难点
编辑命令的使用技巧。

建筑 CAD 基础教程

二维编辑命令是对二维的平面图形对象进行移动、旋转、复制、缩放、阵列等操作。中望 CAD 教育版提供了强大的图形编辑功能，通过本模块的学习我们可以使用二维编辑命令准确绘制复杂的二维图形。合理地运用编辑命令可以极大地提高绘图效率。

项目1　选 择 对 象

在图形编辑前，首先要选择需要进行编辑的图形对象，然后再对其进行编辑加工。中望 CAD 会将所选择的对象虚线显示，这些所选择的对象被称为选择集。选择集可以包含单个对象，也可以包含更复杂的多个对象。选择对象的方法有很多，我们把几种最常用的介绍给大家。

任务1：设置鼠标左键单击自动加选。

命令：OPTIONS，简写 OP，如图 5-1-1 所示。

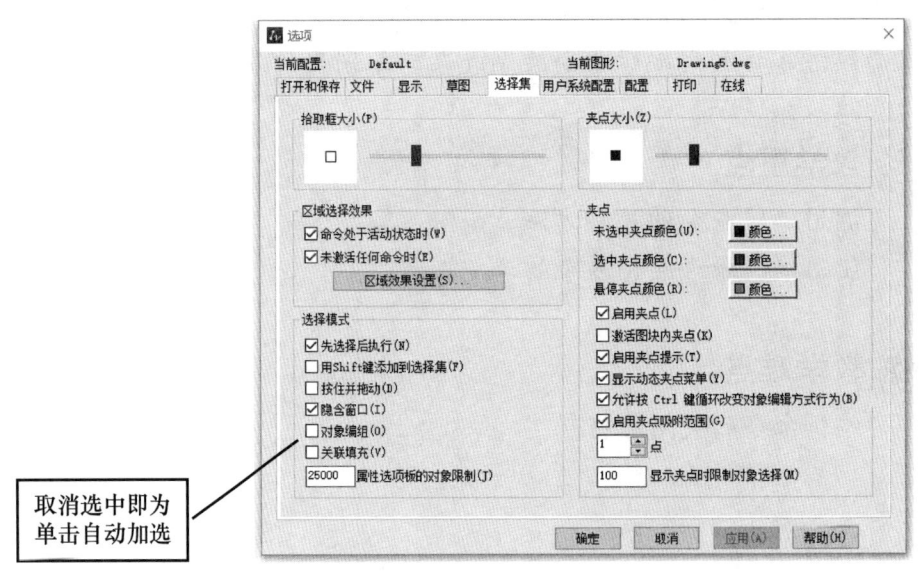

图 5-1-1　设置单击自动加选

菜单：工具—选项—选择集。

任务2：使用"窗口"选择对象，选择图中的正七边形。

窗口选择：选取完全包含在矩形选取窗口中的对象。

操作：单击，向屏幕右侧拖动，将目标对象完全包含在矩形选取窗口中，再次单击，完成选择，如图 5-1-2 所示。

任务3：使用"窗口交叉"选择对象，选择图中的全部多边形。

窗口交叉选择：选取与矩形选取窗口相交或包含在矩形窗口内的所有对象。

操作：单击，向屏幕左侧拖动，将目标对象完全包含在矩形选取窗口中，或者与矩形选取框有交叉，再次单击，完成选择，如图 5-1-3 所示。

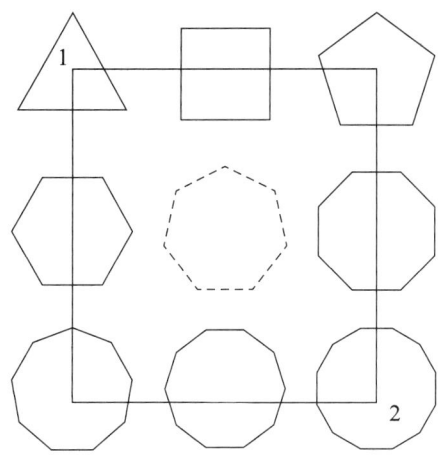 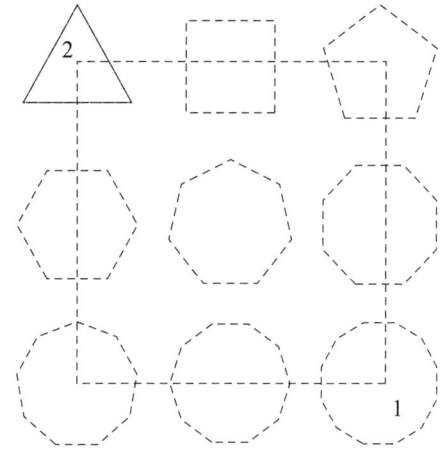

图 5-1-2　按窗口方式选择对　　　　　　图 5-1-3　按交叉方式选择对象

任务 4：使用"快速选择"，选取图形中所有的圆。

命令：QSELECT。

菜单：工具－快速选择。

按图 5-1-4 所示进行选择，完成结果如图 5-1-5 所示。

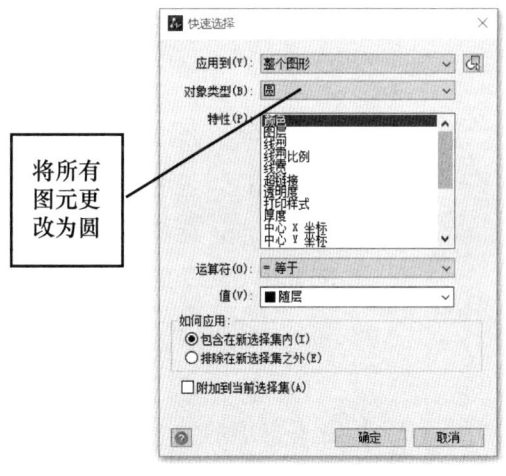 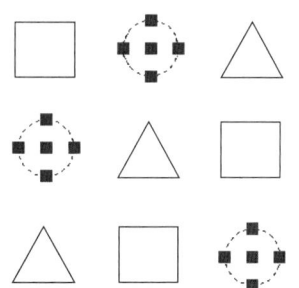

图 5-1-4　使用快速选择命令选择对象　　　图 5-1-5　选取所有的圆的结果

🔊 小提示

当命令行提示要选择对象时，输入"?"，将显示如下提示信息：无效选择！
需要点或 窗口（W）/最后（L）/相交（C）/框（B）/全部（ALL）/围栏（F）/圈围（WP）/圈交（CP）/组（G）/添加（A）/删除（R）/多个（M）/上一个（P）/撤销（U）/自动（AU）/单个（SI），可以有更多的选择方法。

项目2 删除命令

删除命令是将所选的图形对象从绘图区删除，不再存在。

删除命令的启动方式有以下 3 种：

① 命令：ERASE，简写 E。

② 菜单：修改—删除。

③ 工具栏：单击修改工具栏的删除按钮 ◆ 。

任务 5：如图 5-2-1 所示，删除图 5-2-1（a）中的圆，完成后如图 5-2-1（b）所示。

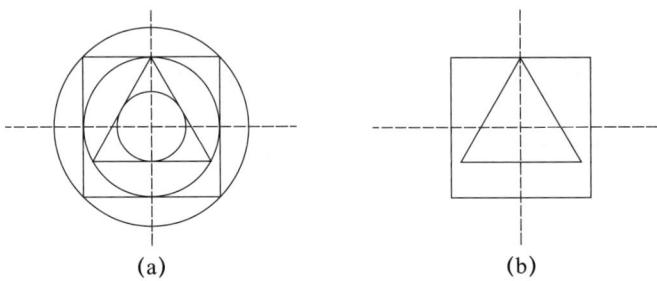

图 5-2-1 删除命令

命令：E✓

ERASE✓

选择对象：找到 1 个　　　　　　　　　　　　　//单击加选，选中第一个圆

选择对象：找到 1 个，总计 2 个　　　　　　　//单击加选，选中第二个圆

选择对象：找到 1 个，总计 3 个　　　　　　　//单击加选，选中第三个圆

选择对象：✓　　　　　　　　　　　　　　　//按 Enter 键或空格键，确认删除

🔊 小提示

> 如果选择了不想删除的对象，可以按【Esc】键退出删除操作，或者按住【Shift】键进行减选对象的操作。删除命令也可以先进行删除对象的选择，然后输入删除命令，或者按【Delete】键，同样也可以完成删除操作。

项目3 拉伸命令

拉伸命令是把选取的图形对象，使其中一部分移动，同时维持与图形其他部分的连接。可拉伸的对象包括与选择窗口相交的圆弧、椭圆弧、直线、多段线线段、二维实体、射线、宽线和样条曲线等。

拉伸命令的启动方式有以下 3 种：

① 命令：STRETCH，简写 S。

② 菜单：修改—拉伸。

③ 工具栏：单击修改工具栏的拉伸按钮 ↑ 。

任务 6：将图 5-3-1（a）中正六边形进行拉伸，完成后如图 5-3-1（c）所示。

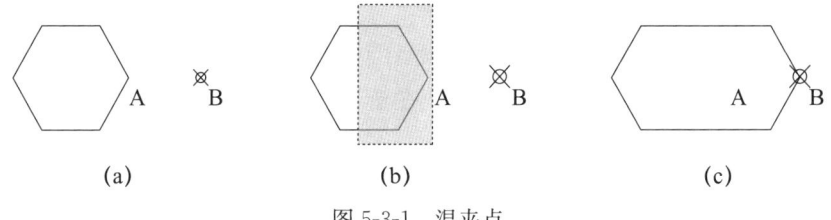

(a)　　　　　　　(b)　　　　　　　(c)

图 5-3-1　温夹点

命令：S↙

STRETCH↙

以交叉窗口或交叉多边形选择要拉伸的对象…

　　　　　　　　　　　　　　　　　　//按中图交叉窗口选择拉伸对象

选择对象：指定对角点：找到 1 个

选择对象：

指定基点或 [位移 (D)]〈位移〉：　　　　//捕捉 A 点为基点

指定第二点的位移或者〈使用第一点当作位移〉：

　　　　　　　　　　　　　　　　　　//捕捉 B 点为位移

完成后如图 5-3-1（c）所示。

任务 7：将图 5-3-2（a）中虚线内的图形向右侧拉伸 500，完成后如图 5-3-2（b）所示。

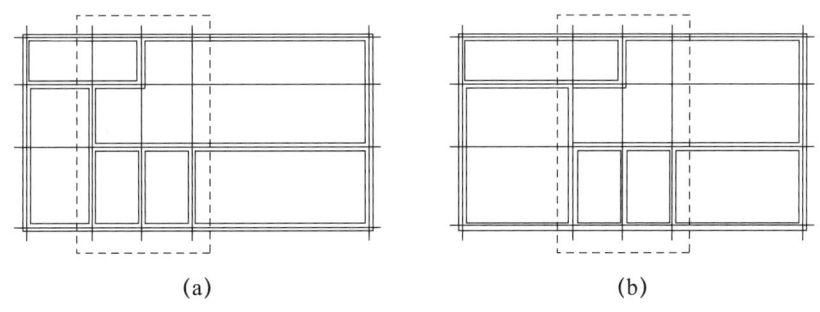

(a)　　　　　　　　　　　　(b)

图 5-3-2　拉伸命令

命令：S↙　　　　　　　　　　　　　//输入拉伸命令简写

STRETCH↙　　　　　　　　　　　　//显示拉伸命令

以交叉窗口或交叉多边形选择要拉伸的对象…　　//用交叉窗口选择拉伸对象

选择对象：指定对角点：找到32个
选择对象：
指定基点或 [位移 (D)] 〈位移〉：　　　　　　　//指定基点
指定第二点的位移或者〈使用第一点当作位移〉：500↙
　　　　　　　　　　　　　　　　　//给出水平方向，输入拉伸距离500

小提示

命令支持先选择对象，然后执行该命令对对象进行拉伸。在选择对象时，可按住快捷键【Ctrl＋A】选择所有对象。在选取了拉伸的对象之后，在命令行提示中输入D进行向量拉伸。

项目4　移动命令

移动命令的功能是将选取的对象以指定的距离或坐标从原来的位置移动到新的位置。

移动的命令启动方式有以下3种：

① 命令：MOVE，简写M。

② 菜单：修改—移动。

③ 工具栏：单击修改工具栏的移动按钮 ✥。

任务8：如图5-4-1所示，使用移动命令，将左侧圆的圆心移动到相应的位置上使圆心与A点重合，完成后如图5-4-1 (b) 所示。

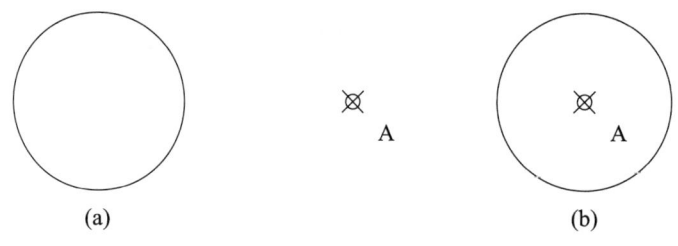

图5-4-1　移动命令

命令：M↙
MOVE↙
选择对象：找到1个　　　　　　　　　　　//选择移动对象圆
选择对象：
指定基点或 [位移 (D)] 〈位移〉：　　　　　//捕捉圆心为基点
指定第二点的位移或者〈使用第一点当作位移〉：//捕捉A点为位移

任务9：如图5-4-2所示使用移动命令，将图5-4-2 (a) 中的门移动到相应的位置上，完成后如图5-4-2 (b) 所示。

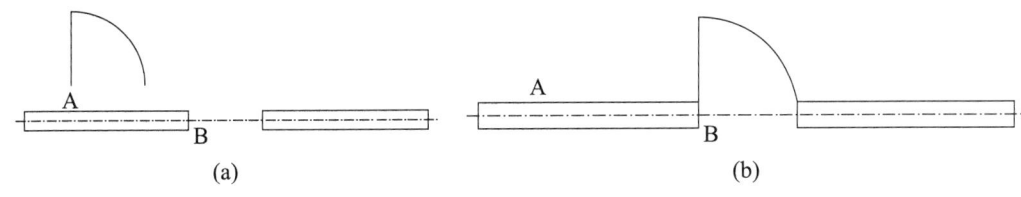

图 5-4-2　移动命令

命令：M↙
MOVE↙
选择对象：找到 1 个　　　　　　　　　　　//单击选择多段线门
选择对象：　　　　　　　　　　　　　　　//按 Enter 键或空格，退出选择对象
指定基点或 [位移（D）]〈位移〉：　　　　　//选择门的左下 A 夹点为基点
指定第二点的位移或者〈使用第一点当作位移〉://捕捉 B 点为目标点完成移动

小提示

> 如在执行命令时，不指定基点，而输入子命令 D，可以输入相对坐标移动对象。

项目 5　复 制 命 令

复制命令支持对简单的单一对象（集）的复制，如直线、圆、圆弧、多段线、样条曲线和单行文字等，同时也支持对复杂对象（集）的复制，如关联填充、块、多重插入块、多行文字、外部参照、组对象等。在复制关联标注对象时，关联标注对象复制后的关联性不变。

复制的命令启动方式有以下 3 种：

① 命令：COPY，简写 CO。

② 菜单：修改－复制。

③ 工具栏：单击修改工具栏的复制对象按钮  。

任务 10：如图 5-5-1 所示使用复制命令，将左圆中的圆复制到相应的位置上，完成后如图 5-5-1（b）所示。

命令：CO↙
COPY↙
选择对象：找到 1 个　　　　　　　　　　　//选择对象圆
选择对象：
当前设置：复制模式＝多个
指定基点或 [位移（D）/模式（O）]〈位移〉：　//选择圆心为基点

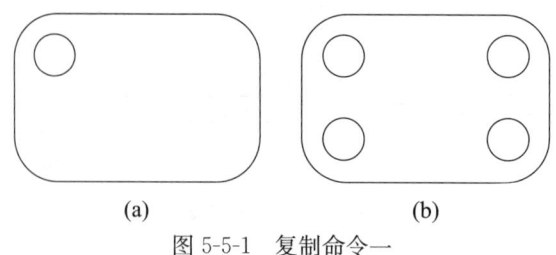

图 5-5-1 复制命令一

指定第二点的位移或 [阵列（A）/等距（E）/等分（I）/沿线（P）]〈使用第一点当作位移〉： //捕捉圆弧的圆心为位移

指定第二个点或 [阵列（A）/退出（E）/放弃（U）]〈退出〉： //捕捉圆弧的圆心为位移

指定第二个点或 [阵列（A）/退出（E）/放弃（U）]〈退出〉： //捕捉圆弧的圆心为位移

指定第二个点或 [阵列（A）/退出（E）/放弃（U）]〈退出〉：✓

任务 11：如图 5-5-2 所示使用复制命令，将图 5-5-2（a）中的门和窗复制到相应的位置上，完成后如图 5-5-2（b）所示。

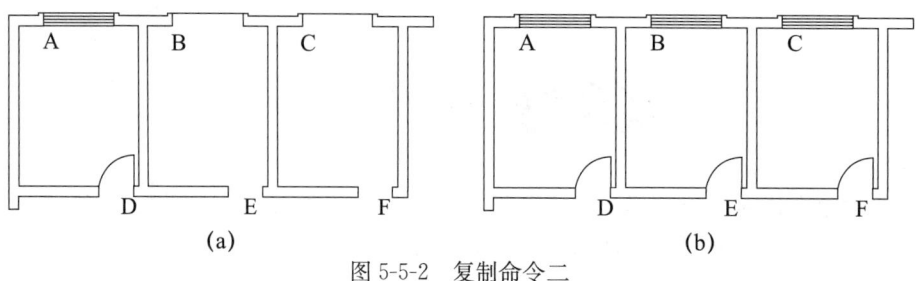

图 5-5-2 复制命令二

命令：CO✓
COPY✓   //输入简写的复制命令
选择对象：指定对角点：找到 2 个   //选择门和窗
选择对象：
当前设置：复制模式＝多个
指定基点或 [位移（D）/模式（O）]〈位移〉： //指定 A 或 D 为基点
指定第二点的位移或 [阵列（A）/等距（E）/等分（I）/沿线（P）]〈使用第一点当作位移〉：
指定第二个点或 [阵列（A）/退出（E）/放弃（U）]〈退出〉：
　　　　　　　　　　　　　　　　　　　　　//指定目标点 B、C 或者 E、F

🔊 小提示

> 复制的模式有单个和多个两种，选定对象后可以通过子命令 O 来改变模式，确定是否自动重复该命令。

项目6 偏移命令

偏移命令是指以指定的点或指定的距离将选取的对象偏移并复制，使对象副本与原对象平行。若选取的对象为圆，则创建同心圆。

偏移的命令启动方式有以下3种：

① 命令：OFFSET，简写 O。

② 菜单：修改—偏移。

③ 工具栏：单击修改工具栏的偏移按钮 ⊿ 。

任务12：如图 5-6-1 所示使用偏移命令，将图 5-6-1（a）中的垂线向右侧偏移 50，斜线向右下偏移 30，完成后如图 5-6-1（b）所示。

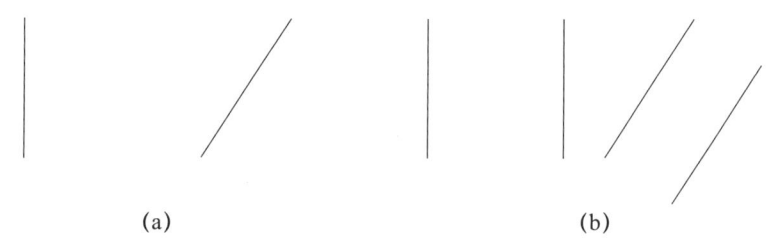

(a)   (b)

图 5-6-1　偏移命令一

命令：O↙

OFFSET↙

指定偏移距离或 [通过（T）/擦除（E）/图层（L）]〈通过〉：50

　　　　　　　　　　　　　　//输入偏移距离 50

选择要偏移的对象或 [放弃（U）/退出（E）]〈退出〉：

　　　　　　　　　　　　　　//选择垂线

指定目标点或 [退出（E）/多个（M）/放弃（U）]〈退出〉：

　　　　　　　　　　　　　　//在垂线右侧单击

选择要偏移的对象或 [放弃（U）/退出（E）]〈退出〉：↙

　　　　　　　　　　　　　　//退出偏移命令

命令：OFFSET↙　　　　　　//按空格重复执行偏移命令

指定偏移距离或 [通过（T）/擦除（E）/图层（L）]〈50.0000〉：30

　　　　　　　　　　　　　　//更改偏移距离为 30

选择要偏移的对象或 [放弃（U）/退出（E）]〈退出〉：

　　　　　　　　　　　　　　//选择斜线

指定目标点或 [退出（E）/多个（M）/放弃（U）]：

　　　　　　　　　　　　　　//在斜线右下方单击

选择要偏移的对象或［放弃（U）/退出（E）］〈退出〉：↙
//退出偏移命令

任务 13：如图 5-6-2 所示使用偏移命令，绘制定位轴线，列偏移 **3300**，行偏移 **4900**，完成后如图 5-6-2（b）所示。

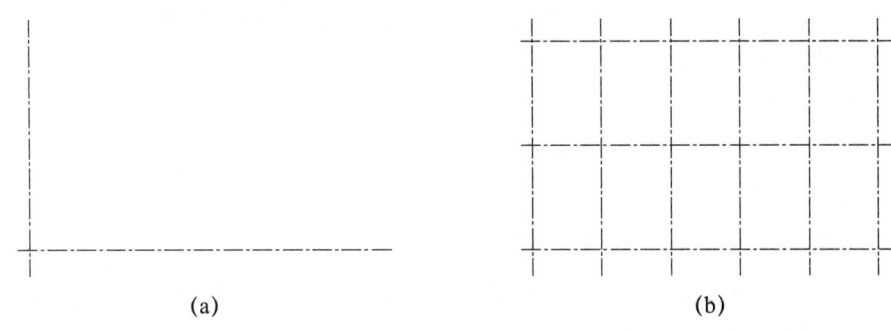

(a)　　　　　　　　　　　　　　(b)

图 5-6-2　偏移命令二

命令：O↙
OFFSET↙
指定偏移距离或［通过（T）/擦除（E）/图层（L）］〈通过〉：3300
//输入列偏移的距离 3300
选择要偏移的对象或［放弃（U）/退出（E）］〈退出〉：
//选择垂直轴线
指定在边上要偏移的点：　　　　　//在轴线右侧单击
选择要偏移的对象或〈退出〉：　　　//选择刚偏移得到的轴线
指定目标点或［退出（E）/多个（M）/放弃（U）］：
//在轴线右侧单击
选择要偏移的对象或〈退出〉：　　　//重复操作
指定目标点或［退出（E）/多个（M）/放弃（U）］：
选择要偏移的对象或〈退出〉：
指定目标点或［退出（E）/多个（M）/放弃（U）］：
选择要偏移的对象或〈退出〉：
指定目标点或［退出（E）/多个（M）/放弃（U）］：
选择要偏移的对象或〈退出〉：↙　　　//退出偏移命令
命令：O↙
OFFSET↙
指定偏移距离或［通过（T）/擦除（E）/图层（L）］〈3300.0000〉：4900
//更改偏移距离为 4900
选择要偏移的对象或［放弃（U）/退出（E）］〈退出〉：
//选择刚偏移得到的轴线

指定目标点或 [退出 (E)/多个 (M)/放弃 (U)]：
                //在轴线上方单击
选择要偏移的对象或〈退出〉：✓   //退出偏移命令

📢 小提示

> 　　在指定通过点时，若选择的对象是带有角点的多段线对象，为了取得最佳效果，建议用户在直线段中点附近（而非角点附近）指定一点作为通过点。可同时创建多个对象的偏移副本，系统在执行完上两个命令行后将继续反复提示用户选择对象和经由点，直到按【Enter】键结束命令。

项目 7　镜 像 命 令

　　以指定的两个点构成一条直线，系统将以此条直线为基准，创建选定对象的反射副本。

　　镜像的命令启动方式有以下 3 种：

① 命令：MIRROR，简写 MI。
② 菜单：修改－镜像。
③ 工具栏：单击修改工具栏的镜像按钮 ⚠ 。

　　任务 14：如图 5-7-1 所示使用镜像命令，将图 5-7-1 (a) 中的两个半圆以虚线为基准进行镜像，完成后如图 5-7-1 (b) 所示。

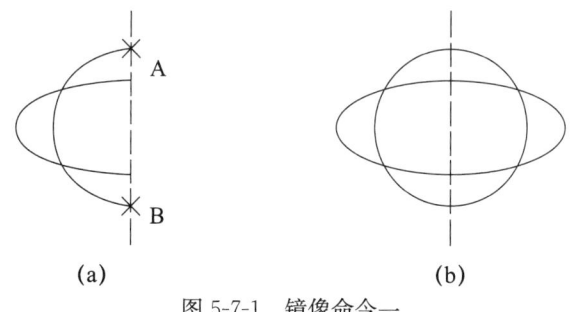

(a)　　　　　　　　　　(b)

图 5-7-1　镜像命令一

命令：MI✓
MIRROR✓
选择对象：   //选择镜像对象
选择对象：指定对角点：找到 2 个
选择对象：✓
指定镜像线的第一点：   //捕捉 A 点
指定镜像线的第二点：   //捕捉 B 点

是否删除源对象?［是（Y)/否（N)］〈否（N）〉：✓

//默认为不删除

任务 15：如图 5-7-2 所示使用镜像命令,将图 5-7-2（a）中的墙体以点 A、B 为基准进行镜像,完成后如图 5-7-2（b）所示。

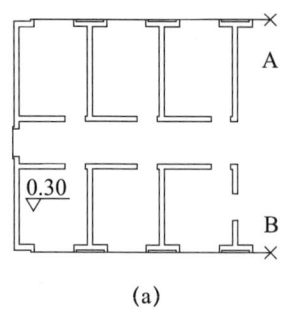
(a)

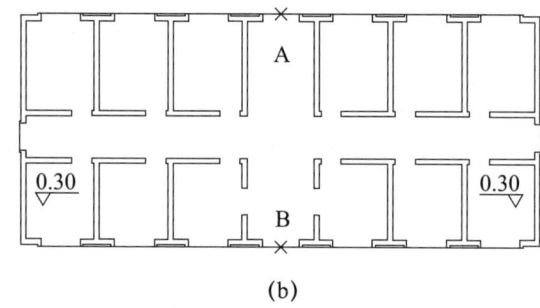
(b)

图 5-7-2 镜像命令二

命令：MI✓
MIRROR✓
选择对象： //选择镜像对象
选择对象：找到 137 个
选择对象：✓
指定镜像线的第一点： //捕捉 A 点
指定镜像线的第二点： //捕捉 B 点
是否删除源对象?［是（Y)/否（N)］〈否（N）〉：✓

//不删除源对象

小提示

若选取的对象为文本,可配合系统变量 MIRRTEXT 来创建镜像文字。当 MIRRTEXT 的值为 1（开）时,文字对象将同其他对象一样被镜像处理。当 MIRRTEXT 设置为关（0）时,创建的镜像文字对象方向不作改变。

项目 8　旋 转 命 令

旋转命令是通过指定的点来旋转选取的对象,同时也可以选择是否复制一个副本。
旋转的命令启动方式有以下 3 种：
① 命令：ROTATE,简写 RO。
② 菜单：修改－旋转。
③ 工具栏：单击修改工具栏的旋转按钮 ⟳ 。

任务 16：如图 5-8-1 所示使用旋转命令，将图 5-8-1（a）中的门逆时针旋转 90°，完成后如图 5-8-1（b）所示。

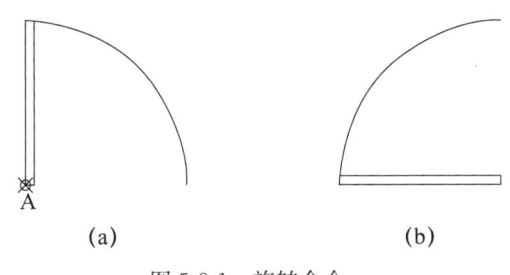

图 5-8-1　旋转命令一

命令：RO↵
ROTATE↵
选择对象：找到 1 个　　　　　　　　　　//单击选择门
选择对象：↵
指定基点：　　　　　　　　　　　　　　//单击点 A 为基点
指定旋转角度或 [复制 (C)/参照 (R)] ⟨0⟩：90↵
　　　　　　　　　　　　　　　　　　　//输入旋转角度 90

任务 17：将图 5-8-2（a）中的椭圆创建一个副本，使其长轴方向与辅助线重合，完成后如图 5-8-2（b）所示。

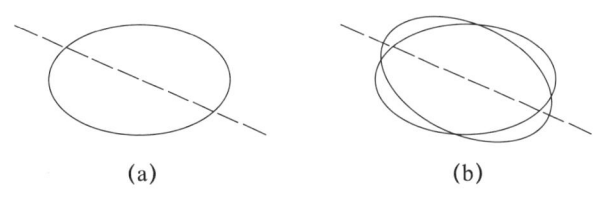

图 5-8-2　旋转命令二

命令：RO↵
ROTATE↵
选择对象：　　　　　　　　　　　　　　//单击选择椭圆
找到 1 个
选择对象：↵
指定基点：　　　　　　　　　　　　　　//单击椭圆的圆心为基点
指定旋转角度或 [复制 (C)/参照 (R)] ⟨337⟩：C↵
　　　　　　　　　　　　　　　　　　　//输入复制子命令 C
　　　　　　　　　　　　　　　　　　　//旋转一组选定对象
指定旋转角度或 [复制 (C)/参照 (R)] ⟨337⟩：R↵
　　　　　　　　　　　　　　　　　　　//输入参照旋转子命令 R
指定参照角 ⟨0⟩：　　　　　　　　　　　//单击椭圆圆心为参照角的顶点

请指定第二点获取角度： //椭圆的右象限点为第二点
指定新角度或［点（P）］〈0〉： //单击辅助线的右端点

📢 小提示

在使用旋转命令时，一定要算好旋转的方向和角度值，不要把角度的正负弄错，在进行参照旋转时，要掌握好参照角的顶点，第二点（旋转对象上的点）和新角度上的点（旋转目标上的点）。

项目 9　缩放命令

缩放命令是把选择的对象按照一定的比例放大或者缩小。

缩放的命令启动方式有以下 3 种：

① 命令：SCALE，简写 SC。

② 菜单：修改－缩放。

③ 工具栏：单击修改工具栏的缩放按钮 🔲 。

任务 18：如图 5-9-1 所示使用缩放命令，将图 5-9-1（a）中的窗户缩小 0.8 倍，完成后如图 5-9-1（b）所示。

命令：SC↙

SCALE↙

选择对象： //单击选中窗户

找到 1 个

选择对象：↙ //退出选择

指定基点： //以窗户的左下点

指定缩放比例或［复制（C）/参照（R）］〈1〉：0.8↙

任务 19：如图 5-9-2 所示使用缩放命令，将图 5-9-2（a）中的窗户放大，使其宽为 **1200**，完成后如图 5-9-2（b）所示。

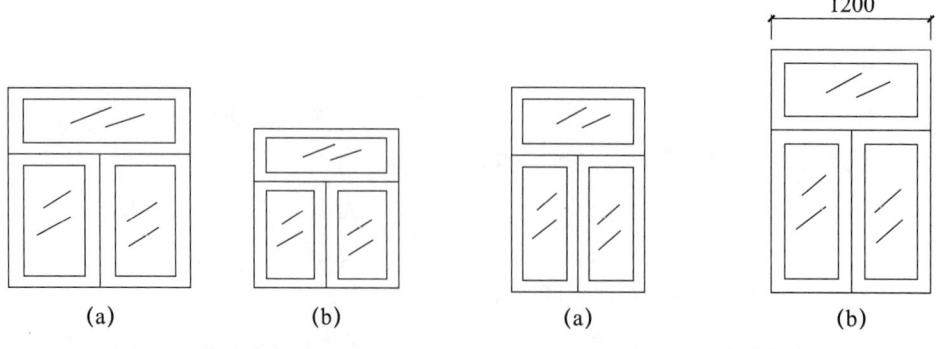

　　　(a)　　　　　(b)　　　　　　　(a)　　　　　　(b)

　　图 5-9-1　缩放命令一　　　　图 5-9-2　缩放命令二

命令：SC↙
SCALE↙
选择对象：   //单击选择窗户
找到 1 个
选择对象：↙   //结束选择
指定基点：   //选择窗户的左下角为基点
指定缩放比例或［复制（C）/参照（R）］〈0.9000〉：R↙
                            //输入子命令参照 R
指定参照长度〈1.0000〉：   //单击窗户的左下角为第一点
指定第二点：   //单击窗户的右下角为第二点
指定新长度或［点（P）］〈1.0000〉：1200   //输入参照长度 1200

小提示

按参照长度和指定的新长度缩放所选对象时，要注意新长度的指定可以是输入数值或拾取点（新长度为基点到拾取点的距离）。

项目 10　阵列命令

复制选定对象的副本，并按指定的方式排列。除了可以对单个对象进行阵列的操作，还可以对多个对象进行阵列的操作，在执行该命令时，系统会将多个对象视为一个整体对象来对待。

阵列的命令启动方式有以下 3 种：

① 命令：ARRAY，简写 AR。

② 菜单：修改－阵列。

③ 工具栏：单击修改工具栏的阵列按钮 ▦ 。

在右下角的小箭头处按住左键可以选择阵型类型 ▦ ⁂ ▦ 。

任务 20：如图 5-10-1 所示使用阵列命令，将图 5-10-1（a）中的窗户进行矩形阵列，按图 5-10-2 进行参数修改，完成后如图 5-10-1（b）所示。

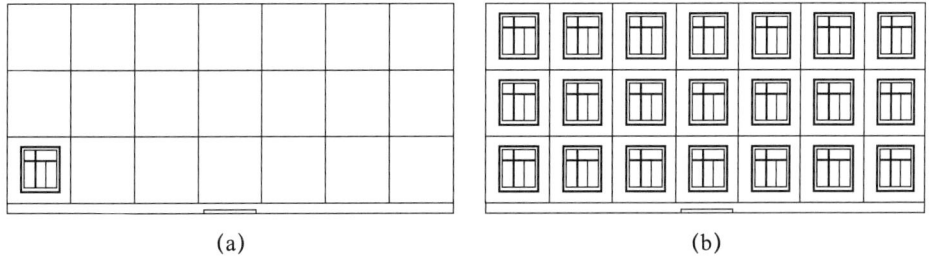

图 5-10-1　阵列命令一

建筑 CAD 基础教程

命令：AR↙
ARRAY↙   //打开阵列——矩形阵列的对话框
选择对象： //单击选择对象按钮，选中阵列对象窗户

找到 25 个
选择对象：↙   //按 Enter 键返回对话框，按图 5-10-2 设置参数，设置完成后按 Enter 键结束或单击确认

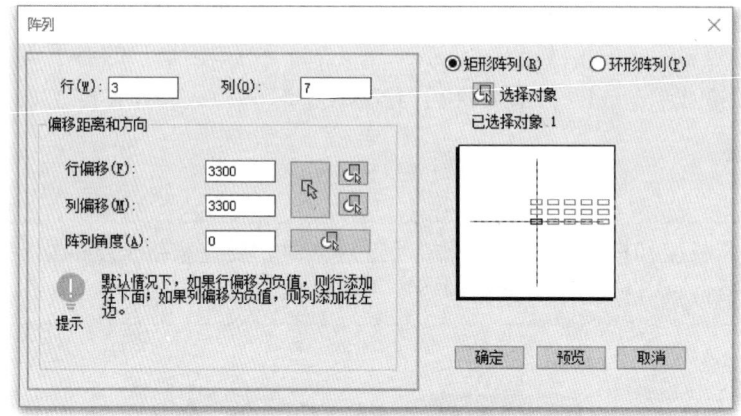

图 5-10-2　矩形阵列对话框

🔊 小提示

> 在选择创建矩形阵列的行和列数时，若指定一行，则必须指定多列，反之亦然。在输入行或列的竖向或水平向距离值时，若输入的是正值，则向上或向右创建阵列。若输入的是负值，则向下或向左创建阵列。

任务 21：如图 5-10-3 所示使用阵列命令，将图 5-10-3（a）中的椅子进行环形矩阵，按图 5-10-4 进行参数修改，完成后如图 5-10-3（b）所示。

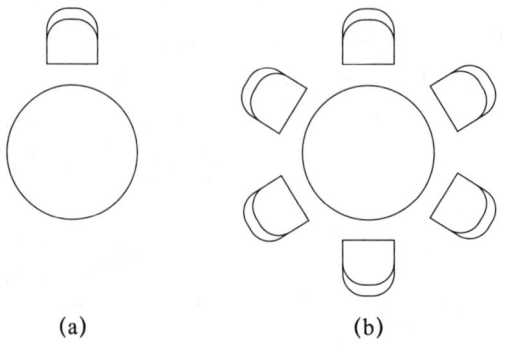

　　　　(a)　　　　　　　　(b)

图 5-10-3　阵列命令二

命令：AR↙
ARRAY↙   //打开环形阵列的对话框
                                    //单击左侧中心点后面的拾取按钮
指定阵列中心点：   //选取圆心为中心点，选取之后返
                                      回阵列对话框
选择对象：   //单击选择对象按钮，选择椅子
找到 5 个
选择对象：↙   //选取之后按 Enter 键返回阵列对
                                      话框
选择对象：   //按图 5-10-4 设置参数，单击确定
                                      或者按 Enter 键结束命令

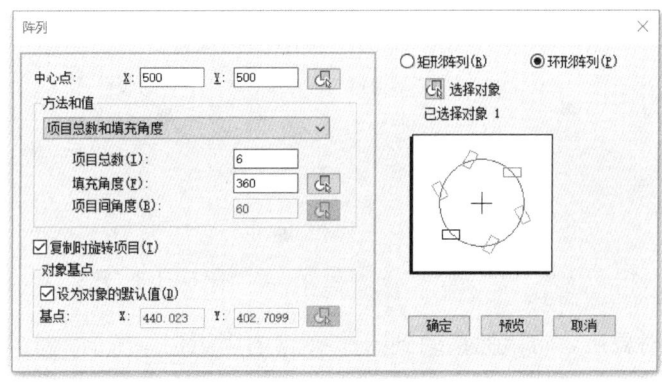

图 5-10-4　环形阵列对话框

🔊 小提示

阵列角度值若输入正值，则以逆时针方向旋转，若为负值，则以顺时针方向旋转。阵列角度值不允许为 0。

项目 11　夹点的使用

选取对象时，对象上有小方块高亮显示，这些位于对象关键点的小方块就称为夹点。

夹点的位置视所选对象的类型而定。举例来说，夹点会显示在直线的端点与中点、圆的象限点与圆心、弧的端点、中点与圆心。利用夹点进行操作来实现图形编辑的功能称为夹点编辑。

任务 22：如图 5-11-1 所示选中对象的夹点。

夹点编辑没有指定的命令，在没有执行任何命令的条件下选择对象，就可以显示出

该对象的夹点了。

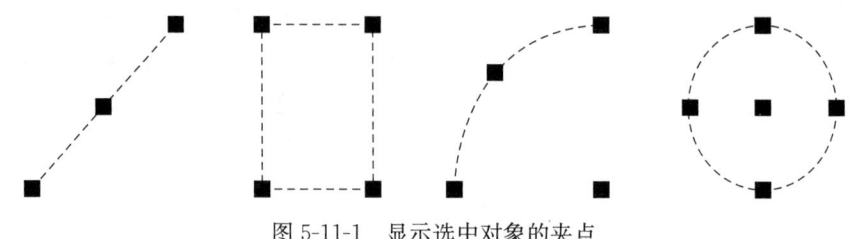

图 5-11-1　显示选中对象的夹点

任务 23：捕捉夹点使其成为温夹点，如图 5-11-2 所示。单击后成为热夹点，如图 5-11-3 所示。

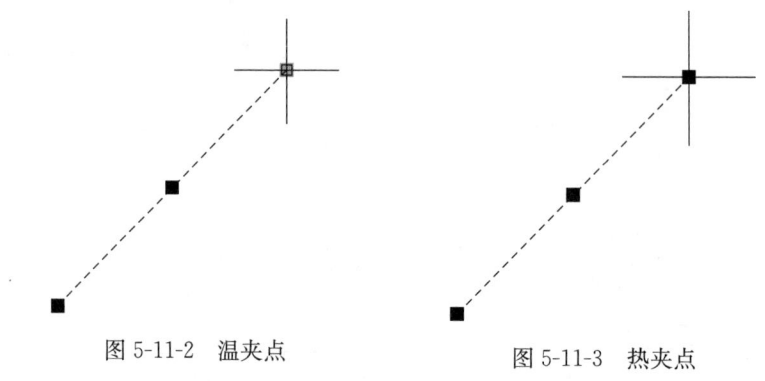

图 5-11-2　温夹点　　　　　　　图 5-11-3　热夹点

操作：选择对象后，将鼠标移动到一个夹点的附近时，光标将自动地捕捉到该夹点，该夹点成为绿色，是温夹点，如图 5-11-2 所示。这时单击该夹点，变成红色，使其成为热夹点，如图 5-11-3 所示。

这时命令行显示正在执行拉伸命令。如下：

拉伸

指定拉伸点或［基点（B）/复制（C）/放弃（U）/退出（X）］：

此时如果移动鼠标并单击，可以拉伸图形对象。

小提示

通常我们执行修改命令时，先执行修改命令，如复制命令（CO），然后选择对象，选择基点，执行修改操作。而夹点编辑是先选择图形对象，然后会出现一些图形的特征点，我们称之为冷夹点，再次单击某个冷夹点后，就变成热夹点了。然后该对象就可以以这个热夹点为基点进行修改命令的操作，如拉伸、移动、复制、镜像、旋转等。按【Enter】键可在各个修改命令间转换。总之，夹点操作是加快完成修改命令的方式。

项目 12　修 剪 命 令

修剪的作用是清理所选对象超出指定边界的部分。

修剪的命令启动方式有以下 3 种：

① 命令：TRIM，简写 TR。

② 菜单栏：修改－修剪。

③ 工具栏：单击修改工具栏的修剪按钮 ✚。

任务 24：将图 5-12-1（a）所示图形进行修剪，完成后如图 5-12-1（b）所示。

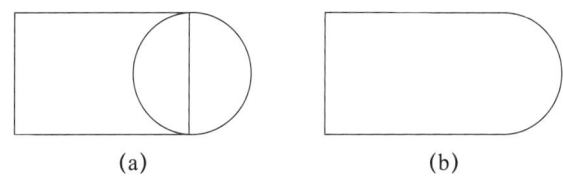

(a)　　　　　　　　　　(b)

图 5-12-1　修剪命令

命令：TR↙

TRIM↙

当前设置：投影＝UCS，边延伸模式＝不延伸（N）

选择剪切边…　　　　　　　　//首先选择的不是要修剪的内容，而是

　　　　　　　　　　　　　　　修剪的边界，本题选择圆

选择对象或〈全选〉：找到 1 个

选择对象或〈全选〉：↙

选择要修剪的实体，或按住 Shift 键来选择要延伸的实体，或［边缘模式（E）/围栏（F)/窗交（C）/投影（P）/删除（R）/放弃（U）］：

　　　　　　　　　　　　　　//选择要修剪的对象，本题选择矩形，
　　　　　　　　　　　　　　　完成修剪

任务 25：如图 5-12-2 所示将（a）图形按图（c）进行修剪，完成后如图 5-12-2（c）所示。

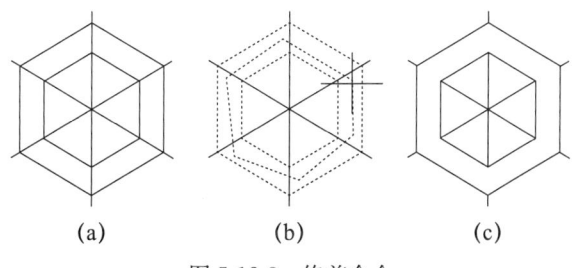

(a)　　　　(b)　　　　(c)

图 5-12-2　修剪命令

命令：TR✓

TRIM✓

当前设置：投影＝UCS，边延伸模式＝不延伸（N）

选择剪切边…

选择对象或〈全选〉：指定对角点：找到 2 个　　//选择两个六边形，作修剪的边界

选择对象或〈全部选择〉：✓

选择要修剪的实体，或按住 Shift 键来选择要延伸的实体，或［边缘模式（E）/围栏（F）/窗交（C）/投影（P）/删除（R）/放弃（U）］：F

　　　　　　　　　　　　　　　　　　//输入栏选子命令 F

第一个栏选点：　　　　　　　　　　　//按图 5-12-2（c）进行栏选

指定直线的端点或［放弃（U）］：

指定直线的端点或［放弃（U）］：

指定直线的端点或［放弃（U）］：

指定直线的端点或［放弃（U）］：

指定直线的端点或［放弃（U）］：

指定直线的端点或［放弃（U）］：　　　//按 Enter 键删除对象

选择要修剪的实体，或按住 Shift 键来选择要延伸的实体，或［边缘模式（E）/围栏（F）/窗交（C）/投影（P）/删除（R）/放弃（U）］：　　//按 Esc 键退出命令

🔊 小提示

> 在选择对象时，若选择点位于对象端点和剪切边之间，TRIM 命令将删除延伸对象超出剪切边的部分。如果选定点位于两个剪切边之间，则删除它们之间的部分，而保留两边以外的部分，使对象一分为二。

项目 13　打断命令

打断命令就是将选取的对象在两点之间打断。

打断的命令启动方式有以下 3 种：

① 命令：BREAK，简写 BR。

② 菜单：修改－打断。

③ 工具栏：单击修改工具栏的打断按钮 ▢ 。

任务 26：将图 5-13-1（a）中的矩形在 A、B 两点处打断，完成后如图 5-13-1（b）所示。

命令：BR✓

BREAK 选取切断对象：　　　　　　　　//单击选中矩形

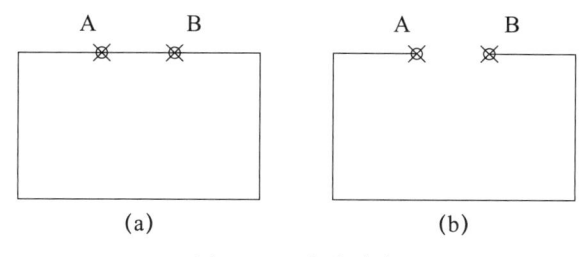

图 5-13-1　打断命令

指定第二切断点 或者 [第一个点（F）]：F↙　　//输入第一个点子命令 F
指定第一切断点：　　　　　　　　　　　　//捕捉 A 点
指定第二切断点：　　　　　　　　　　　　//捕捉 B 点进行切断

小提示

在选取的对象上指定要切断的点时，系统将以选取对象时指定的点为默认的第一切断点。在切断圆或多边形等封闭区域对象时，系统默认以逆时针方向切断两个切断点之间的部分。

项目 14　拉长命令

拉长命令的功能是为选取的对象修改长度，为圆弧修改包含角。
拉长的命令启动方式有以下 3 种：
① 命令：LENGTHEN，简写 LEN。
② 菜单：修改－拉长。
③ 工具栏：单击修改工具栏的拉长按钮 。

任务 27：将图 5-14-1（a）中的直线在 B 点处向右拉长 50，完成后如图 5-14-1（b）所示。

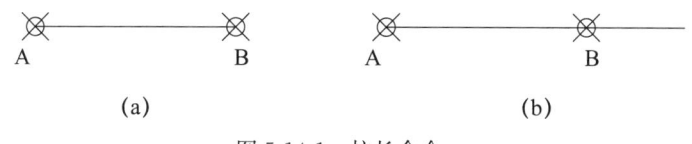

图 5-14-1　拉长命令一

命令：LEN↙
LENGTHEN↙
列出选取对象长度或 [动态（DY）/递增（DE）/百分比（P）/全部（T）]：DE↙
　　　　　　　　　　　　　　　　　　　　//输入增量子命令 DE
输入长度递增量或 [角度（A）]<0>：50↙　　//输入长度 50

建筑 CAD 基础教程

选取变化对象或［方式（M）/撤销（U）］： //在 B 点处单击直线
选取变化对象或［方式（M）/撤销（U）］：*取消*
//按 Esc 键退出命令

任务 28：如图 5-14-2 所示（a）中的圆弧在 B 点处拉长为原弧的两倍，完成后如图 5-14-2（b）所示。

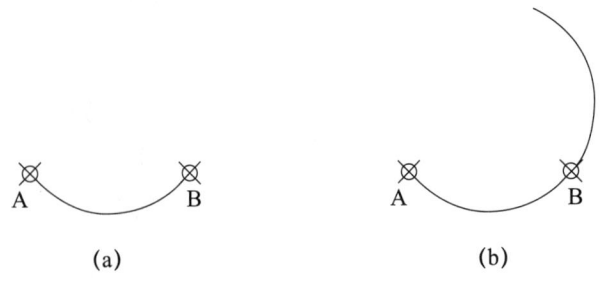

图 5-14-2 拉长命令二

命令：LEN↵
LENGTHEN↵
列出选取对象长度或［动态（DY）/递增（DE）/百分比（P）/全部（T）］：P↵
//输入百分比子命令 P
输入长度百分比〈100〉：200 //输入拉长后与拉长前的长度百分比
选取变化对象或［方式（M）/撤销（U）］： //在 B 点处单击圆弧
选取变化对象或［方式（M）/撤销（U）］：*取消*
//按 Esc 键退出命令

小提示

拉长增量从距离选择点最近的端点处开始测量。若选取的对象为弧，增量就为角度。若输入的值为正，则拉长扩展对象，若为负值，则修剪缩短对象的长度或角度。

项目 15　延 伸 命 令

延伸命令就是延伸线段、弧、二维多段线或射线，使之与另一对象相切。
延伸的命令启动方式有以下 3 种：
① 命令：EXTEND，简写 EX。
② 菜单：修改—延伸。
③ 工具栏：单击修改工具栏的延伸按钮 ─┤ 。

任务 29：将图 5-15-1（a）中的斜线延伸到垂线，完成后如图 5-15-1（b）所示。

命令：EX↙

EXTEND↙

当前设置：投影＝UCS，边延伸模式＝不延伸（N）

选取边界对象作延伸〈Enter 全选〉：找到 1 个　　//单击垂线

选取边界对象作延伸〈Enter 全选〉：　　　　　//按 Enter 键结束选择

选择要延伸的实体，或按住 Shift 键选择要修剪的实体，或

[边缘模式/围栏（F）/窗交（C）/投影（P）/放弃（U）]：指定对角点：

　　　　　　　　　　　　　　　　//用交叉窗口选择延伸对象的左半部分

选择要延伸的实体，或按住 Shift 键选择要修剪的实体，或

[边缘模式/围栏（F）/窗交（C）/投影（P）/放弃（U）]：＊取消＊

　　　　　　　　　　　　　　　　//按 Esc 键退出命令

任务 30：将 5-15-2（a）中的斜线和弧向垂线做延伸，完成后如图 5-15-2（b）所示。

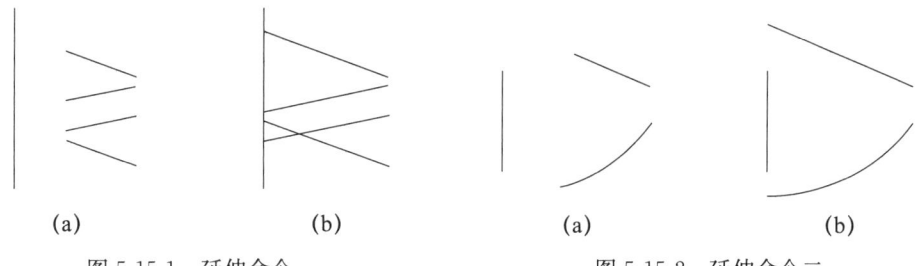

图 5-15-1　延伸命令一　　　　　　　图 5-15-2　延伸命令二

命令：EX↙

EXTEND↙

当前设置：投影＝UCS，边延伸模式＝不延伸（N）

选取边界对象做延伸〈Enter 全选〉：　　　　//直接按 Enter 键选择全部

选择要延伸的实体，或按住 Shift 键选择要修剪的实体，或

[边缘模式/围栏（F）/窗交（C）/投影（P）/放弃（U）]：E↙

　　　　　　　　　　　　　　　　//输入边子命令 E

输入选项 [延伸（E）/不延伸（N）]〈不延伸（N）〉：E↙

　　　　　　　　　　　　　　　　//如果不输入子命令直接按 Enter 键为延伸

选择要延伸的实体，或按住 Shift 键选择要修剪的实体，或

[边缘模式/围栏（F）/窗交（C）/投影（P）/放弃（U）]：指定对角点：

　　　　　　　　　　　　　　　　//用交叉窗口选择对象的左侧部分

选择要延伸的实体，或按住 Shift 键选择要修剪的实体，或
［边缘模式/围栏（F）/窗交（C）/投影（P）/放弃（U）］：＊取消＊
//按 Esc 键退出命令

小提示

> 用户可使用多段线、弧、圆、椭圆、构造线、线、射线、样条曲线或图纸空间的视图当作边界对象。若边界对象的边和要延伸的对象没有实际交点，但又要将指定对象延伸到两对象的假想交点处，可选择"边缘模式"。

项目 16 对齐命令

对齐命令是指在二维和三维空间里选择要对齐的对象，并向要对齐的对象添加源点，向要与源对象对齐的对象添加目标点，使之与其他对象对齐。要对齐某个对象，最多可以给对象添加三对源点和目标点。

对齐的命令启动方式有以下 3 种：
① 命令：ALIGN，简写 AL。
② 菜单：修改－对齐。
③ 工具栏：单击修改工具栏的对齐按钮 ⌐⌐。

任务 31：将图 5-16-1（a）中的床向左侧的墙角处对齐摆放，完成后如图 5-16-1（b）所示。

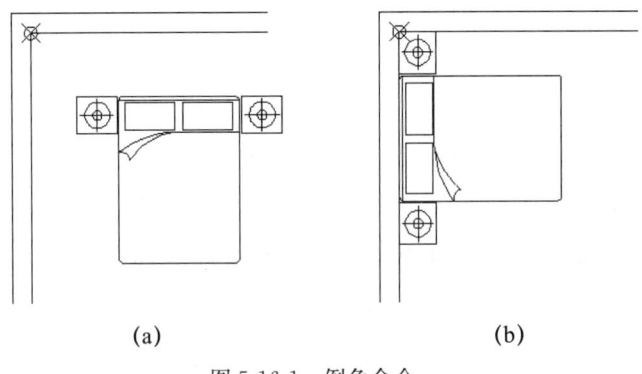

(a)　　　　　　　　　(b)

图 5-16-1　倒角命令一

命令：AL↙
ALIGN↙
选择对象：找到 1 个　　　　　　　　　　//单击选择床
选择对象：↙　　　　　　　　　　　　　//按 Enter 键结束选择
指定第一个源点：　　　　　　　　　　　//单击选择床的右上角点

指定第一个目标点：　　　　　　　　　　//单击节点
指定第二个源点：　　　　　　　　　　　//单击选择床的左上角点
指定第二个目标点：　　　　　　　　　　//单击节点垂直下方的任一点
指定第三个源点或〈继续〉：　　　　　　//按 Enter 键选择默认
是否基于对齐点缩放对象？[是（Y）/否（N）]〈否〉：
　　　　　　　　　　　　　　　　　　　//按 Enter 键选择默认

小提示

用户选择使用两对源点和目标点时，可以对要对齐的对象进行移动、旋转和缩放的操作，以便与其他对象对齐。其中，第一对源点和目标点定义对齐的基点。第二对源点和目标点定义旋转的角度。用户在输入了第二对点并选择使用两对点对齐对象后，系统会提示是否基于对齐点缩放对象，缩放对象的长度为第一目标点和第二目标点之间的距离。对象的缩放只有在使用两对点对齐对象时才能使用。

项目 17　倒 角 命 令

倒角命令是指在两线交叉、放射状线条或无限长的线上建立倒角。若要做倒角处理的对象没有相交，系统会自动修剪或延伸到可以做倒角的情况。

倒角的命令启动方式有以下 3 种：

① 命令：CHAMFER，简写 CHA。
② 菜单：修改－倒角。
③ 工具栏：单击修改工具栏的倒角按钮 ▱ 。

任务 32：如图 5-17-1（a）中的角进行倒角，倒角距离为 10，完成后如图 5-17-1（b）所示。

命令：CHA↙
CHAMFER↙
当前设置：模式＝TRIM，距离 1＝0.0000，距离 2＝0.0000
选择第一条直线或 [多段线（P）/距离（D）/角度（A）/方式（E）/修剪（T）/ 多个（M）/放弃（U）]：D↙　　　　//输入距离子命令 D（看看当前是不是修剪模式）
指定基准对象的倒角距离〈0.0000〉：10↙　　//输入距离 10
指定另一个对象的倒角距离〈10.0000〉：↙　　//按 Enter 键选择默认
选择第一条直线或 [多段线（P）/距离（D）/角度（A）/方式（E）/修剪（T）/ 多个（M）/放弃（U）]：　　　　　　//单击选择水平线

选择第二个对象或按住 Shift 键选择对象以对应角点：

//单击选择垂线

任务 33：如图 5-17-2（a）中的角进行倒角，距离分别为 10 和 5，完成后如图 5-17-2（b）所示。

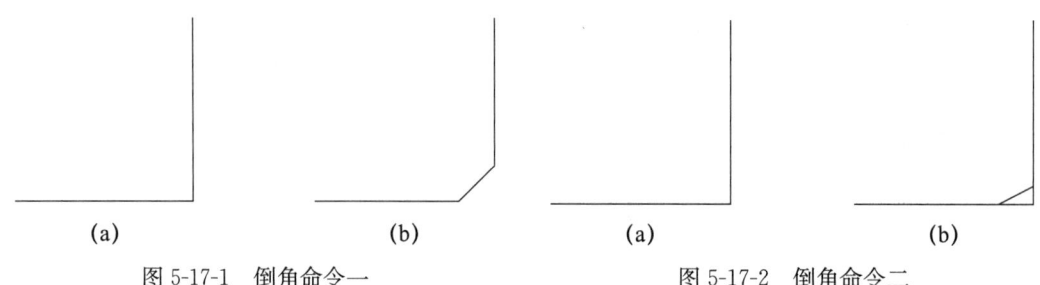

图 5-17-1　倒角命令一　　　　　　　　图 5-17-2　倒角命令二

命令：CHA↙

CHAMFER↙

当前设置：模式＝TRIM，距离 1＝0.0000，距离 2＝0.0000

选择第一条直线或［多段线（P）/距离（D）/角度（A）/方式（E）/修剪（T）/ 多个（M）/放弃（U）］：T↙　　　　　　//输入修剪子命令 T

修剪模式［修剪（T）/不修剪（N）］〈修剪〉：N

//选择不修剪 N

选择第一条直线或［多段线（P）/距离（D）/角度（A）/方式（E）/修剪（T）/ 多个（M）/放弃（U）］：D↙　　　　　　//输入距离子命令 D

指定基准对象的倒角距离〈0.0000〉：10↙

//输入距离 10

指定另一个对象的倒角距离〈10.0000〉：5↙

//输入距离 5

选择第一条直线或［多段线（P）/距离（D）/角度（A）/方式（E）/修剪（T）/ 多个（M）/放弃（U）］：　　　　　　　　//单击选择水平线

选择第二个对象或按住 Shift 键选择对象以对应角点：

//单击选择垂线

小提示

倒角处理的方式有两种，"距离—距离"和"距离—角度"。"距离—角度"的倒角方式是指定第一条线的长度和第一条线与倒角后形成的线段之间的角度值。倒角命令可以为二维多段线的各个顶点全部进行倒角处理，建立的倒角形成多段线的另一新线段。但若倒角的距离在多段线中两个线段之间无法施展，对此两线段将不进行倒角处理。

项目 18 圆 角 命 令

圆角命令是为两段圆弧、圆、椭圆弧、直线、多段线、射线、样条曲线或构造线，以及三维实体创建以指定半径的圆弧形成的圆角。

圆角的命令启动方式有以下 3 种：

① 命令：FILLET，简写 F。

② 菜单：修改－圆角。

③ 工具栏：单击修改工具栏的圆角按钮 ⌐ 。

任务 34：将图 5-18-1（a）中的角进行圆角，圆角半径为 20，完成后如图 5-18-1（b）所示。

命令：F✓

FILLET✓

当前设置：模式＝NOTRIM，半径＝0.0000

选取第一个对象或［多段线（P）/半径（R）/修剪（T）/多个（M）/放弃（U）］：R✓
　　　　　　　　　　　　　　　　　　　　　　　　//输入半径子命令 R

圆角半径〈0.0000〉：20✓　　　　　　　　//更改圆角半径为 20

选取第一个对象或［多段线（P）/半径（R）/修剪（T）/多个（M）/放弃（U）］：
　　　　　　　　　　　　　　　　　　　　　　　　//选择一个对象（没有顺序）

选择第二个对象或按住 Shfit 键选择对象以应用角点：
　　　　　　　　　　　　　　　　　　　　　　　　//选择另一个对象

任务 35：将图 5-18-2（a）中的二维多段线进行圆角，圆角半径为 15，完成后如图 5-18-2（b）所示。

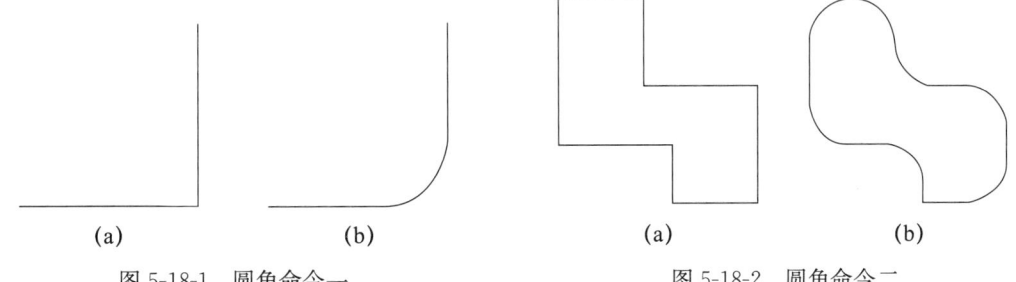

(a)　　　　　(b)　　　　　　　　(a)　　　　　(b)

图 5-18-1 圆角命令一　　　　　图 5-18-2 圆角命令二

命令：F✓

FILLET✓

当前设置：模式＝NOTRIM，半径＝0.0000

选取第一个对象或［多段线（P）/半径（R）/修剪（T）/多个（M）/放弃（U）］：R✓
　　　　　　　　　　　　　　　　　　　　　　　　//输入半径子命令 R

圆角半径〈0.0000〉：15↙   //更改圆角半径为15
选取第一个对象或[多段线（P）/半径（R）/修剪（T）/多个（M）/放弃（U）]：P↙
                                                //输入多段线子命令P
选取圆角的二维多段线：   //单击选择多段线
7 条直线已被圆角
1 是太短   //小于半径的情况时，不做圆角处理

任务 36：将图 5-18-3（a）中圆和椭圆之间进行圆角，圆角半径为 5，完成后如图 5-18-3（b）所示。

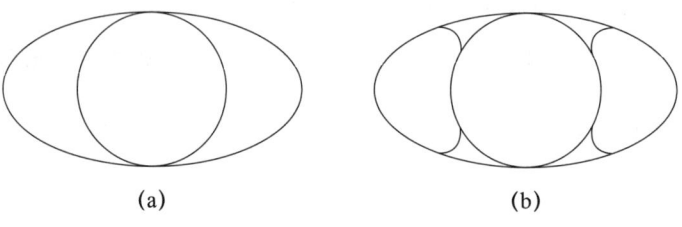

图 5-18-3　圆角命令三

命令：F↙
FILLET↙
当前设置：模式＝NOTRIM，半径＝0.0000
选取第一个对象或[多段线（P）/半径（R）/修剪（T）/多个（M）/放弃（U）]：T↙
                                                //输入修剪子命令T
修剪模式[修剪（T）/不修剪（N）]〈修剪〉：N↙
                                                //选择不修剪模式，输入N
选取第一个对象或[多段线（P）/半径（R）/修剪（T）/多个（M）/放弃（U）]：R↙
                                                //输入半径子命令R
圆角半径〈0.0000〉：5↙   //更改圆角半径为5
选取第一个对象或[多段线（P）/半径（R）/修剪（T）/多个（M）/放弃（U）]：
                                                //选择圆角对象，没有顺序
选择第二个对象或按住Shfit键选择对象以应用角点：//选择第二个对象

小提示

若选取的两个对象不在同一图层，系统将在当前图层创建圆角线。同时，圆角的颜色、线宽和线型的设置也是在当前图层中进行。若选取的对象是包含弧线段的单个多段线，创建圆角后，新多段线的所有特性（如图层、颜色和线型）将继承所选的第一个多段线的特性。

项目 19　分　解　命　令

分解命令就是将由多个对象组合而成的合成对象（如图块、多段线等）分解为独立对象。

分解命令的启动方式有以下 3 种：

① 命令：EXPLODE，简写 X。

② 菜单：修改—分解。

③ 工具栏：单击修改工具栏的分解按钮 🖱 。

任务 37：将图 5-19-1（a）的多段线进行分解，完成后如图 5-19-1（b）所示。

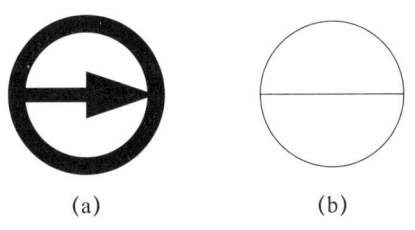

(a)　　　　　　　(b)

图 5-19-1　分解命令

命令：X✓

EXPLODE✓

选择对象：找到 1 个　　　　　　　　　//单击选择多段线

选择对象：✓　　　　　　　　　　　　 //按 Enter 键结束选择

分解此多段线时丢失宽度信息

可用 UNDO 命令恢复

🔊 **小提示**

> 要将块中的多个对象分解为独立对象，但一次只能删除一个编组级。若块中包含一个多段线或嵌套块，那么对该块的分解就首先分解为多段线或嵌套块，然后再分别分解该块中的各个对象。

小　　结

通过本模块的学习，用户掌握了编辑二维图形的基本方法，通过完成任务，熟悉了编辑二维图形的操作过程，提高了绘图效率。

拓展训练

一、选择题

1. 在选择方式中,用鼠标在屏幕上从左向右开窗口,是(　　)式样窗口。
   A. 虚线　　　　　　B. 实线　　　　　　C. 虚实线　　　　　D. 什么也不是
2. 在选择方式中,用鼠标在屏幕上从右向左开窗口,是(　　)式样窗口。
   A. 虚线　　　　　　B. 实线　　　　　　C. 虚实线　　　　　D. 什么也不是
3. 复制命令的简称是(　　)。
   A. C　　　　　　　B. CO　　　　　　　C. COP　　　　　　D. CC
4. 移动命令的简称是(　　)。
   A. MY　　　　　　B. M　　　　　　　C. MO　　　　　　　D. MM
5. 修剪命令的简称是(　　)。
   A. T　　　　　　　B. TT　　　　　　　C. TR　　　　　　　D. TRI
6. 拉伸命令全称是(　　)。
   A. Str　　　　　　B. Stretch　　　　　C. Strecth　　　　　D. Stracth
7. 拉伸命令所开虚线窗口内包含的实体是(　　)。
   A. 不可动的　　　　　　　　　　　　　B. 可动的
   C. 不知道　　　　　　　　　　　　　　D. 既可动又不可动
8. 圆角命令全称是(　　)。
   A. Chamfer　　　　B. Fillet　　　　　　C. Move　　　　　　D. Copy
9. 倒角命令全称是(　　)。
   A. Fillet　　　　　B. Copy　　　　　　C. Chamfer　　　　　D. Scale
10. 缩放命令全称是(　　)。
    A. Move　　　　　B. Line　　　　　　C. Scale　　　　　　D. Stretch
11. 镜像命令全称是(　　)。
    A. Move　　　　　B. Mrrror　　　　　C. Mirror　　　　　　D. Morror
12. 旋转命令全称是(　　)。
    A. Rottor　　　　B. Rotata　　　　　C. Rotate　　　　　　D. Rotete
13. 延伸命令全称是(　　)。
    A. Exteet　　　　B. Extent　　　　　C. Extate　　　　　　D. Exttee
14. 分解命令全称是(　　)。
    A. Explode　　　　B. Expolde　　　　C. Expldeo　　　　　D. Exlpode
15. 在下列图形中,夹点数最多的是(　　)。
    A. 一条直线　　　　B. 一条多线　　　　C. 一段多段线　　　　D. 椭圆弧

16. 在使用"拉伸"命令编辑图形时,需要使用( )方式选择对象。
A. 窗口选择　　　　B. 窗交选择　　　　C. 点选　　　　D. 栏选

17. 使用 LEN 拉长图线时,下列选项中不可用的参数是( )。
A. "增量"　　　　B. "百分数"　　　　C. "动态"　　　　D. "参照"

18. 下列有关 Offset 命令,叙述错误的是( )。
A. 使用 Offset 命令可以按照指定的通过点偏移对象
B. 使用 Offset 命令可以按照指定的距离偏移对象
C. 使用 Offset 命令可以将偏移源对象删除
D. 使用 Offset 命令可以按照指定的对称轴偏移对象

19. 当用 Mirror 命令对文本属性进行镜像操作时,要想让文本具有可读性,应将变量 Mirrtext 的值设置为( )。
A. 0　　　　B. 1　　　　C. 2　　　　D. 3

20. 下面哪个命令用于把单个或多个对象从它们的当前位置移至新位置,且不改变对象的尺寸和方位( )。
A. Array　　　　B. Copy　　　　C. Move　　　　D. Rotate

21. 下面哪个命令可以将直线、圆、多线段等对象做同心复制,且如果对象是闭合的图形,则执行该命令后的对象将被放大或缩小( )。
A. Offset　　　　B. Scale　　　　C. Zoom　　　　D. Copy

22. 如果想把直线、弧和多线段的端点延长到指定的边界,则应该使用哪个命令( )。
A. Extend　　　　B. Pedit　　　　C. Fillet　　　　D. Array

23. 在对圆弧执行"拉伸"命令时,( )在拉伸过程中不改变。
A. 弦高　　　　B. 圆弧　　　　C. 圆心位置　　　　D. 终止角度

24. 下列对象执行"偏移"命令后,大小和形状保持不变的是( )。
A. 椭圆　　　　B. 圆　　　　C. 圆弧　　　　D. 直线

二、操作题

1. 绘制图 1～图 8 所示图形。

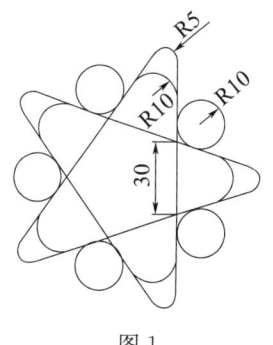

图 1

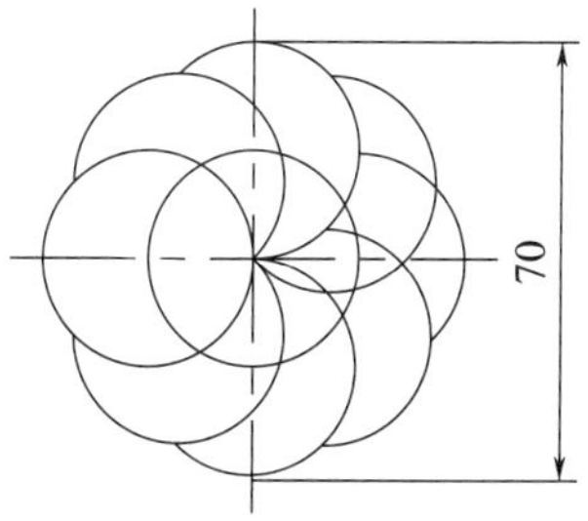

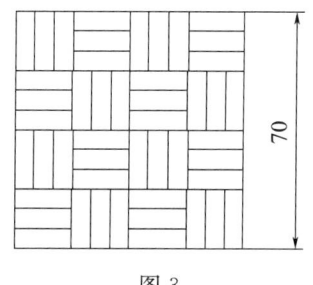

图 2

图 3

建筑CAD基础教程

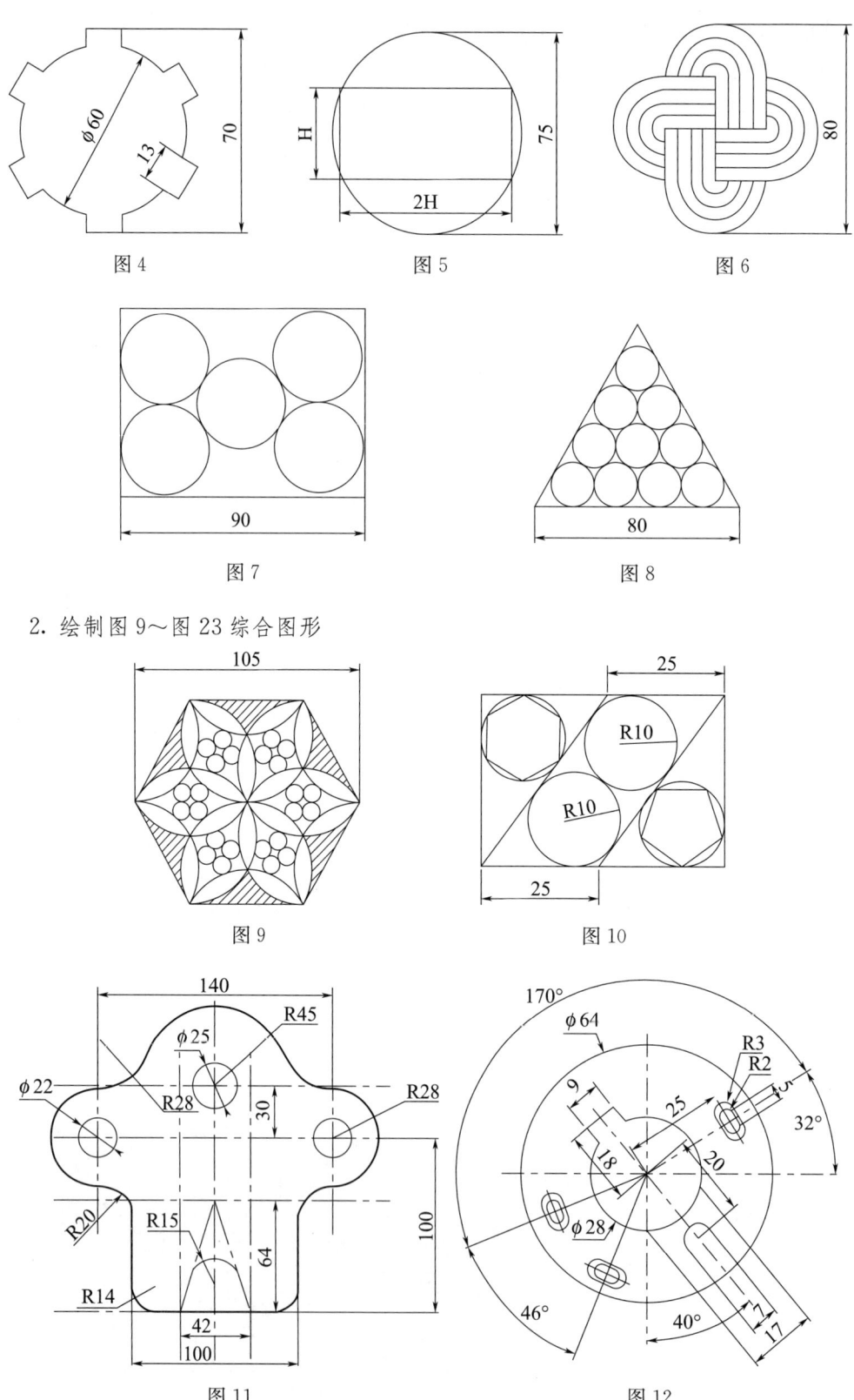

2. 绘制图9～图23综合图形

模块 5
二维图形的编辑

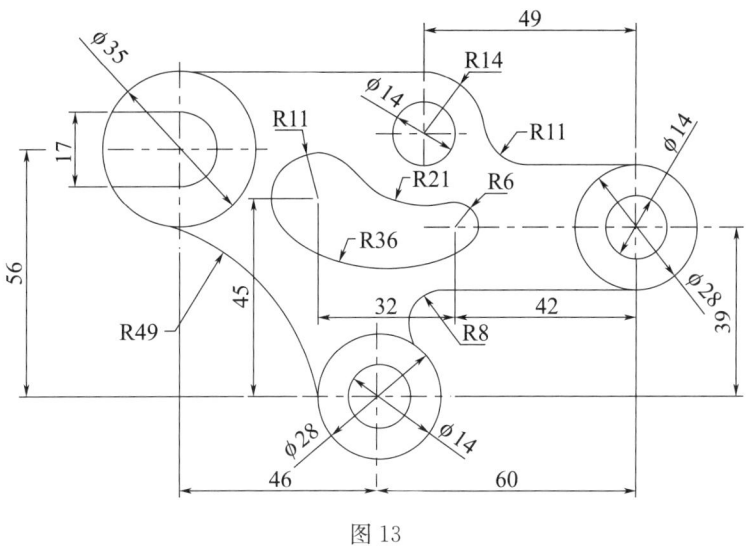

图 13

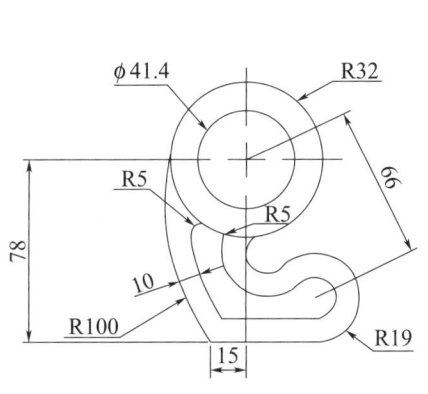

图 14

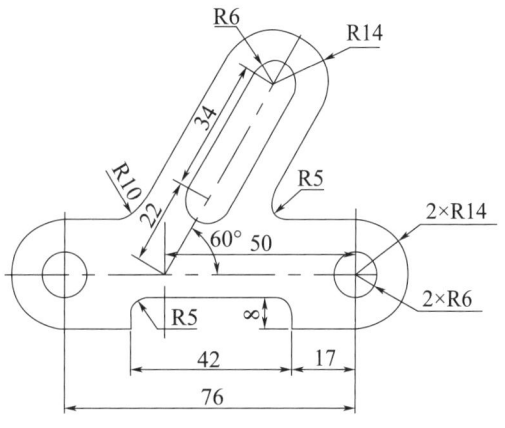

图 15

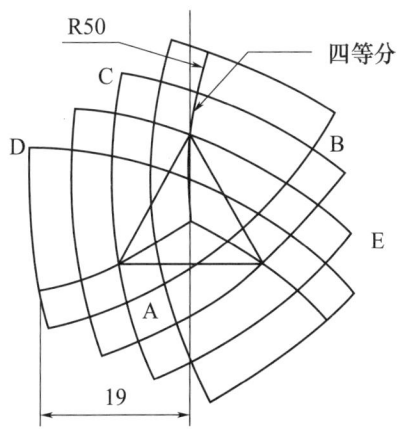

图 16　图形由平行四边形和正四边形组成

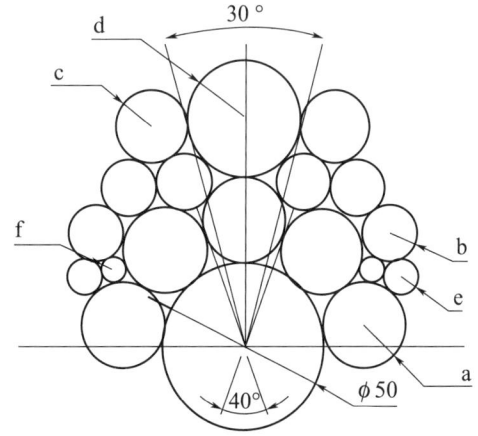

图 17　图形所有边长均为 20

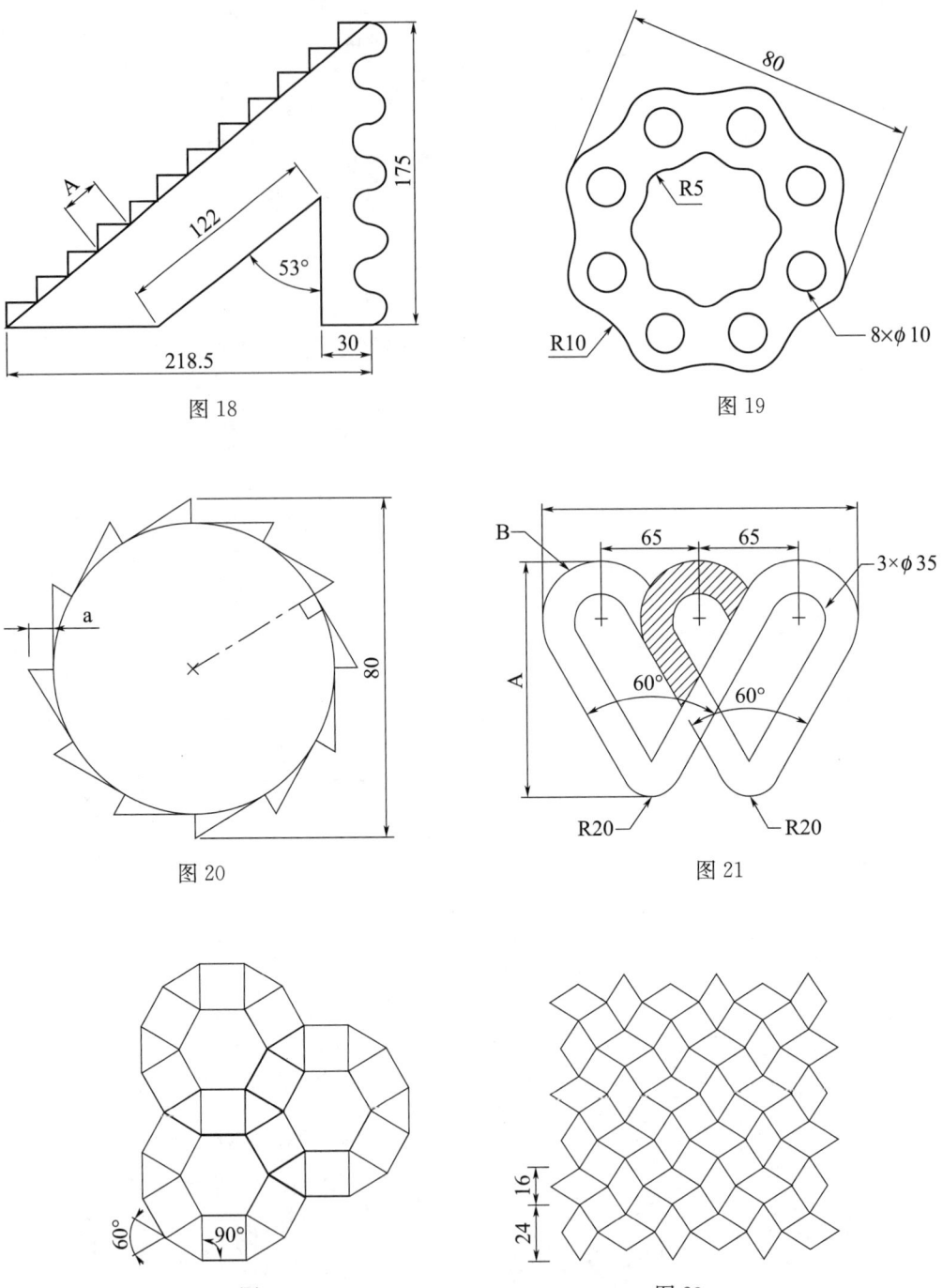

模块 6
面域、布尔运算与图案填充

✉ 教学目标
掌握面域的绘制及布尔运算的运用。
熟悉图案填充的创建及设置。
熟练掌握图案填充的使用方法。

◈ 教学重点
熟悉图案填充的创建及设置。
熟练掌握图案填充的使用方法。

❀ 教学难点
熟练掌握图案填充的使用方法。

域（REGION）是指二维的封闭图形，在中望 CAD 中面域可由直线、多段线、椭圆、椭圆弧、圆、圆弧及样条曲线等对象围成，组成面域边界的图形对象必须是自行封闭的或者经过修剪之后成为封闭的，否则不能构成面域。面域是指内部含有孤岛的具体边界的平面，它不但包含了边的信息，还包括边界内的平面。使用面域作图可采用"并""交"及"差"布尔运算来构造不同形状的图形。图案填充是使用指定线条图案填满指定区域的图形对象，经常用于剖切面和不同类型对象的外观纹理等。

项目 1 创建面域

在中望 CAD 中，能够把由某些对象围成的封闭区域创建成面域。这些封闭区域可以是圆、椭圆、正多边形等对象，也可以由直线、圆弧等对象经过修剪之后首尾相连形成的图形构成。

创建面域的命令启动方式有以下 3 种：

① 命令：REGION，简写 REG。

② 菜单：绘图—面域。

③ 工具栏：绘图—面域 。

任务 1：绘制如图 **6-1-1** 所示图形，尺寸用户自己给出即可，使用 **REGION** 命令将该图创建成面域。

命令：REGION↙   //执行 REGION 命令

选择对象：指定对角点：共找到 6 个   //选择矩形及五角星，如图 6-1-1
                                  所示

选择对象：   //按 Enter 键完成命令

提取了 1 个环

创建了 1 个面域   //提示已创建了 1 个面域

图 6-1-1　创建面域

小提示

① 面域将以线框的形式显示出来。
② 自相交或端点不连接的对象不能转换成面域。
③ 用户可以对面域进行移动及复制操作,还可以将面域通过拉伸、旋转等操作绘制成三维实体对象。

项目 2　面域的布尔运算

布尔运算是一种数学逻辑运算,在中望 CAD 中,用户可以对面域对象和三维实体进行布尔运算,即可以对面域进行差集、并集或交集运算,从而提升绘图速度。

1. 面域的求并运算

并运算是将所有参与运算的面域合并为一个新面域。面域的命令启动方式有以下 3 种:
① 命令:UNION,简写 UNI。
② 菜单:修改—实体编辑—并集。
③ 工具栏:实体编辑—并集 。

任务 2:绘制如图 6-2-1(a)所示图形,并使用 **UNION** 命令修改为如 **6-2-1(b)** 所示图形。

命令:UNION↵
选择对象求和:指定对角点:找到 9 个　　　//选择 9 个面域,如图 6-2-1(a)所示
选择对象求和:　　　　　　　　　　　　　//按 Enter 键完成命令
结果如图 6-2-1(b)所示。

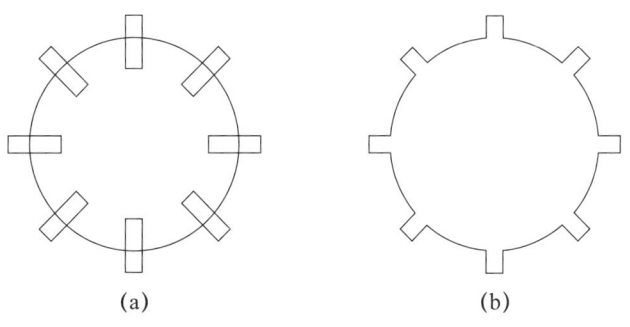

图 6-2-1　执行"并"运算

2. 面域的求差运算

差运算时将一个面域从另一个面域中减去。操作时,先选择的对象为源面域,后选

择的对象为被剪掉的面域。

差集运算的命令启动方式有 3 种：

① 命令：SUBTRACT，简写 SU。

② 菜单：修改—实体编辑—差集。

③ 工具栏：实体编辑—差集 ▭ 。

任务 3：绘制如图 **6-2-2（a）** 所示图形，并使用 **SUBTRACT** 命令修改如图 **6-2-2（b）** 所示图形。

命令：SUBTRACT↙

选择要从中减去的实体、曲面和面域：找到 1 个　　//选择大圆面域，如图 6-2-2（a）所示

选择要减去的实体、曲面和面域：找到 1 个，总体 8 个

　　　　　　　　　　　　　　　　　　　　　　//选择 8 个小矩形面域

选择要减去的实体、曲面和面域：　　　　　　　//按 Enter 键结束命令

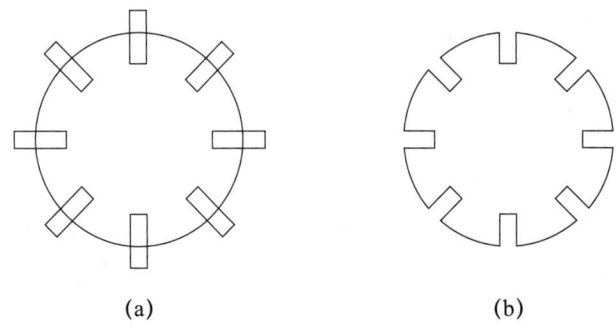

(a)　　　　　　　　　　　(b)

图 6-2-2　执行"差"运算

3. 面域的求交运算

通过交运算可以求出各个相交面域的公共部分。

交集的命令启动方式有以下 3 种：

① 命令：INTERSECT，简写 IN。

② 菜单：修改—实体编辑—交集。

③ 工具栏：实体编辑—交集 ▭ 。

任务 4：绘制如图 **6-2-3（a）** 所示两个相交的圆，尺寸用户自己给出即可，绘制完成后使用 **INTERSECT** 命令修改为如图 **6-2-3（b）** 所示图形。

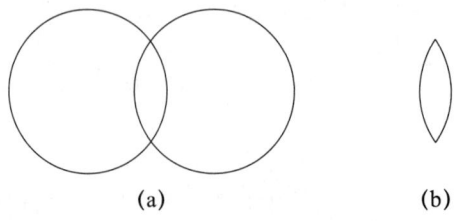

(a)　　　　　(b)

图 6-2-3　执行"交"运算

```
命令：INTERSECT↵
选择要相交的对象：指定对角点：找到 2 个    //选择圆面域及另一面域，如
                                            图 6-2-3（a）所示
选择要相交的对象：                          //按 Enter 键结束命令
```

小提示

进行"交""并""差"运算的主体必须是面域，所以在执行"交""并""差"运算前必须先将图形转换成面域。如果参与交集运算的面域没有相交，进行交集运算后，所选的对象都将被删除。

项目 3　图 案 填 充

在绘图时，有时要在指定的封闭区域内绘制断面符号、材料图例或填充某种图案，用来表示实体断面、材质或区分物体的表面等。这样的操作在中望 CAD 中称为图案填充，本项目主要介绍图案填充命令的使用。

图案填充的命令启动方式有以下 3 种：

① 命令：BHATCH，简写 BH。

② 菜单：绘图—图案填充。

③ 工具栏：绘图—图案填充 ▩ 。

任务 5：利用 **BHATCH** 命令将图 **6-3-1**（a）填充成图 **6-3-1**（b）所示图形。

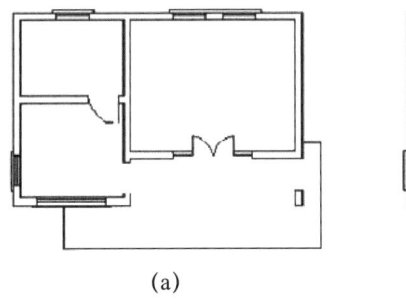
(a)

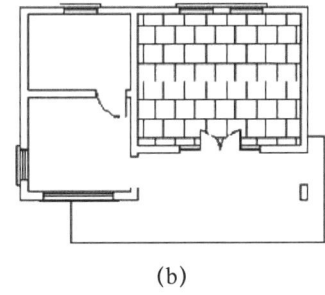
(b)

图 6-3-1　填充界面

① 命令：BH，执行 BHATCH 命令。

② 在图案填充选项卡的类型和图案项中，"类型"选择"预定义"，"图案"选择 AR-B88，如图 6-3-2 所示。

③ 在角度和比例项中，把角度设为 0，比例设为 1。

④ 单击"预览"按钮可以实时预览填充效果。

⑤ 在边界项中，单击"拾取点"按钮后，在要填充的房间内单击一点来选择填充区域，预览填充结果如图 6-3-3 所示。

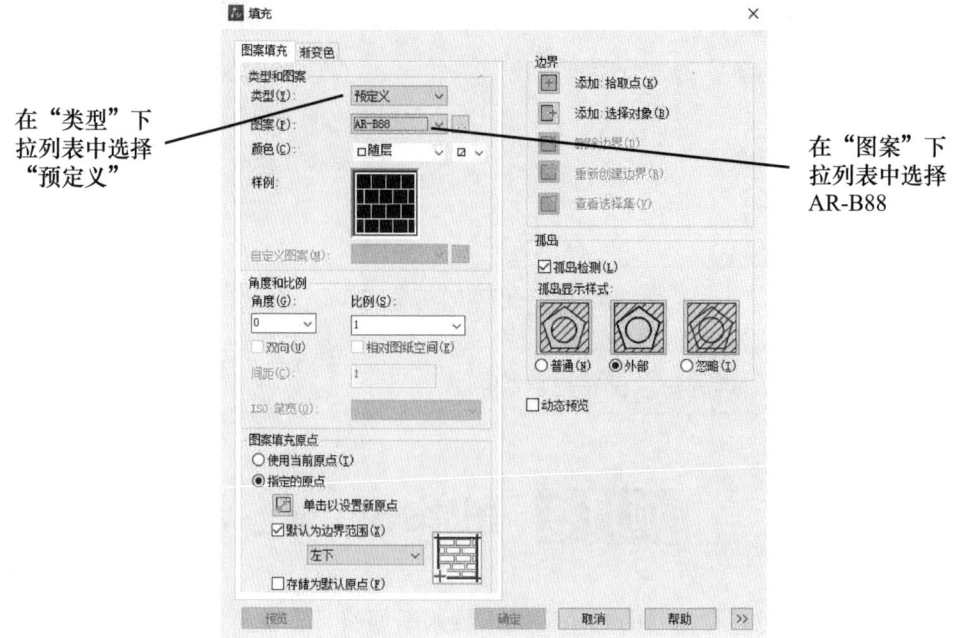

图 6-3-2 "填充"对话框

⑥ 在图 6-3-3 中可见,图(a)比例为 0.5,比例太小;重新设定比例为 2,出现图(b)情况,比例太大;重新调整比例,当比例设定为 1 时,出现图(c)效果,说明此比例合适。

⑦ 达到预期效果后单击"确定"按钮执行填充,房间就会填充如图 6-3-3(c)所示效果。

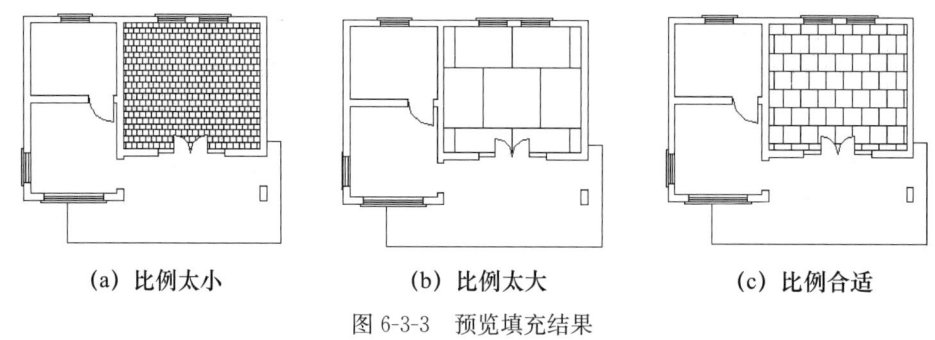

(a)比例太小　　　　　(b)比例太大　　　　　(c)比例合适

图 6-3-3　预览填充结果

小提示

在进行区域填充时,所选择的填充边界必须形成封闭的区域,否则中望 CAD 会提示警告信息"你选择的区域无效"。

当填充图案是一个独立的图形对象时,填充图案中所有的线都是关联的。

如果有需要可以用 EXPLODE 命令将填充图案分解成单独线条。这样它与原边界对象将不再具有关联性。

项目 4 图案填充的设置

1. 类型和图案

执行"图案填充"命令后，会弹出"填充"对话框中常用选项如下：

类型：设置图案填充类型，共 3 个选项：

① 预定义：使用预定义图案进行图案填充，这些图案保存在 acad.pat 和 acadiso 文件中。

② 用户定义：利用当前线性定义一种新的简单的图案。

③ 自定义：采用用户定制的图案进行图案填充，这些图案保存在".pat"类型的文件中。

图案：单击下拉箭头可选择填充图案，也可以点击下拉列表右边的 ... 按钮打开"填充图案选项板"对话框，如图 6-4-1 所示，通过预览图像选择自定义图案。

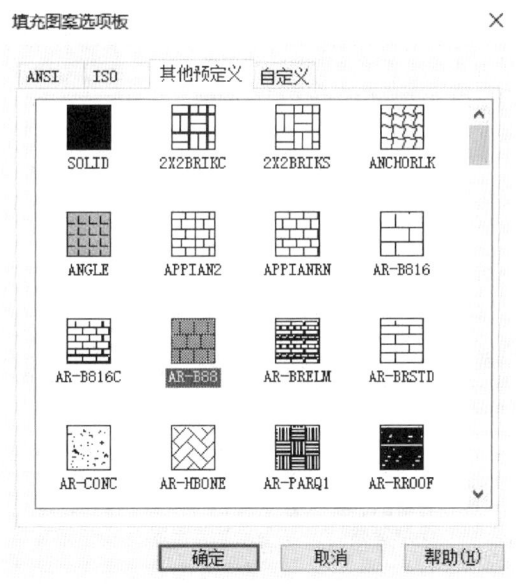

图 6-4-1 "填充图案选项板"对话框

样例：该预览框用于显示选定的图案。单击该预览框中的图案也可以打开"填充图案选项板"对话框，并可以选择其他图案进行设置。

2. 确定填充边界

该选项组用于设置定义边界的方式。

拾取点：单击 按钮，然后在填充区域中拾取一点，中望 CAD 会自动分析边界集，并从中确定包围该点的闭合边界。

选择对象：单击 按钮，然后选择一些对象作为填充边界，此时无须对象构成闭合的边界。

删除边界：填充边界中常常包含一些闭合区域，这些区域称为孤岛，若用户希望在孤岛中也填充图案，则单击 ▨ 按钮，选择要删除的孤岛。

3. 图案填充原点

控制填充图案生成的起始位置。某些图案填充需要与图案填充边界上一点对齐。默认情况下，所有图案填充原点都对应于当前 UCS 原点。

使用当前原点：默认情况下，原点设置为（0，0）。

指定的原点：指定新的图案填充原点。

4. 角度和比例

指定选定填充图案的角度和比例，该选项组包含以下选项：

角度：指定填充图案的角度（相当于当前 UCS 坐标）。

比例：放大或缩小预定义或自定义图案。只有将"类型"设置为"预定义"或"自定义"时，此选项才可用。

5. 孤岛

孤岛是指定在最外层边界内填充对象的方法，该组选项组包括以下两项内容（图 6-4-2）。

孤岛检测：控制是否检测内部闭合边界（称为孤岛）。

孤岛显示样式：中望 CAD 提供了 3 种孤岛显示样式。分别介绍如下：

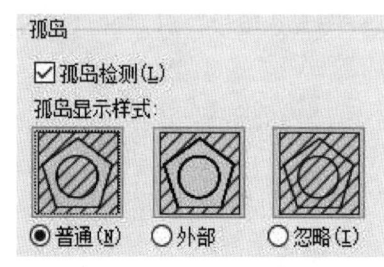

图 6-4-2 "孤岛"选项组

① 普通：从外部边界向内填充。如果遇到内部孤岛，将停止进行图案填充或渐变色填充。

② 外部：从外部边界向内填充。如果遇到内部孤岛将停止进行图案填充。

③ 忽略：忽略所有内部对象，填充图案时将填充这些对象。

项目 5　编辑图案填充

对图形进行图案填充后，如果对填充效果不满意，还可以根据需要对图案填充进行编辑。

执行编辑图案填充命令的方法有以下 2 种：

① 命令：HATCHEDIT。

② 菜单：修改—对象—图案填充。

任务 6：利用 **HATCHEDIT** 命令修改图案填充。

命令：HATCHEDIT✓

选择填充对象：　　　　　　　　　　　　　　// 双击选择要编辑的填充图案

选择填充图案后，弹出"填充"对话框，如图 6-5-1 所示。用户可在其中修改填充图案、图案的旋转比例、旋转角度和关联性等，然后单击"确定"按钮即可。

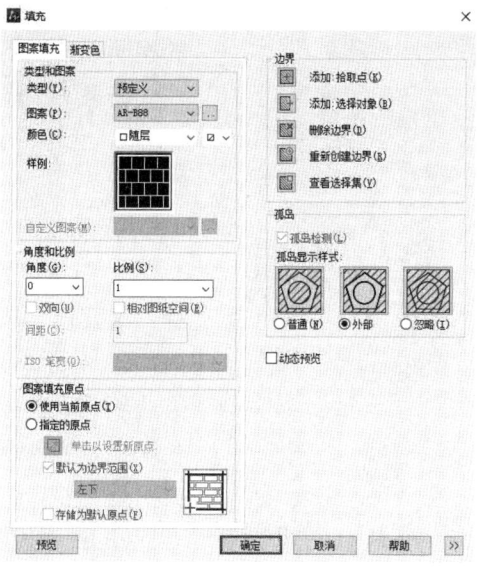

图 6-5-1 "填充"对话框

小提示

① 在执行图案填充命令时，弹出"边界定义错误"对话框，此时用户应该检查边界，将没有封闭的区域封闭起来。

② 命令行提示"图案填充间距太密，或短画尺寸太小"，这是因为图案填充比例太小，用户应将"比例"的值改大。

③ 命令行提示"无法对边界进行图案填充"，这是因为图案填充比例太大，用户应将"比例"值改小。

项目 6　渐变色填充

在中望 CAD 中，用户还可以创建单色或双色渐变色对指定的闭合区域进行填充。执行图案填充命令后，弹出"填充"对话框，选择"渐变色"选项卡，如图 6-6-1 所示。

"颜色"选项组：定义要用的渐变色填充外观。

"单色"单选按钮：指定使用从较深颜色调到较浅色调平滑过渡的单色填充。

"双色"单项按钮：指定在两种颜色之间平滑过渡的双色渐变填充。

"方向"选项组：指定渐变色角度及其是否对称。

"居中"复选框：指定对称的渐变配置。如果没有选定此选项，渐变填充将朝左上方变化，创建光源在对象左边的图案。

"角度"下拉列表框：指定渐变填充的角度。相对当前 UCS 指定角度，此选项与指

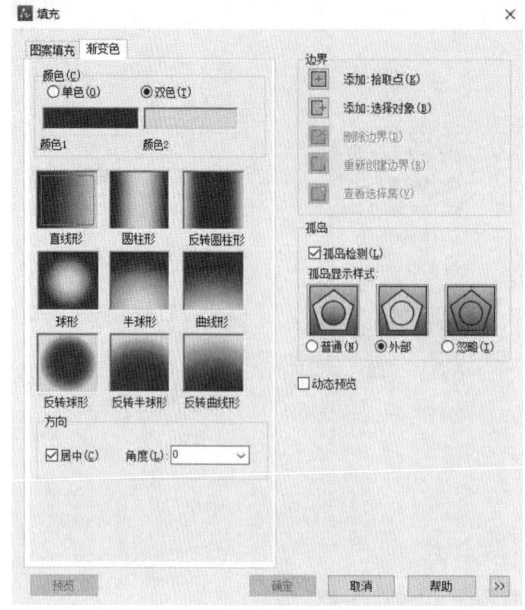

图 6-6-1 "渐变色"选项卡

定图案填充的角度互不影响。该选项卡中的公共选项和"图案填充"选项卡中的相同，这里不再赘述。

任务 7：渐变色单色填充图 6-6-2。

① 绘制一个如图 6-6-2（a）所示的线框。

② 复制两个该线框到右边。

③ 打开"图案填充"对话框，选择"渐变色"选项卡，如图 6-6-2 所示。

④ 对图 6-6-2（a）中图形采用普通方式填充，选择"渐变色"选项卡，颜色单色，方向居中，角度 0，直线形填充类型。

⑤ 在"边界"选项卡中单击"添加：选择对象"，框选左边第一个图案。

⑥ 预览填充效果，单击"确定"按钮，得到图 6-6-2（a）所示填充效果。

⑦ 依次方法填充另外两个图形，中间选"外部"方式，右侧选"忽略"方式。其余步骤相同，最后填充效果如图 6-6-2（c）所示。

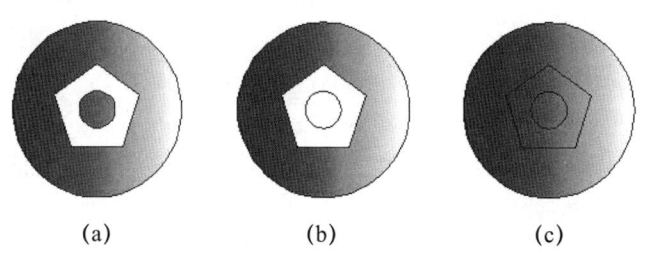

图 6-6-2 单色渐变色填充实例

任务 8：渐变色双色填充图 6-6-3（a）。

① 绘制一棵树的轮廓，如图 6-6-3（a）所示。

图 6-6-3 双色渐变色填充实例

② 打开"图案填充"对话框，选择"渐变色"选项卡。
③ 选择"双色"，在"选择颜色"对话框中单击"索引颜色"按钮索引颜色，拾取绿和黄。
④ 选择"半球形"，在树冠区域拾取点，选择预览，满意结果右击确认。
⑤ 按【Enter】键重新打开"填充"对话框，选择"单色"，在"选择颜色"对话框中选择棕色。
⑥ 选择"反转圆柱形"，在树干区域拾取点，预览后结果满意右击确认。
⑦ 填充后图形如图 6-6-3（b）所示。

小 结

本模块主要介绍中望 CAD 中面域与图案填充的创建和使用方法。通过本模块的学习，用户应该熟练掌握中望 CAD 中面域的创建及布尔运算的方法，以及图案填充的创建及编辑方法。

拓展训练

一、填空题

1. 在中望 CAD 中，用户可以通过_____和_____、_____ 3 种方法来创建面域对象。
2. 在中望 CAD 中，设置图案填充的类型包括_____、_____和_____ 3 个选项。
3. 在中望 CAD 中，利用_____命令修改图案填充。
4. 在中望 CAD 中，用户还可以创建_____或_____渐变色对指定的闭合区域进行填充。

二、简答题

1. 在中望 CAD 中，如何创建面域图形，并从面域图形中提取数据？
2. 在中望 CAD 中，如何使用渐变色填充图案。

三、操作题

1. 绘制图 1，并对其进行图案填充。
2. 绘制图 2，并将图形进行以下两种形式的填充。

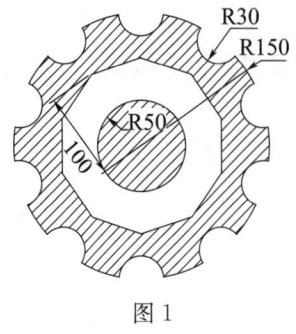 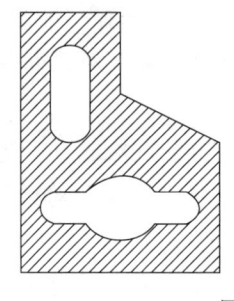 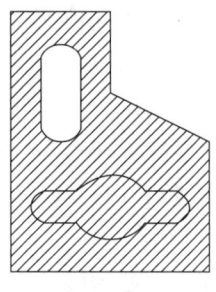

图 1   图 2

3. 绘制图 3，并利用渐变色填充为图案进行填充。
4. 绘制图 4，并对其进行图案填充。

 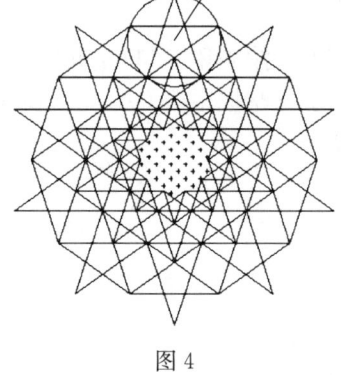

图 3   图 4

5. 利用布尔运算的知识绘制图 5 和图 6。

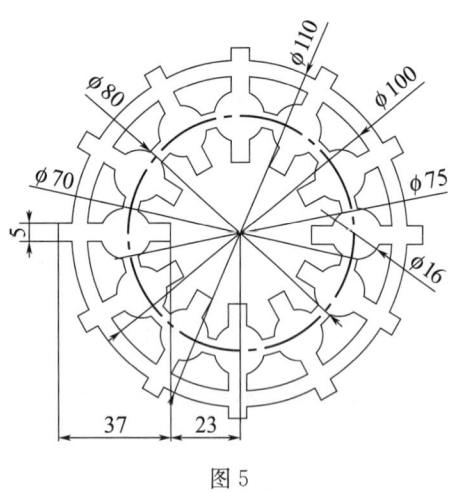 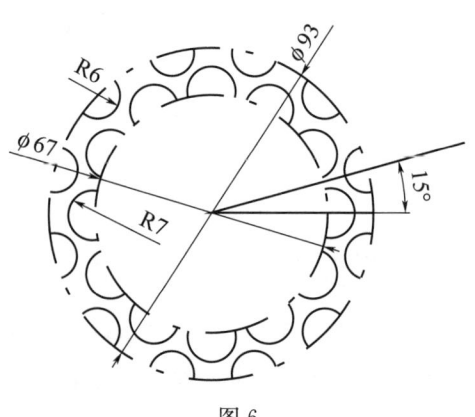

图 5   图 6

模块 7
图形查询

✉ 教学目标
　　熟练掌握查询点坐标、两点之间的距离和指定区域的面积及周长。
　　熟悉查询图形对象的相关信息。

◈ 教学重点
　　熟练掌握查询点坐标、两点之间的距离和指定区域的面积及周长。
　　熟悉查询图形对象的相关信息。

⚛ 教学难点
　　熟悉查询图形对象的相关信息。

在中望 CAD 教育版中用户可以查询点的坐标、两点间的距离、半径、角度、某一区域的面积和周长，这些功能方便了用户掌握图形信息。

项目 1　查询点坐标

用户可以利用 ID 命令查询图形对象上某一点的绝对坐标，坐标值以"X、Y、Z"的形式显示，但如果在二维图形中，Z 的坐标值为零。

查询点坐标的命令启动方式有以下 3 种：

① 命令：ID。
② 菜单：工具—查询—点坐标。
③ 工具栏：单击查询工具栏上的按钮。

任务 1：查询 7-1-1 中 A 点坐标。

命令：ID↙

指定一点：　　　　　　//用鼠标拾取 A 点

X=−86.6025　Y=−50　Z=0

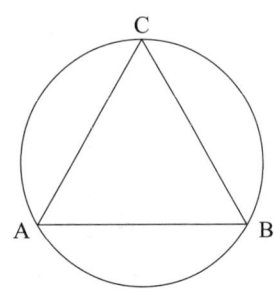

图 7-1-1　查询 A 点坐标

🔊 小提示

ID 所查询的坐标值与当前使用的坐标系有关，如果用户改变坐标系，那么用 ID 命令所查询的同一点的坐标值不同。

项目 2　查询两点间距离

用户可以利用 DIST 命令测量两点之间的距离，并得到如下信息：

两点之间的距离

在 XY 平面中的倾角（即两点连线在 XY 平面上的投影与 X 轴间的夹角）

与 XY 平面的夹角（两点连线与 XY 平面间的夹角）

X 增量，　Y 增量，　Z 增量

查询两点之间距离的命令启动方式有：

① 命令：DIST。
② 菜单：工具—查询—距离。

任务 2：利用查询命令测量 7-2-1 中 AB 两点之间的距离。

命令：DIST↙

指定第一个点：　　　　　　//用鼠标拾取 A 点

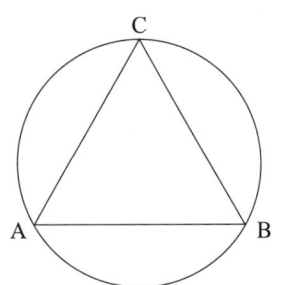

图 7-2-1　测量 AB 两点距离

指定第二个点或［多个点（M）］：
//用鼠标拾取 B 点

距离等于＝173.2051，XY 面上角＝0，与 XY 面夹角＝0

X 增量＝173.2051，Y 增量＝0.0000，Z 增量＝0.0000

小提示

> 在使用 DIST 命令查询两点之间的距离时，两点的选择顺序不影响其距离值，但影响其他数值。

项目 3　查询图形半径和直径

用户可以利用 MEASUREGEOM 命令测量指定圆或圆弧的半径和直径。

查询图形半径命令启动方式有：

① 命令：MEASUREGEOM。

② 菜单：工具—查询—半径。

任务 3：利用查询命令测量 7-3-1 中圆的半径和直径。

命令：MEASUREGEOM↙

输入选项［距离（D）/半径（R）/角度（A）/面积（AR）/质量特性（M）］〈距离〉：R↙

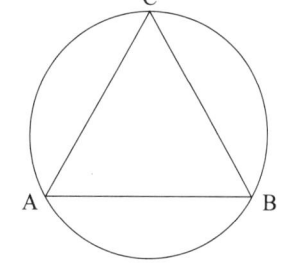

图 7-3-1　测量圆半径和直径

选择一个圆或圆弧：　　//用鼠标选择圆

半径＝100.0000

直径＝200.0000

输入选项［距离（D）/半径（R）/角度（A）/面积（AR）/质量特性（M）］〈距离〉：
//按 Esc 键结束命令，否则可以继续查询命令

项目 4　查询图形角度

用户可以利用 MEASUREGEOM 命令测量指定对象或指定点形成的角度。

查询图形角度命令启动方式有：

① 命令：MEASUREGEOM。

② 菜单：工具—查询—角度。

任务 4：利用查询命令测量 7-4-1 中三角形 **AC** 边和 **BC** 边的角度。

命令：MEASUREGEOM↙

输入选项［距离（D）/半径（R）/角度（A）/面积（AR）/质量特性（M）］〈距离〉：A↙

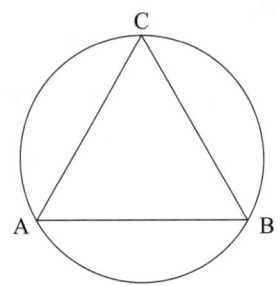

图 7-4-1　测量三角形 AC 边和 BC 边角度

选择直线、圆、圆弧或〈指定顶点〉：
　　　　　　　　　　　　//用鼠标拾取 AC 边↙
选择第二条直线：　　　　//用鼠标拾取 BC 边↙
角度＝60°

小提示

> 在使用 MEASUREGEOM 命令查询角度时，主要有直线、圆、圆弧和指定顶点几种情况。
> 直线：测量指定两直线的夹角。
> 圆：圆心分别连接指定的第一点和第二点，测量形成的角度。
> 圆弧：圆心分别连接圆弧的两端点，测量形成的角度。
> 指定顶点：顶点分别连接两端点，测量形成的角度。

项目5　查询图形面积

用户可以使用 AREA 命令查询由一系列点定义的一个封闭图形、圆、多段线围成的封闭图形等指定区域的面积和周长。

查询图形面积和周长的命令启动方式有：

① 命令：AREA。

② 菜单：工具—查询—面积。

任务5：利用 AREA 命令，查询图 7-5-1 中三角形的面积和周长。

命令：AREA↙
指定第一点或［对象（O）/添加（A）/减去（S）]〈对象〉：O↙
选取对象进行面积计算：　　　　//用鼠标选择三角形
面积＝12990.3811，周长＝519.6152

用户可以使用 AREASUM 命令查询多个图形的面积总和。

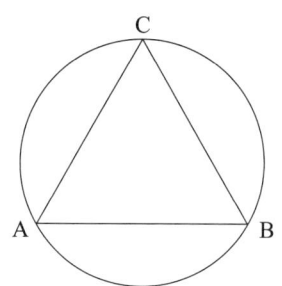

图 7-5-1 查询三角形面积和周长

查询图形面积总和的命令启动方式有:
① 命令:AREASUM。
② 菜单:工具—查询—面积总和。

任务 6:查询图 7-5-1 中三角形和圆形的面积总和。

命令:AREASUM↙

选择对象: //用鼠标选择三角形,三角形须先形成面域,否则无法选择

找到 1 个

选择对象: //用鼠标选择圆形

找到 1 个,总计 2 个

选择对象:

2 个对象(2 个有效),面积总和=44406.3076

项目 6   查询图形信息

用户可以利用 LIST 命令列出选取图形对象的相关信息,但显示的信息随图形对象的不同而不同。这些信息(对象的一些几何特性)将在"ZWCAD 文本窗口"中显示。

查询图形面积和周长的命令启动方式有:
① 命令:LIST。
② 菜单:工具—查询—列表。

任务 7:利用 LIST 命令,查询图 7-5-1 中三角形和圆形的相关信息。

命令:LIST↙

列出选取对象: //用鼠标选择三角形

找到 1 个

列出选取对象: //用鼠标选择圆形,再按 Enter 键

找到 1 个,总计 2 个

列出选取对象:

在"ZWCAD 文本窗口"中显示如下信息:

-------- LWPOLYLINE --------
句柄：22C
当前空间：模型空间
层：0
多段线标记：闭合
宽度：0.0000
面积：12990.3811
周长：519.6152
位置：X=86.6025   Y=-50.0000   Z=0.0000
位置：X=0.0000   Y=100.0000   Z=0.0000
位置：X=-86.6025   Y=-50.0000   Z=0.0000
-------- CIRCLE --------
句柄：22D
当前空间：模型空间
层：0
中间点：X=0.0000   Y= 0.0000   Z=0.0000
半径：100.0000
圆周：628.3185
面积：31415.9265

项目7　查询面域/质量特性

用户可以利用 MASSPROP 命令选取面域对象的相关信息，但显示的信息随图形对象的不同而不同。这些信息（包括对象类型、图层、颜色、对象的一些几何特性）将在"ZWCAD 文本窗口"中显示。

查询图形面积和周长的命令启动方式有：

① 命令：MASSPROP。

② 菜单：工具—查询—面域/质量特性。

任务 8：利用 MASSPROP 命令，查询图 7-7-1 中三角形和圆形的相关信息。

命令：MASSPROP↙

选择对象：　　　　　　　　　　　　　　　//用鼠标选择三角形

找到 1 个

选择对象：　　　　　　　　　　　　　　　//用鼠标选择圆形，再按 Enter 键

找到 1 个，总计 2 个

选择对象：

在"ZWCAD 文本窗口"中显示如下信息：

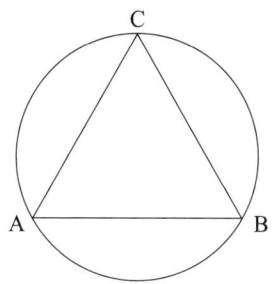

图 7-7-1　查询三角形和圆形相关信息

------- 面域 -------

面积：44406.3076

周长：1147.9338

包络框：

最小点：X＝－100.0000　　Y＝－100.0000

最大点：X＝100.0000　　Y＝100.0000

质心：

 X：0.0000

 Y：0.0000

惯性矩：

 X：94777792.6607

 Y：94777792.6607

惯性积：

 XY：0.0000

回转半径：

 X：46.1988

 Y：46.1988

主力矩与质心的 X—Y 方向：

 I：94777792.6607　　沿　　[0.7071-0.7071]

 J：94777792.6607　　沿　　[0.7071 0.7071]

小提示

在查询使用中可以使用菜单：工具—查询路径，查询图形的时间和状态。

小　结

通过本模块的学习，用户掌握了查询点的坐标、任意两点之间的距离、指定封闭区域的面积和周长，以及图形对象的相关信息，通过完成任务，能够熟练其操作过程。

拓展训练

绘制下图，并查询相关信息，回答以下 4 个问题。

1. A 圆的面积是（　　）。
A. 1074.326　　　　　　　　B. 1075.326
C. 1076.326　　　　　　　　D. 1077.326

2. C 圆的周长是多少_____ mm。

3. B 圆心到 E 圆心的距离是_____ mm。

4. 正五边形 F 的面积是_____ mm^2。

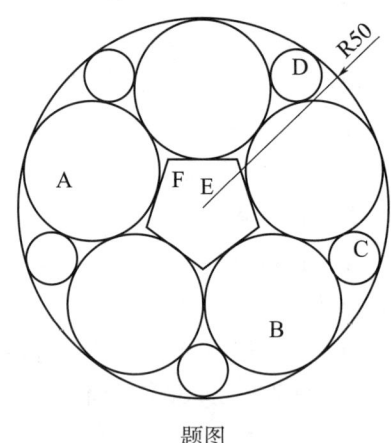

题图

模块 8
图层的管理和使用

教学目标
掌握图层的设置方法。
了解图层的各项状态和特性。
熟练应用图层特性管理器。

教学重点
掌握图层的设置方法。
了解图层的各项状态和特性。

教学难点
熟练应用图层特性管理器。

用户可以把图层假想成一叠没有厚度的透明纸，把不同特性的图形画在每张纸上，然后将这些图层按照一个基准点对齐叠加，就得到一幅完整的图形。用户可以对每个图层上的图形分别进行绘制、编辑、修改，每个图层上的图形可以具有不同的线型、颜色、状态等属性。这样可以把复杂的图形变得简单清晰。

中望 CAD 教育版对创建的图层数没有限制，每个图层都有一个唯一的名字，系统自动生成的图层是"0"图层，为缺省图层，"0"图层既不能被删除也不能被重新命名。除了"0"图层之外，其他图层都由用户自己创建并命名。

项目　图层的设置与管理

在对图层进行操作之前，要了解一些图层的基本设置，为以后设置和管理图层做好准备，用户可以通过图层特性管理器对图层进行设置和管理。

图层特性管理器的命令启动方式有以下 3 种：

① 命令：LAYER，简写 LA。

② 菜单：格式—图层（L）。

③ 工具栏：单击图层工具栏中的图层特性管理器按钮 ▤。

1. 图层特性管理器

"图层特性管理器"选项板包括左侧的树状图和右侧的列表图两个窗格。树状图用于显示图形中图层和过滤器的层次结构列表；列表图用于显示图层和图层过滤器及其特性与说明等。首先根据图 8-1-1 熟悉图层的操作面板，了解各个按钮的意义。

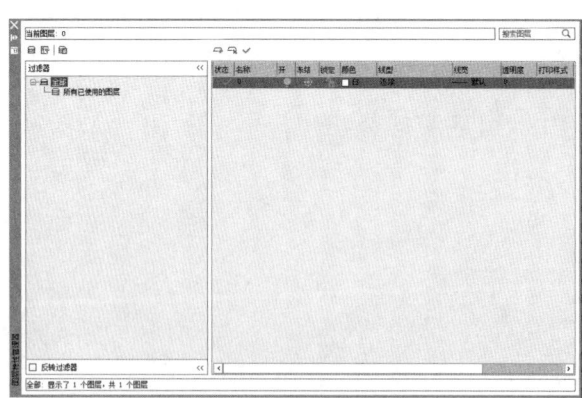

图 8-1-1　图层工具栏

▤：创建一个新图层，系统将其命名为"图层 1"，用户可单击图层名，输入新名称，再按【Enter】键，便可执行更名操作。

▤：删除指定的图层。

模块 8
图层的管理和使用

📢 **小提示**

0 层和外部参照依赖图层不可以更改图层的名称。

✓：设置当前图层。用户要在某一图层上绘图，必须先将此图层设定为当前图层，设置当前图层有 3 种方法。

① 选中一个图层后，单击此按钮。

② 双击图层显示框中的某一图层。

③ 在图层显示窗口右击，在弹出的快捷菜单中单击"当前"项。

图层颜色：单击某一图层列表的"颜色"栏，会弹出如图 8-1-2 所示的"选择颜色"对话框，选择一种颜色，然后单击"确定"按钮。

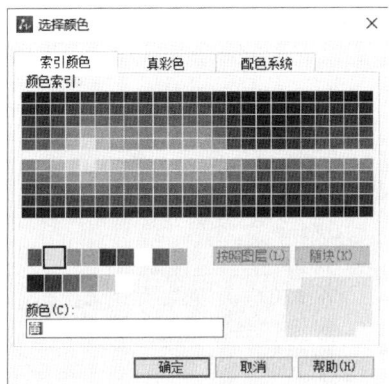

图 8-1-2 "选择颜色"对话框

还可以应用特性工具栏"颜色控制"列表框单独设置绘图颜色。单击此列表框右侧的下拉按钮，弹出下拉列表，如图 8-1-3 所示。用户可以通过该列表设置绘图颜色（一般应选择"ByLayer"随机选项），或修改当前图形的颜色。修改图形对象颜色的方法为：首先选择图形，然后在如图 8-1-3 所示的"颜色控制"列表中选择对应的颜色。

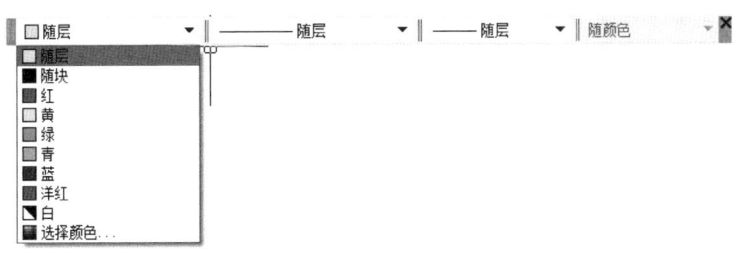

图 8-1-3 颜色控制列表

图层的线型：要对某一图层进行线型设置，单击该图层的"线型"栏，会弹出如图 8-1-4 所示的"线型管理器"对话框。单击"加载"按钮后可以选择相应线型，如图 8-1-5 所示的"添加线型"对话框。

· 131 ·

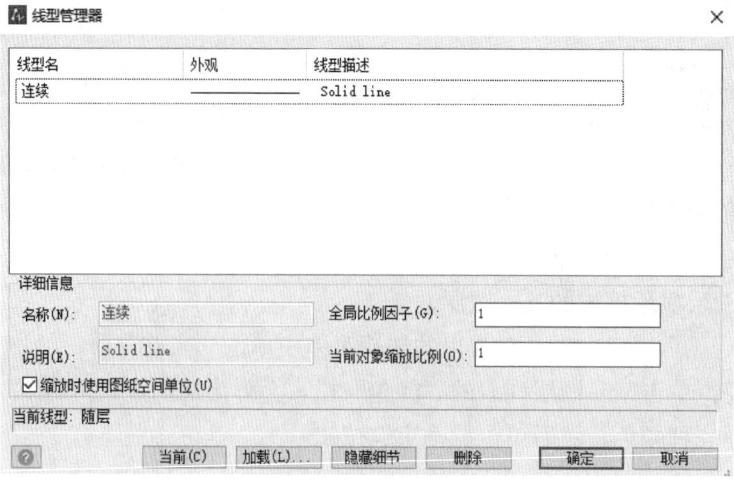

图 8-1-4 "线型管理器"对话框

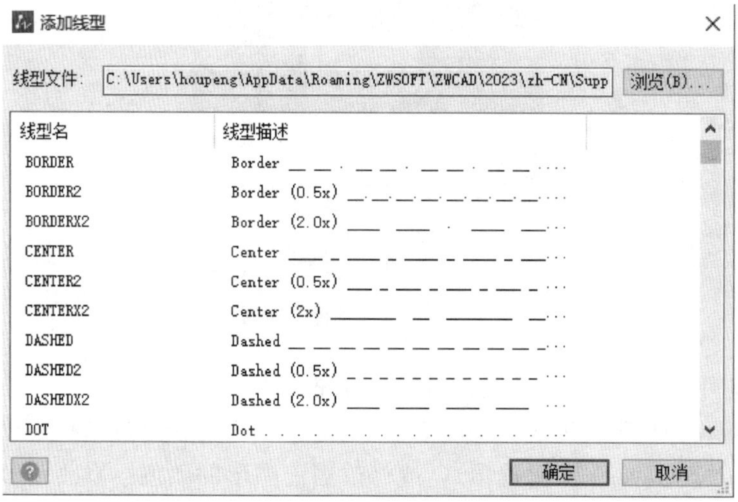

图 8-1-5 "添加线型"对话框

"删除"按钮：删除不需要的线型。删除过程为在线型列表中选择线型，然后单击。

小提示

> 用户删除的线型必须是没有被使用的线型，否则拒绝删除此线型，并给出提示信息。

"当前"按钮：在线型列表框中选择某一线型，单击"当前"按钮。当设置当前线型时，用户可以通过线型列表框在随层、随块或某一具体线型中选择。其中，随层表示绘图线型始终与图形对象所在图层设置的绘图线型一致，这是最常用也是建议用户采用的设置。

"全局比例因子"文本框:设置线型的全局比例因子,即所有线型的比例因子。用各种线型绘图时,除连续线外,每种线型一般是由实线段、空白段和点等组成的序列。线型中定义了各小段的长度。当在屏幕上显示或在图纸上输出的线型比例不合适时,可以通过改变线型比例的方法放大或缩小所有线型的每一小段的长度。全局比例因子对已有线型和新绘图形的线型均有效。

"当前对象缩放比例"文本框:用于设置新绘图形对象所用线型的比例因子。通过该文本框设置了线型比例后,在此之后所绘图形的线型比例均采用此线型比例。

"图层的线宽"单击某一图层列表的"线宽"栏,会弹出"线宽"对话框,如图 8-1-6 所示。通常,系统会将图层的线宽设定为默认值。用户可以根据需要在"线宽"对话框中选择合适的线宽,然后单击"确定"按钮完成图层线宽的设置。

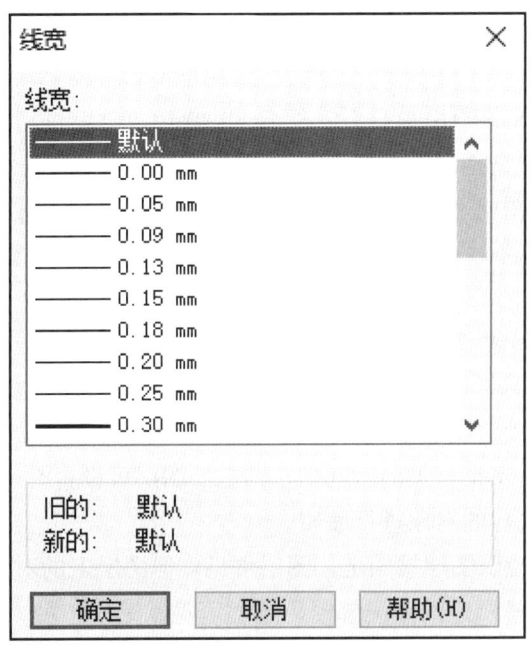

图 8-1-6 "线宽"对话框

利用"图层特性管理器"对话框设置好图层的线宽后,在屏幕上不一定能显示出该图层图线的线宽。可以通过单击状态栏中的"线宽"按钮,来控制是否显示图线的线宽。

线宽的设置可以由用户自己定义。选择"格式—线宽"命令,或直接执行 LWEIGHT 命令,启动线宽设置的操作。线宽设置的操作方法如下:

执行"格式—线宽"命令,打开"线宽设置"对话框,如图 8-1-7 所示。

小提示

如果用"特性"工具栏单独设置具体的绘图线型、线宽或颜色,而不是采用随层方式,软件在此之后就会用对应的设置绘图,不再受图层设置的限制。

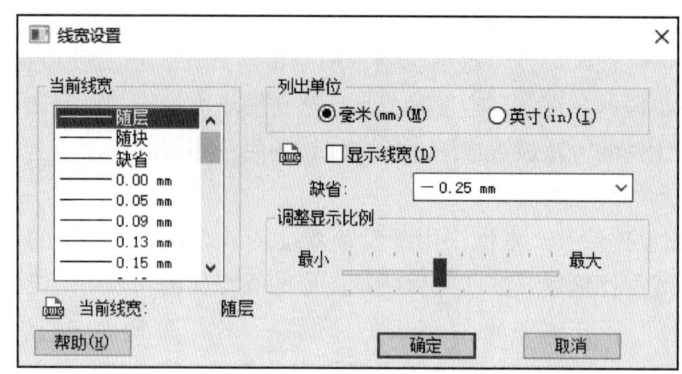

图 8-1-7 "线宽设置"对话框

图层打开/关闭：关闭的图层对象不能显示和输出，但当图层重新打开时可重新生成。

当图标为 ● 时，说明图层被打开，它是可见的，并且可以打印；当图标为 ● 时，说明图层是被关闭的，它是不可见的，并且不能打印。

图层冻结/解冻：图层上的对象被冻结则不能显示，也不能打印和重新生成，直到解冻为止，并且注意，不可以冻结当前图层，必须先将其他图层设置为当前图层，才能对此图层进行冻结。

当图标为 ❄ 时，说明图层被冻结，图层不可见，不能重生成，并且不能进行打印；当图标为 ❄ 时，说明图层未被冻结，图层可见，可以重生成，也可以进行打印。

图层锁定/解锁：锁定图层中的对象能够显示但不可编辑，如果图层是锁定且为解冻状态，则此图层的对象是可见的。其中，锁定的图层可设置为当前图层，也可以创建新对象，但是不能对新建的对象进行编辑。

当图标为 🔒 时，说明图层被锁定，图层可见，但图层上的对象不能被编辑和修改。当图标为 🔓 时，说明被锁定的图层解锁，图层可见，图层上的对象可以被选择、编辑和修改。

2. 图层特性管理器——图层状态管理器

图层状态管理器可以对已经为保存状态图层中的单个图层进行属性编辑。在图层工具栏单击"图层状态管理器"按钮 ，即可打开"图层状态管理器"对话框。

下面，我们对"图层状态管理"对话框中的按钮和功能进行介绍。

新建：可创建要保存的新图层，并可为其创建图层状态的名称和说明进行编辑。操作方法如图 8-1-8 所示。

下面分别介绍一下对话框中的各按钮的含义。

要恢复的图层特性：可勾选要保存的图层的状态和特性。如图 8-1-9 所示，此部分可通过右下角的"更多恢复选项"箭头图标进行显示和隐藏。

恢复：恢复保存的图层状态。

删除：删除指定图层的状态。

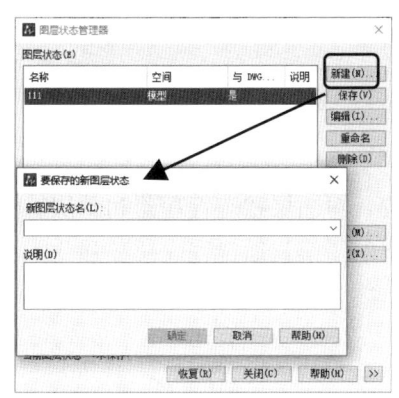
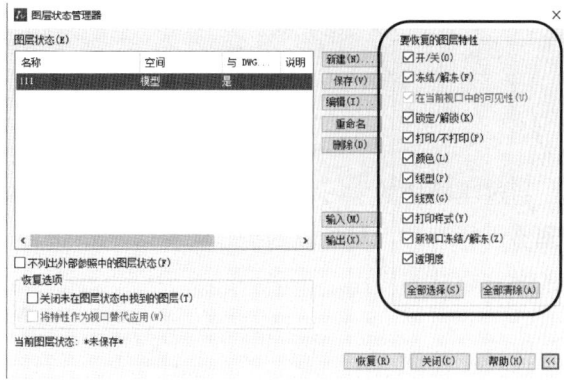

图 8-1-8　创建新图层　　　　　　图 8-1-9　更多恢复选项面

输入：从 .dwg 文件中输入图层状态，其格式为 .las 或 .dwg 的文件。

输出：以 .las 或 .dwg 文件形式保存图层状态的设置。

任务：新建一个图层，命名为"中心线"，根据中心线特点，将其设置为红色，"DASHDOT"线型。

① 格式—图层。

② 如图 8-1-10 所示进行操作。

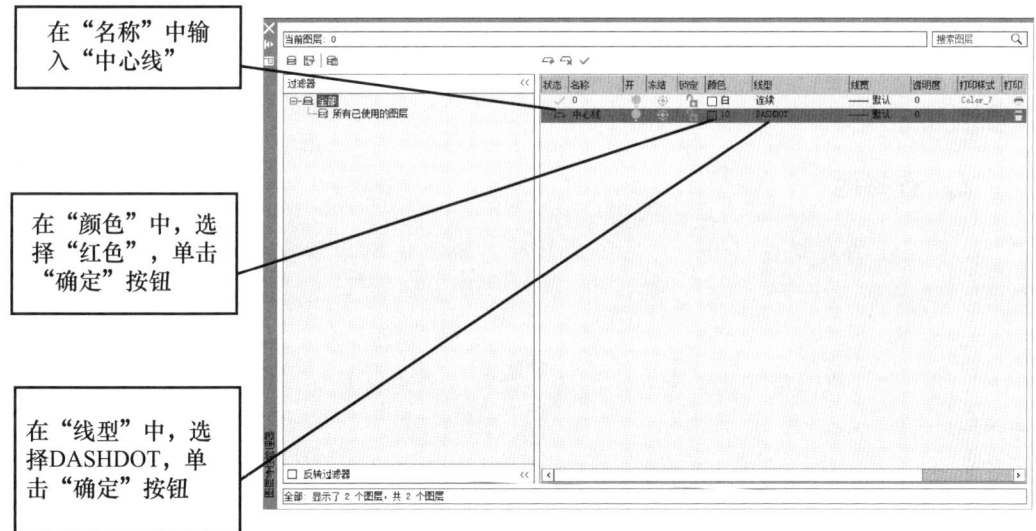

图 8-1-10　任务 1 图

③ 单击 按钮。

④ 在"名称"输入框中输入"中心线"。

⑤ 在"颜色"列表中，单击"颜色"模块。

⑥ 选择"红色"，单击"确定"按钮。

⑦ 在"线型"下拉列表中，单击"线型"模块。

⑧ 选择 DASHDOT 线型，单击"确定"按钮。

小　结

通过本模块的学习，用户能够熟练掌握图层的设置，对图层状态管理器和图层特性管理器进行管理，对绘图的操作及准备工作有了进一步的了解，通过完成任务强化了图层的设置方法的应用。

拓展训练

一、填空题

1. 设置当前图层，用户要在某一图层上绘图，必须先将此图层设定为_____图层。

2. 关闭的图层对象不能_____和_____，但当图层重新打开时可重新生成。

3. 对象图层匹配，将源对象上的图层特性_____给目标对象，从而改变目标对象的特性。

4. 锁定的图层可设置为当前图层，也可以_____新对象，但是不能对新建的对象进行_____。

二、选择题

1. 图层上的对象被（　　）则不能显示，也不能打印和重新生成，直到（　　）为止。
   A. 冻结　　　　　　　　　　　　B. 解冻

2. （　　）的图层可设置为当前图层，也可以创建新对象，但是不能对新建的对象进行编辑。
   A. 锁定　　　　　　　　　　　　B. 解锁

3. （　　）的图层对象不能显示和输出，但当图层重新（　　）时可重新生成。
   A. 打开　　　　　　　　　　　　B. 关闭

三、操作题

1. 设立新层 Layer1 和 Layer2，Layer1 层线型为 Center，颜色为红色，Layer2 层线型为 Dashed2，颜色为绿色。

2. 创建新图层，名称为"中心线"层，颜色为红色，线型为 Center2，线宽为 0.7mm。

模块 9
图形的显示

教学目标
掌握图形的重画与重新生成的操作方法。
熟练进行图形的缩放与平移操作。
掌握平铺视口与多窗口排列的操作步骤。
熟练掌握图像的各种运用及操作。

教学重点
掌握图形的重画与重新生成的操作方法。
熟练进行图形的缩放与平移操作。
掌握平铺视口与多窗口排列的操作步骤。

教学难点
熟练掌握图像的各种运用及操作。

建筑 CAD 基础教程

在使用中望 CAD 教育版进行图形绘制时,用户要对图形的显示操作有一定的了解,可以进行图形的重画与重新生成、图形的任意缩放与平移、平铺视口与多窗口排列的应用及图像的各种修改,使我们的绘制过程更加方便与清晰。

项目 1 图形的重画与重新生成

图形的重画命令(Redraw)或图形的重生成命令(Regen)能够实现视图的重新显示,从而方便看图和绘图。两者的作用见表 9-1-1。

表 9-1-1 Redraw 命令和 Regen 命令作用

命令	Redraw 命令	Regen 命令
作用	① 快速刷新显示 ② 清除所有图形轨迹点,如亮点和零散的像素	① 重新生成整个图形 ② 重新计算屏幕坐标

1. 图形的重画

重画的命令启动方式有:

① 命令:REDRAW/REDRAWALL。

② 菜单:视图—全部刷新(R)。

图形重画可以刷新当前视窗显示,清除绘图或编辑过程中留下的无用点的痕迹,刷新显示速度比图形重生成命令快,因为它不需要对图形进行重新计算和生成,只刷新当前视窗,而 Regen 命令可以刷新模型空间中的所有视窗。

2. 图形的重新生成

重生成不仅对屏幕进行刷新,删除图形中的点记号,而且可以对图形数据库中所有图形对象的屏幕坐标进行更新,从而可以准确显示图形数据。

重生成的命令启动方式有:

① 命令:REGEN/REGENALL。

② 菜单:视图—重生成(G)/全部重生成(A)。

项目 2 图形的缩放与平移

1. 图形的缩放

(1)视图缩放

在绘图过程中,用户可以通过对鼠标的控制实现图形的放大或缩小,使用视图缩放命令并不会影响对象的位置和实际尺寸的大小,例如,通过滚动鼠标中键(滑轮)向上滚动可放大图形,向下滚动可缩小图形。除此之外,系统还将此功能集成在工具栏和菜单中,用户可以通过以下方法对图形进行缩放控制。

图形缩放的命令启动方式有以下 3 种:

① 命令:ZOOM,简写 Z。

② 菜单:视图—缩放(Z)—选择所需选项菜单(图 9-2-1)。

③ 工具栏:单击"标准"工具栏—"缩放"按钮(图 9-2-2)。

或单击缩放按钮,放大 、缩小  。

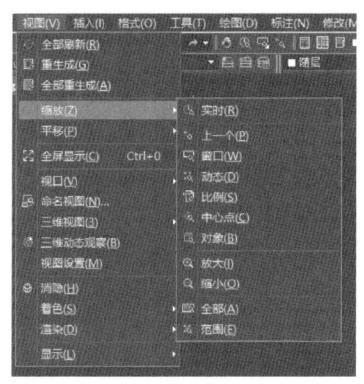

图 9-2-1 菜单启动　　　　图 9-2-2 工具栏启动

(2) 参数说明

全部(A):显示当前视窗中整个图形,包括图形界限以外的图形,此选项同时对图形进行视图重生成操作。

中心(C):可通过该选项指定缩放中心点和放大倍数,缩放后的图形将以指定点作为视窗中图形显示的中心点,按给定的缩放系数进行缩放。

动态(D):对图形进行动态缩放,可以一次完成缩放和平移。

范围(E):使当前视口中图形最大限度地充满整个屏幕,此时显示效果与图形界限无关。

上一个(P):返回上一个视窗显示的图形。

比例(S):以屏幕的中心点为缩放中心,对图形进行比例缩放。其中,在命令执行后,需要输入比例因子 nX 或 nXP,nX 表示图形相对于当前可见视图的缩放倍数。nXP 表示当前视图相对于当前的图纸界限缩放的倍数。例如,输入 0.5 时则新图显示为原始图大小的一半,当输入 0.5X 时,则新图显示为当前视图大小的一半。

窗口(W):分别指定矩形窗口的两个对角点,将框选的区域放大显示。

对象(O):将所选对象尽可能大地显示在屏幕上。

任务 1:使用 ZOOM 对图 9-2-3 进行范围缩放、对象缩放、窗口缩放,观察图形的变化。

范围缩放(图 9-2-4):

命令:ZOOM↙

指定窗口的角点,输入比例因子(nX 或 nXP),或者

[全部(A)/中心(C)/动态(D)/范围(E)/上一个(P)/比例(S)/窗口(W)/对

象（O）]〈实时〉：E↙

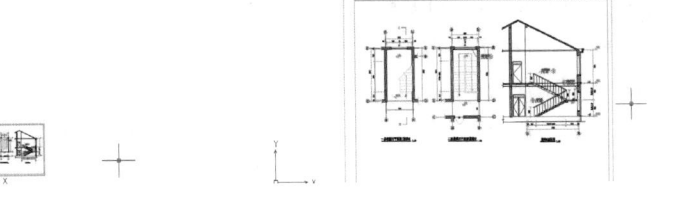

图 9-2-3　缩放文件　　　　　图 9-2-4　范围缩放

以图 9-2-5 框选区域进行对象缩放：

命令：ZOOM↙

指定窗口的角点，输入比例因子（nX 或 nXP），或者

[全部（A）/中心（C）/动态（D）/范围（E）/上一个（P）/比例（S）/窗口（W）/对象（O）]〈实时〉：O↙

选择对象：指定对角点：找到 1 个　　　//鼠标拾取图框第一个对角点、另一个对角点

选择对象：↙　　　　　　　　　　　　//按 Enter 键结束命令

以图 9-2-6 框选区域进行窗口缩放：

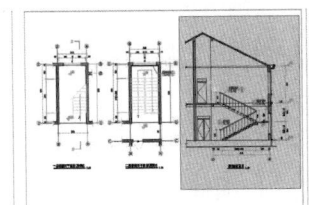 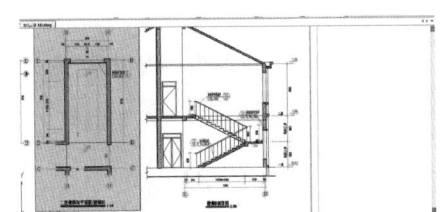

图 9-2-5　对象缩放　　　　　图 9-2-6　窗口缩放

命令：ZOOM↙

指定窗口的角点，输入比例因子（nX 或 nXP），或者

[全部（A）/中心（C）/动态（D）/范围（E）/上一个（P）/比例（S）/窗口（W）/对象（O）]〈实时〉：W↙

指定第一个角点：　　　　　　　　　　//鼠标拾取图框第一个对角点

指定对角点：　　　　　　　　　　　　//鼠标拾取图框另一个对角点，将要缩放的图形框选上

2. 图形的实时缩放

使用实时缩放命令，鼠标变成放大镜图标，移动放大镜图标即可进行动态缩放，用鼠标左键向下移动，图形即可放大显示，按住鼠标左键向上移动，图形即可缩小显示，如果左右移动鼠标，图形不会变化。想退出实时缩放，按【Esc】键或【Enter】键可退出命令，或者右击显示快捷菜单。

图形实时缩放的命令启动方式有以下 3 种：

① 命令：RTZOOM。

② 菜单：视图—缩放（Z）—实时（R）。

③ 工具栏：标准—实时缩放 。

3. 图形的平移

平移命令可快速将图形的位置进行定位显示，执行该命令后，鼠标形状变成手状即可平移图形，用户可以使用按住滚轮的方式实现对图形的平移操作，也可右击，在显示的快捷菜单中直接切换为缩放、三维动态观察器、窗口缩放、缩放为原窗口和满屏缩放等方式。

实时平移的命令启动方式有以下 3 种：

① 命令：PAN，简写 P。

② 菜单：视图—平移—实时（T），如图 9-2-7 所示。

③ 工具栏：视图—实时平移 。

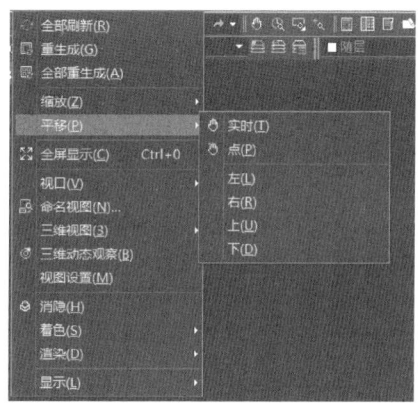

图 9-2-7　平移菜单

小提示

执行平移命令，即可实时位移屏幕上的图形。在操作过程中，右击显示快捷菜单，可直接切换为缩放、三维动态观察器、窗口缩放、缩放为原窗口和满屏缩放方式，这种切换方式称之为"透明命令"，透明命令是能在其他命令执行过程中执行的命令。

项目 3　平铺视口与多窗口排列

1. 平铺视口

平铺视口可将屏幕分割成多个矩形视口，并且可以在不同的视口中显示不同角度、不同显示模式的视图。

平铺视口的命令启动方式有：

① 命令：VPORTS，如图 9-3-1 所示。

② 菜单：视图—视口（V），如图 9-3-2 所示。

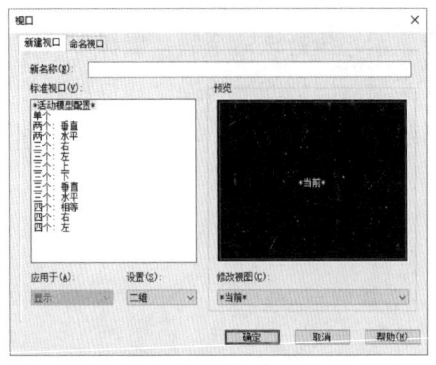
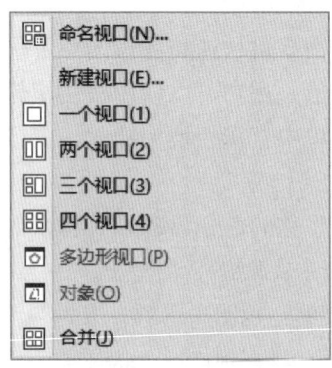

图 9-3-1　新建视口布局　　　　　图 9-3-2　视口菜单栏

任务 2：使用平铺视图将图形在模型空间中建立三个视口，如图 **9-3-3** 所示。

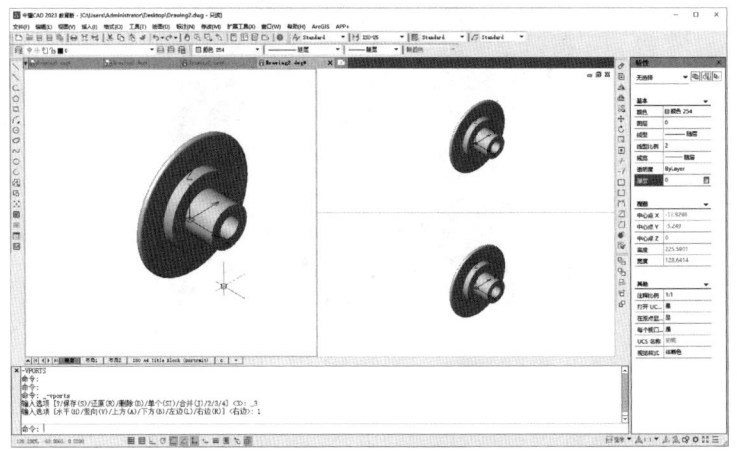

图 9-3-3　视口建立

命令：VPORTS✓

输入选项 [？/保存（S）/还原（R）/删除（D）/单个（SI）/合并（J）/2/3/4]〈3〉：_3

输入选项 [水平（H）/竖向（V）/上方（A）/下方（B）/左边（L）/右边（R）]〈右边〉：L✓

2. 多窗口排列

在需要显示文件较多的情况下，可以应用窗口排列将多张打开的图纸在视图中进行布局排列。

平铺视口的命令启动方式有：

① 命令：SYSWINDOWS。

② 菜单：窗口—层叠窗口或水平平铺或垂直平铺。

层叠：可以查看每张图纸的所在路径及文件名，如图 9-3-4 所示。

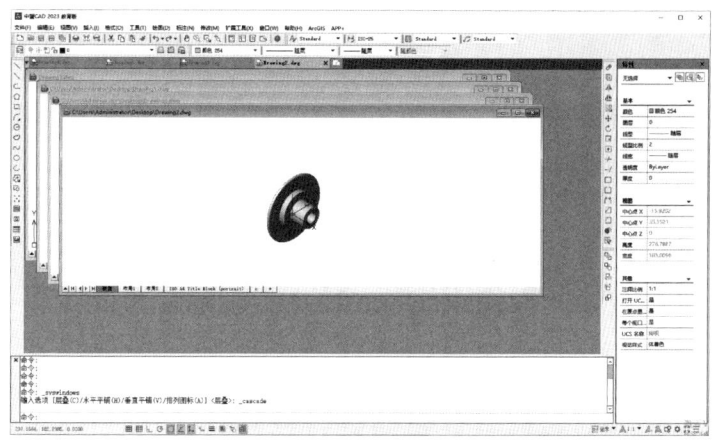

图 9-3-4　层叠

垂直平铺：可以使每张图纸的窗口进行从左向右垂直排列，如图 9-3-5 所示。

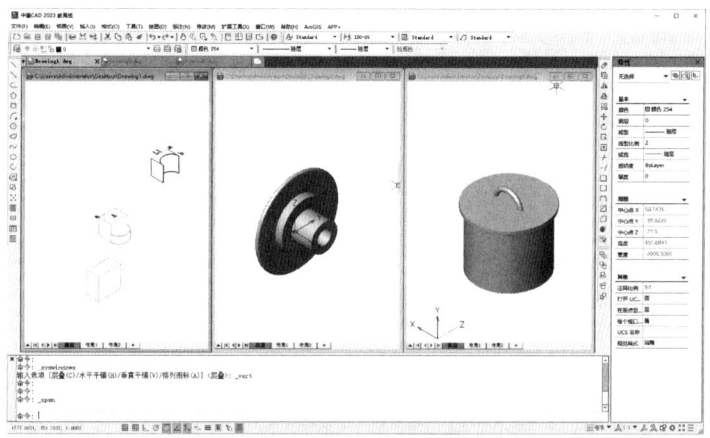

图 9-3-5　垂直平铺

水平平铺：可以使每张图纸的窗口进行从上向下水平排列，如图 9-3-6 所示。

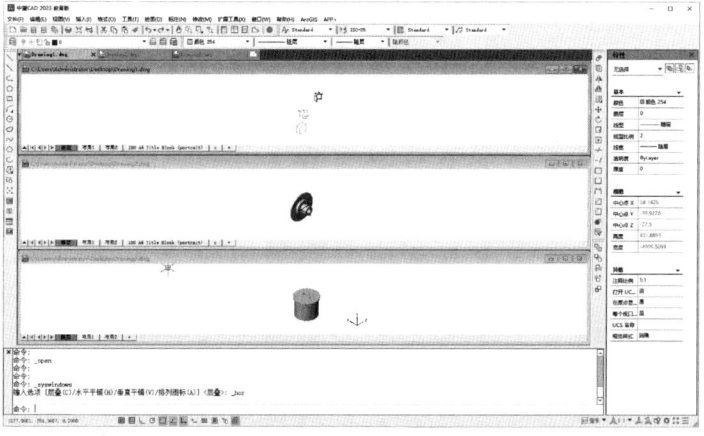

图 9-3-6　水平平铺

小提示

窗口排列方式有层叠、水平和垂直平铺、排列图标等方式，窗口的大小将自动调整以适应所提供的空间。

项目 4　图　　像

1. 插入光栅图像

日常用户应用扫描仪、数码相机、航拍所获得的图片，在中望 CAD 中均为光栅图像。由于光栅图像是由像素点组成，又称"点阵图"或"位图"。

插入光栅图形的命令启动方式有：

① 命令：IMAGEATTACH，简写 IAT。

② 菜单：插入—光栅图像（I）。

小提示

还有一种类型图像是矢量图，矢量图像又称"面向对象的图像或绘图图像"，在数学上定义为一系列由线连接的点。因光栅图像文件通常比矢量图形文件小，所以光栅图像相比矢量图缩放和平移速度快。

任务 3：通过插入光栅图像，打开光栅图文件。

执行 IMAGEATTACH 命令后，打开"选择图像文件"对话框，如图 9-4-1 所示

单击"打开"按钮，弹出"附着图像"对话框，单击"确定"按钮，然后根据窗口的提示可确定图像的大小，如图 9-4-2 所示。

图 9-4-1　"选择图像文件"对话框

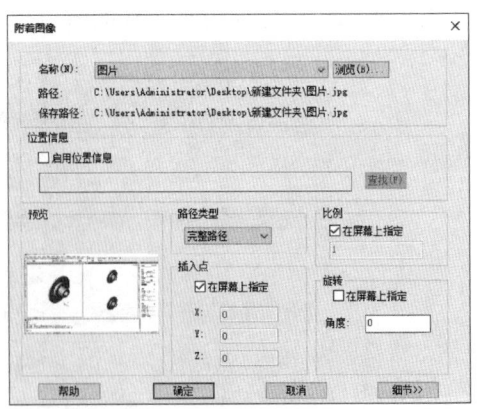
图 9-4-2　"附着图像"对话框

小提示

中望 CAD 教育版支持常见的光栅图像文件，如 bmp、jpg、gif、png、tif、pcx、tga 等类型的光栅图像文件。

光栅图像如果放得太大，就会出现马赛克状的像素点，如果需要放很大的话，需要高质量的分辨率图像。

2. 图像管理

用户可利用图像管理器进行许多操作，这里我们将对这些插入的光栅图像进行查看、删除、更新等操作的学习，如图 9-4-3 所示。

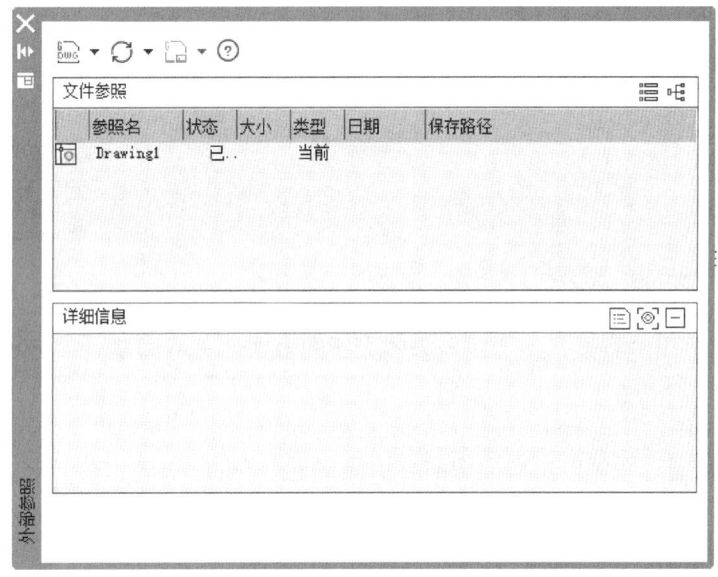

图 9-4-3　图像管理器

图像管理器的命令启动方式有：

① 命令：IMAGE，简写 IM。

② 菜单：插入—图像管理器（M）。

图像管理器的选项介绍如下：

附着：将选定的外部参照附着到当前图形。

刷新与重载：加载最新版本的图像文件，或重载以前被卸载的图像文件。

更改路径：更改参照文件的路径，单击展开下拉列表，可以选择设为绝对、设为相对、删除路径、选择新路径、查找和替换。

3. 图像调整

在图像调整中，用户可以对图像的亮度、对比度、褪色度进行调整。

图像调整的命令启动方式有：

① 命令：IMAGEADJUST，简写 IAD。

② 菜单：修改—对象（O）—图像（I）—调整（A）。

在命令行输入 IAD↙，显示如图 9-4-4 对话框，用户可以根据需要进行图像调整。

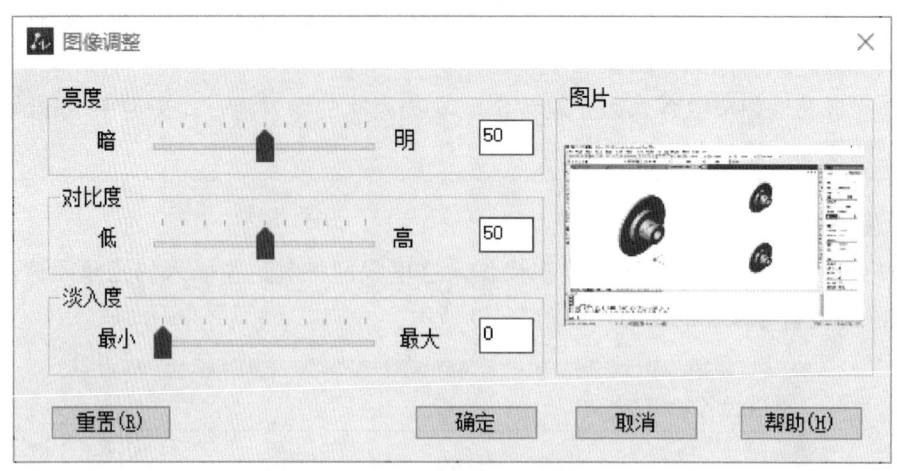

图 9-4-4 "图像调整"对话框

📢 小提示

> 在操作的同时，可在预览中查看修改时的效果。此命令只调整了图像的显示效果和打印输出的结果，不会对原来的光栅图像文件进行调整。

4. 图像质量

用户还可以通过图像质量对图像的显示质量进行控制。

图像质量的命令启动方式有：

① 命令：IMAGEQUALITY。

② 菜单：修改—对象（O）—图像（I）—质量（Q）。

📢 小提示

> 图像显示的质量则直接影响显示性能，高质量图像降低程序性能。改变此设置后不必重新生成，此命令的改变将影响到图形中所有图像的显示，在打印时都是使用高质量的显示。

5. 图像边框

在对图像进行操作时，还可以通过对当前图像是否打印和显示边框进行控制。

图像边框的命令启动方式有：

① 命令：IMAGEFRAME。

② 菜单：修改—对象（O）—图像（I）—边框（F）。

小提示

一般情况下，用户选择光栅图像是通过单击图像边框来选择的。为了避免意外选择图像，所以需要关闭图像边框。根据不同情况来选择不同的图像边框显示方式，以满足不同的绘图需求。

Imageframe 参数值：对应参数值描述

Imageframe＝0：不显示也不打印图像边框，此时不可对图像对象进行选择

Imageframe＝1：显示并打印图像边框，以便用户选择图像

Imageframe＝2：显示但不打印边框

6. 图像剪裁

用户还可以对图像对象进行剪裁新的边界。

① 命令：IMAGECLIP，简写 ICL。

② 菜单：修改—剪裁（C）—图像（I）。

小提示

必须在与图像对象平行的平面中指定边界。

任务 4：把图 9-4-5 编辑为图 9-4-6，图 9-4-5 为图像剪裁前，图 9-4-6 为图像剪裁后。

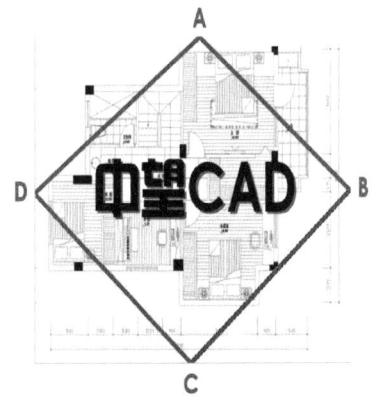 

图 9-4-5　剪裁前　　　　　　　　图 9-4-6　剪裁后

命令：IMAGECLIP↙

请选择一个图像实体：↙

指定对角点：

输入图像剪裁选项［开（ON）/关（OFF）/删除（D）/新建边界（N）］〈新建边界〉：N↙

外部模式—边界外的对象将被隐藏

请选择剪切边界类型［选择多段线（S）/多边形（P）/反向裁剪（I）/矩形（R）］〈矩形〉：P✓
  选择第一个边界点：✓   //拾取 A 点
  指定下一点或［放弃（U）］：✓   //拾取 B 点
  指定下一点或［放弃（U）］：✓   //拾取 C 点
  指定下一点或［闭合（C）/放弃（U）］：✓ //拾取 D 点
  指定下一点或［闭合（C）/放弃（U）］：C✓

7. 绘图顺序

用户绘制图形的先后顺序就决定了图形显示的顺序，如果多个图形相互覆盖时就需要用户对图形的显示顺序进行修改，保证其正确显示和输出。

绘图顺序的命令启动方式有：

① 命令：DRAWORDER。

② 菜单：工具—绘图顺序（D）。

小提示

> 默认情况绘制对象的先后顺序，就决定了对象的显示顺序，例如把一个对象移到另一个对象之后。当两个或更多对象相互覆盖时，图形顺序将保证正确的显示和打印输出。例如，如果将光栅图像插入到现有对象上面，就会遮盖现有对象，这时就有必要调整图形顺序了。

任务 5：按照图 9-4-7 绘制一个实心填充三角形，然后再绘制一个多边形，尺寸用户自定即可，绘制完成后使用 **DRAWORDER** 命令把图 9-4-7 的绘图顺序改为 9-4-8 的显示效果。

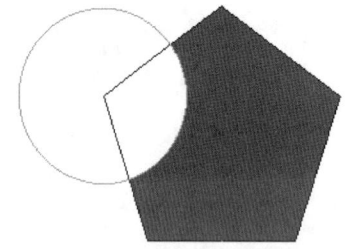
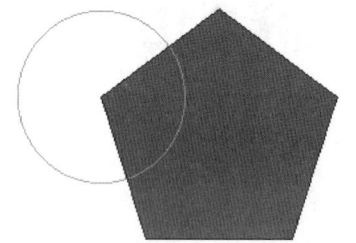

图 9-4-7 先绘制五边形   图 9-4-8 将圆形放置在五边形下方

命令：DRAWORDER✓
选择要改变绘制顺序的对象：✓   //选择圆形
找到 1 个
选择要改变绘制顺序的对象：✓   //按 Enter 键或右击
输入选项［对象上（A）/对象下（U）/最前（F）/最后（B）］〈最后〉：U✓
选择参照对象：✓   //选择五边形

找到 1 个

选择参照对象：✓   //按 Enter 键或右击

通过本模块的学习，用户能够熟练掌握图形的重画与重新生成，将图形的缩放与平移进行合理的应用，并且能够熟练掌握在绘图过程中对图形进行鸟瞰视图及窗口的应用，通过完成任务强化了对图形视图的设置方法。

拓展训练

一、填空题

1. 使用_____，用户就像在空中俯视一样，可以快速地找出并放大图形中的某个部分。

2. 查看处在屏幕外的图形，应用_____命令，使用_____命令比 Zoom 命令流畅，因为它没有进行缩放显示。

3. _____命令用于重画屏幕上的图像，当所见到的图形不完整时，可用该命令。屏幕上或当前视图区中原有的图形消失，紧接着把图形又重画一遍。

二、选择题

1. （　　）命令可以重新生成图形所用的时间较长，此命令要把图形文件的原始数据全部重新计算一遍后再显示出来。

A. Redraw 命令　　　　B. Regen 命令　　　C. undo 命令

2. 中望 CAD 默认的工作视图为（　　）

A. 仰视　　　　　　　B. 后视　　　　　　C. 俯视

三、操作题

制作一个图形并设置各种视图，其中使用各种视图编辑工具。

模块 10
文　　字

教学目标
掌握文字样式的设置。
熟练掌握输入文字的方法。
熟练掌握文字的编辑。

教学重点
熟练掌握输入文字的方法。
熟练掌握文字的编辑。

教学难点
熟练掌握文字的编辑。

图形绘制完成后,基本图形上无法用图形表示的内容,可以采取文字说明的形式来表达。

项目 1 设置文字样式

在标注图形之前,要对文字的字体、字号、角度等进行设置,创建适合图形的文字样式。当输入文字对象时,必须将新建的文字样式置为当前。

设置文字样式的命令启动方式有:

① 按钮:单击样式工具栏中的"文字样式"按钮 ![A]。

② 命令:STYLE,简写 ST(别名 DDSTYLE)。

③ 菜单:格式—文字样式。

任务 1:新建一个"文字标注"的字体样式。

① 命令:STYLE✓,显示如图 10-1-1 所示对话框。

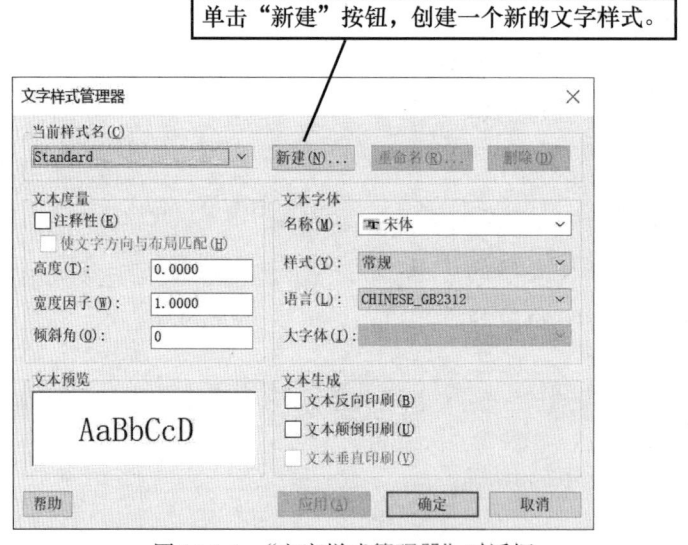

图 10-1-1 "文字样式管理器"对话框

② 单击"新建"按钮,显示如图 10-1-2 所示,创建一个新的文字样式,在样式名里输入"文字标注"。

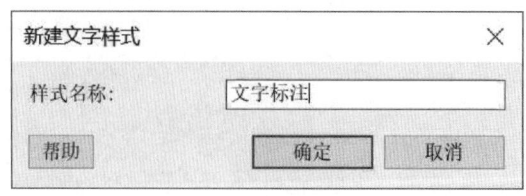

图 10-1-2 新建文字样式

③ 单击"确定"按钮,显示如图 10-1-3 所示。

📢 小提示

在"新建文字样式"对话框中,需要输入新的样式名,文字样式名最长可达 225 个字符,样式名称中可以包括字母、数字和特殊字符。

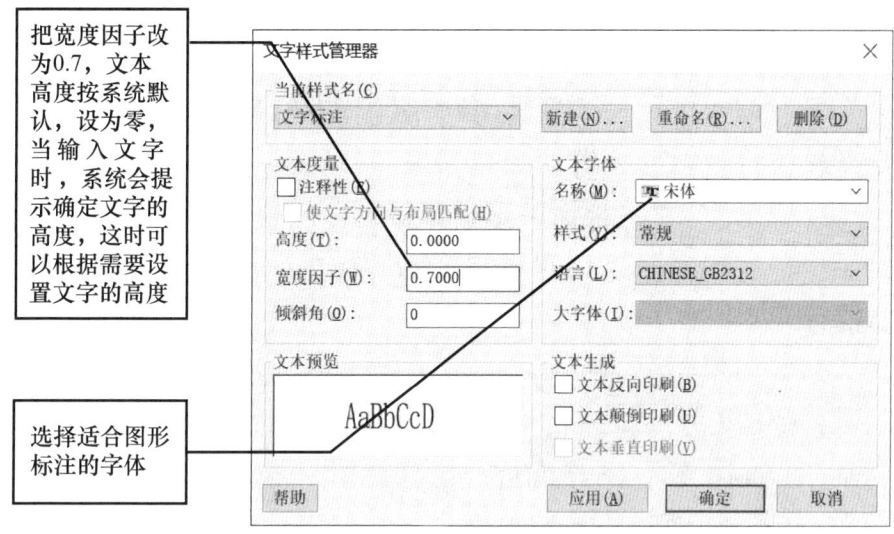

图 10-1-3 "文字样式管理器"对话框

④ 设置好字体样式后,单击"确定"按钮即可。

📢 小提示

如想更改当前样式名,可单击"重命名"按钮进行修改,也可以用删除按钮删除当前样式名,但 CAD 默认的文字样式 Standard 不能被更改和删除。

项目 2 输入文字

中望 CAD 教育版提供了两种输入文字方式,单行文字和多行文字。

1. 单行文字

当输入的文本不是很长,就可以使用单行文字命令创建单行文本,单行文字并不是指使用该命令只能输入一行文字,而是指输入的每一行文字都可以作为一个独立对象来编辑。

单行文字的命令启动方式有:

① 按钮:📝。

② 命令:TEXT,简写 DT。

③ 菜单:绘图—文字—单行文字。

建筑 CAD 基础教程

任务 2：用单行文字输入"整体地面是现场整浇而成的地面"。

命令：TEXT✓

当前文字样式："文字标注"文字高度：2.5000

指定文字的起点或 [对正 (J)/样式 (S)]：　　　　//在 CAD 界面单击指定文字的起点

指定文字高度 〈2.5000〉：✓　　　　//采用默认的高度 2.5000

指定文字的旋转角度 〈0〉：✓　　　　//采用默认的角度 0

输入文字"整体地面是现场整浇而成的地面"。按两次【Enter】键，结束命令，如图 10-2-1 所示。

整体地面是现场整浇而成的地面

图 10-2-1　单行文字

💡 小提示

> 指定文字旋转角度是指输入文字的倾斜角度。

输入单行文字时，还可以选择其他命令：

菜单项：绘图≫文字≫单行文字

命令：DT✓

当前文字样式："文字标注"文字高度：2.5000

指定文字的起点或 [对正 (J)/样式 (S)]：J✓　　//命令行会提示以下命令：

[对齐 (A)/布满 (F)/居中 (C)/中间 (M)/右对齐 (R)/左上 (TL)/中上 (TC)/右上 (TR)/左中 (ML)/正中 (MC)/右中 (MR)/左下 (BL)/中下 (BC)/右下 (BR)]：用户根据图形的需要输入选项名称。

命令中各选项的意义如下：

对齐 (A)：系统提示指定文字的第一个端点和第二个端点，确定文字的高度和方向。

布满 (F)：系统提示指定文字基线的第一个端点和第二个端点，文字的高度可以输入，宽度是基线的两个端点之间的距离与字符数确定。字高不变，字符越多，字符越窄。

居中 (C)：指定文字的中心点，从中心点对齐文字。

中间 (M)：文字与基线的水平中点和指定高度的垂直中点上对齐。

右对齐 (R)：在指定的基线上右对齐文字。

任务 3：用单行文字的样式 (S) 命令输入"楼地面是人们在房屋中接触最多的部分"。

命令：DT✓

当前文字样式："文字标注"文字高度：2.5000✓

指定文字的起点或 [对正 (J)/样式 (S)]：S✓　　//用来选择文字的字体样式，字体会随着新的字体样式改变，改为当前字体样式对应的字体

输入样式名或［?］〈文字标注〉：✓　　　　//采用文字标注的样式
当前文字样式："文字标注" 文字高度：2.5000
指定文字的起点或［对正（J）/样式（S）］：　　//在 CAD 界面单击指定文字的起点

指定高度〈2.5000〉：✓　　　　//采用默认的高度
指定文字的旋转角度〈0〉：✓　　　　//采用默认的角度
输入文字"楼地面是人们在房屋中接触最多的部分"，如图 10-2-2 所示。

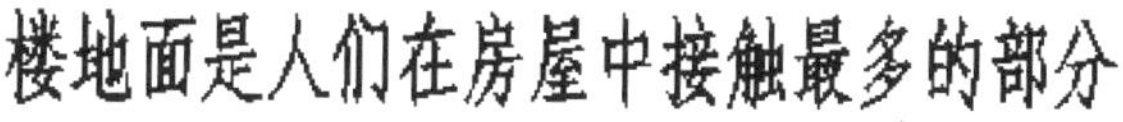

楼地面是人们在房屋中接触最多的部分

图 10-2-2　单行文字

2. 多行文字

当输入的文本很长时，就可以使用多行文字命令，利用"多行文字"命令可以一次输入多行文字，并且这些文字都是对齐排列，所有行的文字作为一个对象进行编辑。

多行文字命令的启动方式有以下 3 种：

① 按钮：▣。

② 命令：MTEXT，简写 MT 或 T。

③ 菜单：绘图—文字—多行文字。

④ 工具栏：单击"文字"工具栏上的"多行文字"命令 A。

任务 4：用多行文字命令输入"工程图纸书写的文字、数字或符号等，均应笔画清晰、字体端正、排列整齐"。

命令：T✓

MTEXT 当前文字样式："文字标注" 文字高度：2.5

指定第一个角点：//该提示要求用户在绘图区域指定一点作为一个用来输入多行文字的矩形区域的第一个角点。

指定对角点或［对齐方式（J）/行距（L）/旋转（R）/样式（S）/字高（H）/方向（D）/字宽（W）/列（C）/］：//指定文字的第二个角点或根据图形的需要输入选项名称。用户再指定用来输入多行文字的矩形区域的第二个角点，之后弹出"多行文字编辑对话框"，如图 10-2-3 所示。

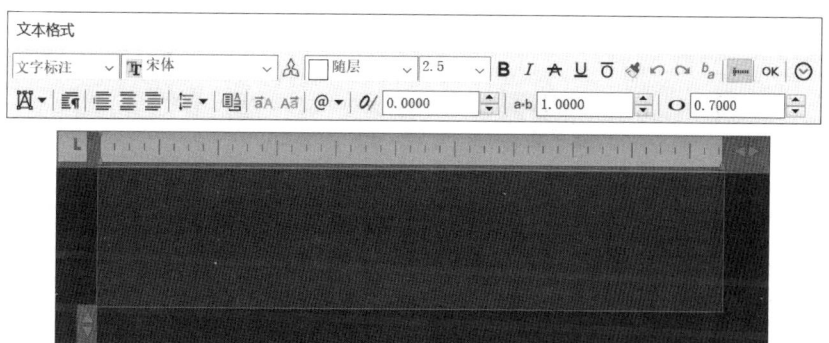

图 10-2-3　多行文字编辑对话框

建筑 CAD 基础教程

在文本格式里的 Standard 下拉菜单里选择"文字标注"的文字样式，再选择适合图形标注的文字的字体，如选择"仿宋_GB 2312"。设置文字的字高，可以设置字高为 5。在文本框里输入文本，如图 10-2-4 所示。

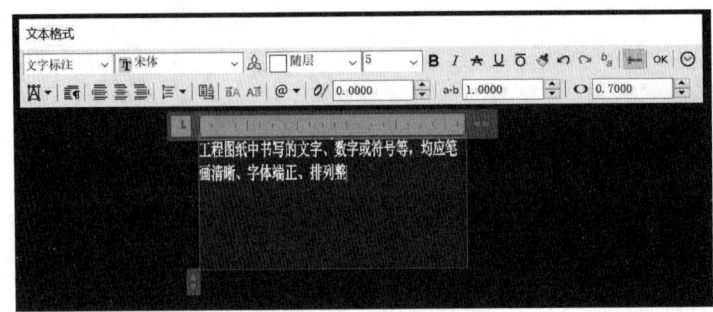

图 10-2-4 多行文字

小提示

用多行文字输入的文本，可以对单个或多个字符进行设置，如字体、高度、加粗、倾斜、下画线和上画线等。先利用鼠标左键选中文字，然后对多行文字进行各项设置。文字格式当中的字高，就相当于我们使用 Word 时设置的字号，字高的数字越大，字越大。

3. 特殊字符的输入

输入文本时，除了汉字和字母外，还需要输入一些特殊字符，这些特殊字符不能直接由键盘输入，可以通过特殊的代码进行输入。各代码见表 10-2-1。

表 10-2-1 特殊字符的代码

CAD 输入	字符	说明
%%P	±	正负号
%%D	°	度
%%C	φ	直径符号
%%%	%	百分号
%%O	—	上画线
%%U	—	下画线

项目 3 文字编辑

CAD 输入的文本有时需要重新编辑，最简单的方法是双击需要编辑的文字进行修改。如果双击的是单行文字可以直接修改，如果双击的是多行文字，会弹出多行文字编辑对话框，在对话框中对文字进行修改。

文字编辑的命令启动方式有：

① 按钮：A。

② 命令：DDEDIT，简写 ED。

③ 菜单：修改—对象—文字编辑。

任务 5：使用编辑命令修改文本内容，把"图样的比例是图形和实物相对应的线性尺寸之比"，修改为"比例的大小是指比值的大小"。

命令：ED✓

DDEDIT✓

选择注释对象或［放弃（U）/模式（M）］：选择要编辑的文字

默认光标在文字的最前面，可以根据需要放在合适的位置，修改文字。选中要修改的文字如图 10-3-1 所示。

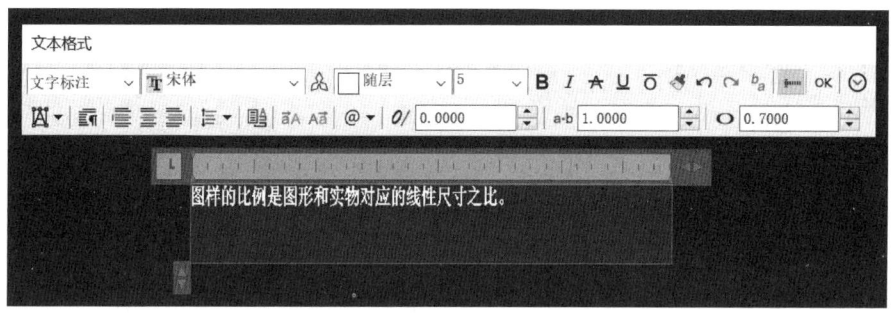

图 10-3-1　选中文字

输入"比例的大小是指比值的大小"，如图 10-3-2 所示。

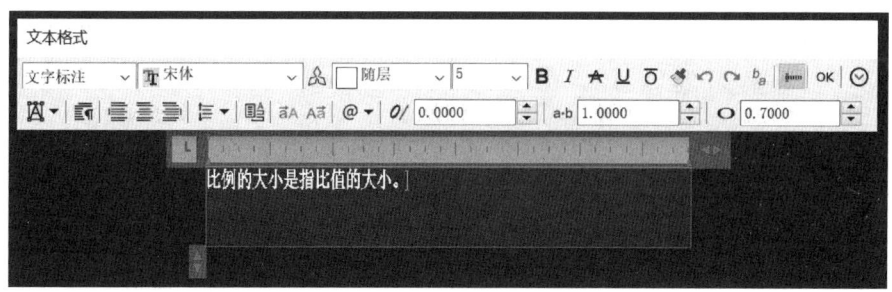

图 10-3-2　修改文字

小提示

如果文本是用单行文字命令输入的，选中文字后直接进行修改。如果文本是用多行命令输入的，双击文字后会弹出多行文字编辑对话框，在文本框里修改文字内容。

小　　结

通过本模块的学习，用户能够掌握文字样式的设置，熟练掌握用单行命令和多行命令输入文字，熟练掌握对文字的编辑。通过完成任务，可以熟练在 CAD 图中输入并编辑文字。

拓展训练

一、填空题

1. 中望 CAD 教育版提供了两种输入文字的方式，分别是_____和_____。
2. 在图形标注之前，要对文字的_____、_____、_____等进行设置。
3. 当输入的文字不是很长，就使用_____命令，当要输入成段的文字，可以使用_____命令。
4. 设置文字样式的方法有几种：_____、_____、_____。

二、选择题

1. 输入单行文字的命令是（　　）。
   A. ST   B. DT   C. MT   D. TR
2. 设置文字样式的命令是（　　）。
   A. ST   B. DT   C. MT   D. TR
3. 修改文字可使用命令（　　）。
   A. ST   B. DT   C. MT   D. ED
4. 在 CAD 界面中输入±0.000，可输入（　　）。
   A. %%C0.000   B. %%%0.000   C. %%P0.000   D. %%D0.000

三、操作题

1. 设置一个文字样式名"建筑平面图"，字体仿宋 GB 2312，字高 7，宽度比例 0.7，其他为默认值，采用单行文字命令输入"建筑是供人使用的，因此它的空间尺度必须满足人体活动的要求"。
2. 用多行文字命令输入"建筑的踏步尺寸、窗台高度、栏杆的高度、门洞、走廊、楼梯的宽度和高度，都是和人体尺度及其活动所需尺度有关的。所以，人体尺度和人体活动所需的空间尺度是房间平面与空间设计的基本依据"。
3. 利用多行文字输入右侧文本。

技术要求
1.两齿轮轮齿的啮合长度应占齿长的 3/4 以上。
2.盖和齿轮的侧面间隙应调整为 0.05~0.11mm。
3.当机温达到 90℃±3℃，油压为 6 kg/cm² 时，油泵转速应为 1857 r/min，流量不得小于 3290 L/h。

模块 11
表格的绘制与编辑

☑ 教学目标

掌握表格样式的设置。
熟练掌握插入表格的方法。
熟练掌握表格的编辑。

◇ 教学重点

熟练掌握插入表格的方法。
熟练掌握表格的编辑。

⚛ 教学难点

熟练掌握表格的编辑。

图形绘制完成后，有些数据需用表格输入，中望 CAD 教育版为用户提供了创建表格和插入表格的功能。

项目 1　设置表格样式

表格样式主要是控制表格基本形状和间距。在插入表格之前，要创建一个适合图形的新表格样式，然后将新建的表格样式置为当前。

设置表格样式的命令启动方式有以下 3 种：

① 按钮：▦。

② 命令：TABLESTYLE，简写 TS。

③ 菜单：格式—表格样式。

④ 工具栏：样式—表格样式。

任务 1：创建一个名称为"图形—表格"新表格样式。

① 命令：TS↙，如图 11-1-1 所示对话框。

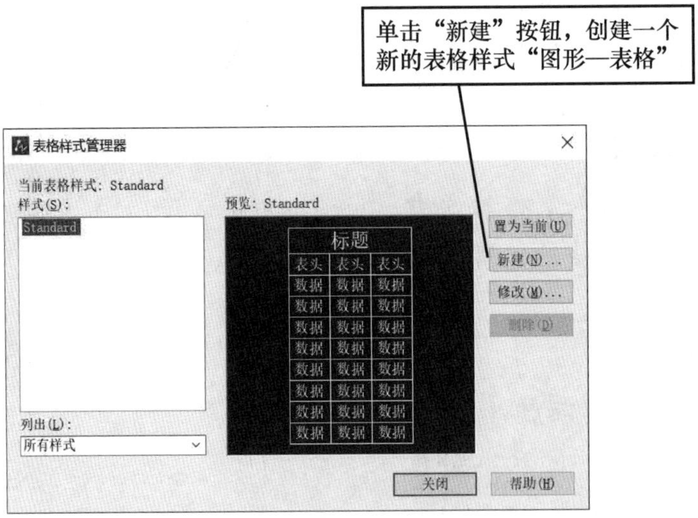

图 11-1-1　表格样式

② 单击"新建"按钮，如图 11-1-2 所示。

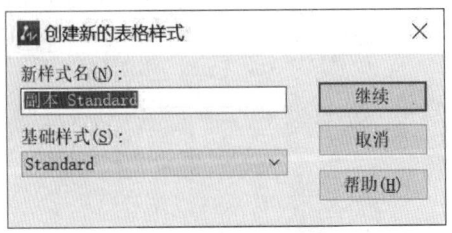

图 11-1-2　创建新的表格样式

③ 单击"继续"按钮，如图 11-1-3 所示。

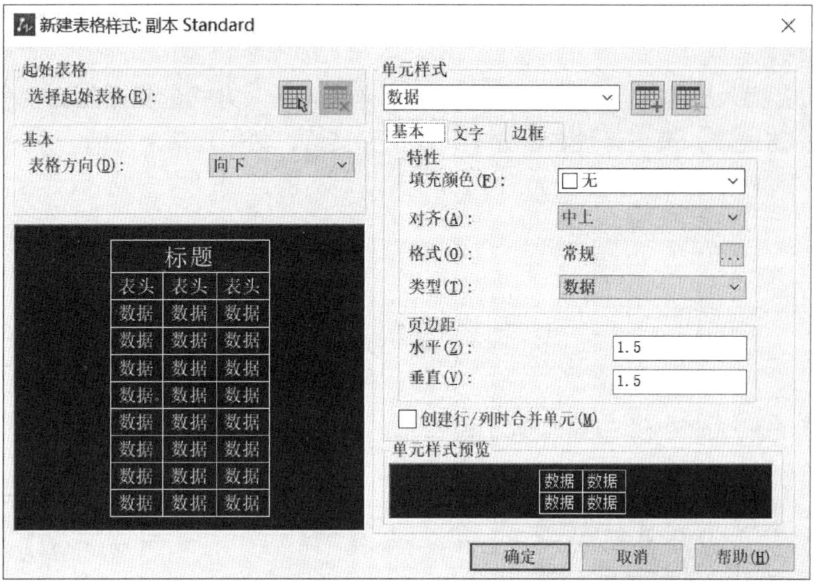

图 11-1-3　编辑表格样式

④ 单击"确定"按钮，返回"表格样式"对话框，再单击"置为当前"按钮，使新建样式成为当前样式，完成任务。

创建表格样式时用户应该对新建表格样式对话框中的常用选项有所了解，下面就所涉及的各选项卡的功能介绍如下：

单元样式：打开单元格式下拉列表，包括数据、标题和表头三个选项。

基本：用来设置单元格的填充颜色、文字在单元格中的对齐方式，以及单元格文字与单元格左右边界的距离。

文字：用户可以在此设置文字样式，如文字的高度、文字颜色和文字角度。

边框：用户可以在此给表格设置边框特性。

小提示

> 在表格方向一栏中"向下"表示数据在标题和表头的下面。选择"向上"，数据就在标题和表头的上面。

项目 2　插入表格

表格样式设置好后，就可以在图中插入表格。

插入表格的命令启动方式有以下 3 种：

① 命令：TABLE，简写 TA。

② 菜单：绘图—表格。

③ 工具栏：单击"绘图"工具栏上的"表格"命令按钮 。

任务 2：插入表格，选择"图形—表格"样式，插入方式选择"指定插入点"。标题为初三一班成绩，表头为姓名、数学、语文和英语，数据里填上成绩。

① 命令：TABLE↙，显示如图 11-2-1 所示对话框。

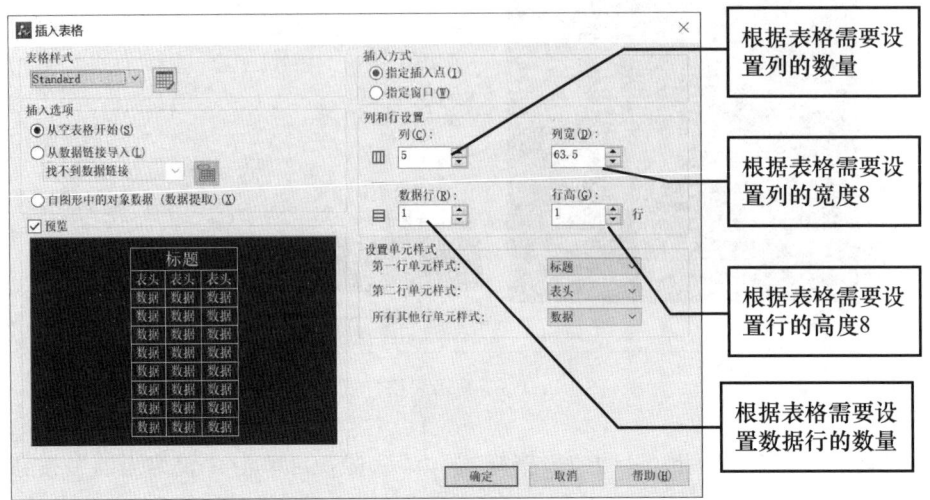

图 11-2-1　插入表格

② 设置完成后，单击"确定"按钮，然后在绘图窗口适当位置插入表格，如图 11-2-2 所示。

初三一班成绩			
姓名	数学	语文	英语
王艳	100	98	94
李红	98	96	92
王东升	89	93	94
孙杰	92	86	90
张春红	87	83	87
吕红	85	90	93
谢军	84	82	76
赵德军	86	80	78

图 11-2-2　插入表格

任务 3：插入表格，选择"图形—表格"样式，插入方式选择"指定窗口"。

① 命令：TABLE↙，显示如图 11-2-3 所示对话框。

② 设置完成后，单击"确定"按钮，然后在绘图窗口中调整列宽和行高，插入表格。

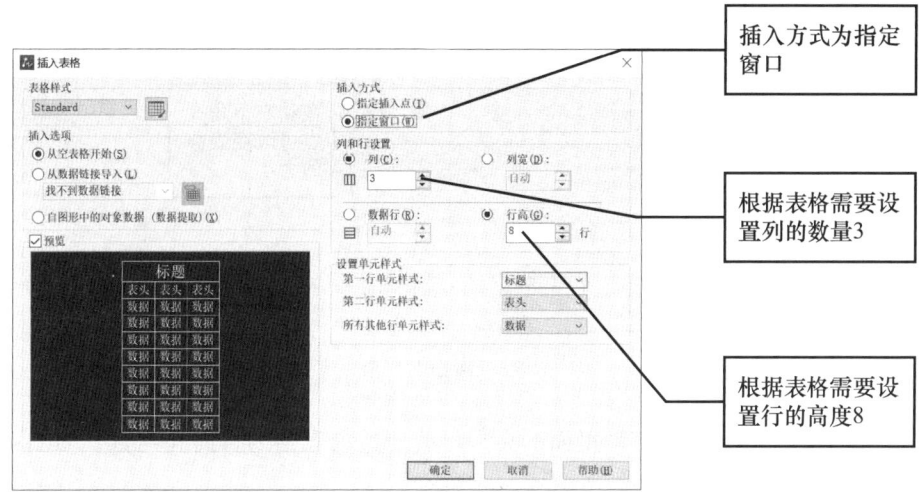

图 11-2-3　插入表格

任务 4：编辑表格，移动表格、改变表格的列宽和行高。

首先按照图 11-2-4～图 11-2-7 所示，绘制一个表格，然后按照提示编辑、移动和改变表格。

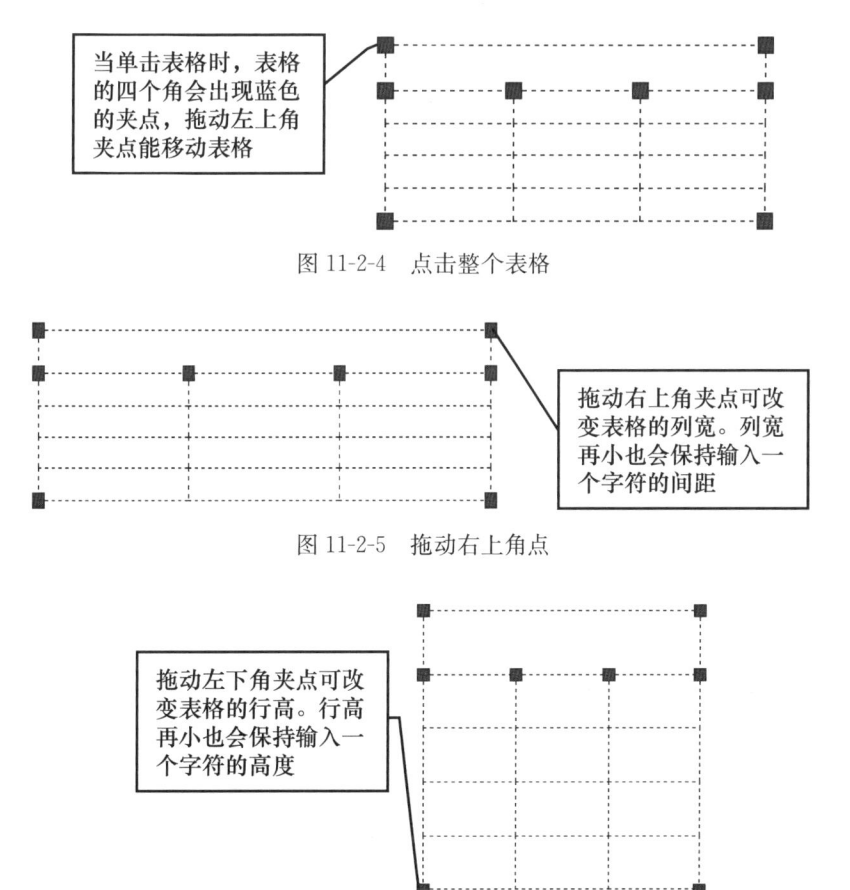

图 11-2-4　点击整个表格

图 11-2-5　拖动右上角点

图 11-2-6　拖动左下角点

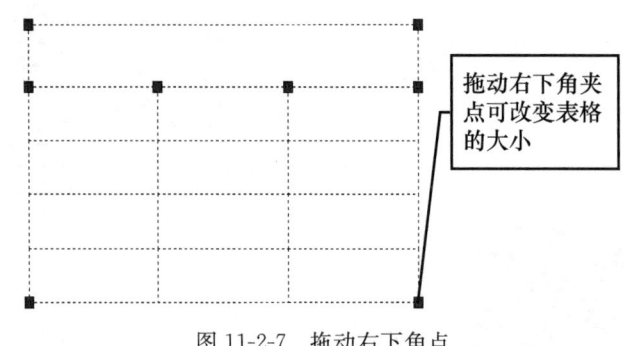

图 11-2-7 拖动右下角点

单击其中一个单元格，移动里面的夹点可改变这个表格的行高和列宽，如图 11-2-8 所示。

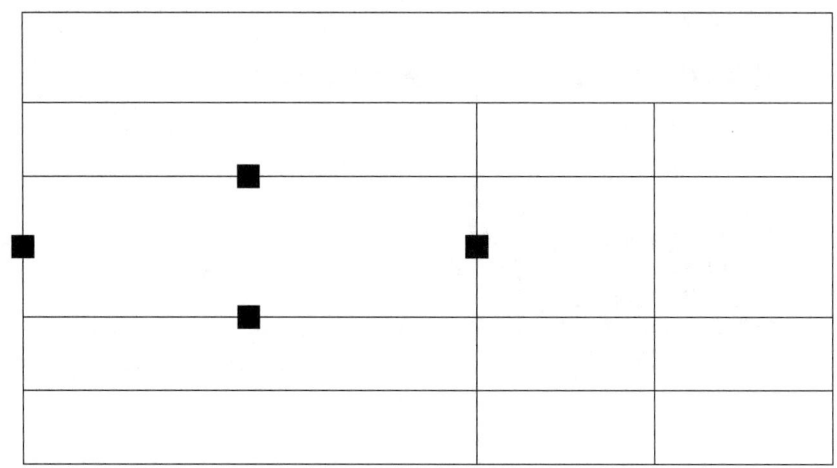

图 11-2-8 单击一个单元格

小提示

实际中，有时需要把两个或多个单元格进行合并，可选中需合并的单元格右击选择"合并"选项。当表格的行高和列宽不相等时，可把表格全部选中，在表格上右击，可用"均匀调整列大小"和"均匀调整行大小"选项，调整表格的行高和列宽。

任务 5：编辑表格文字，在标题行里输入对比表，在表头行里输入序号、深度和速度，在数据行里输入数据值。

① 命令：TABLE↵，显示如图 11-2-9 所示对话框。

② 单击"确定"按钮，在绘图窗口插入表格如图 11-2-10 所示。

③ 单击 OK 结束命令，如图 11-2-11 所示。

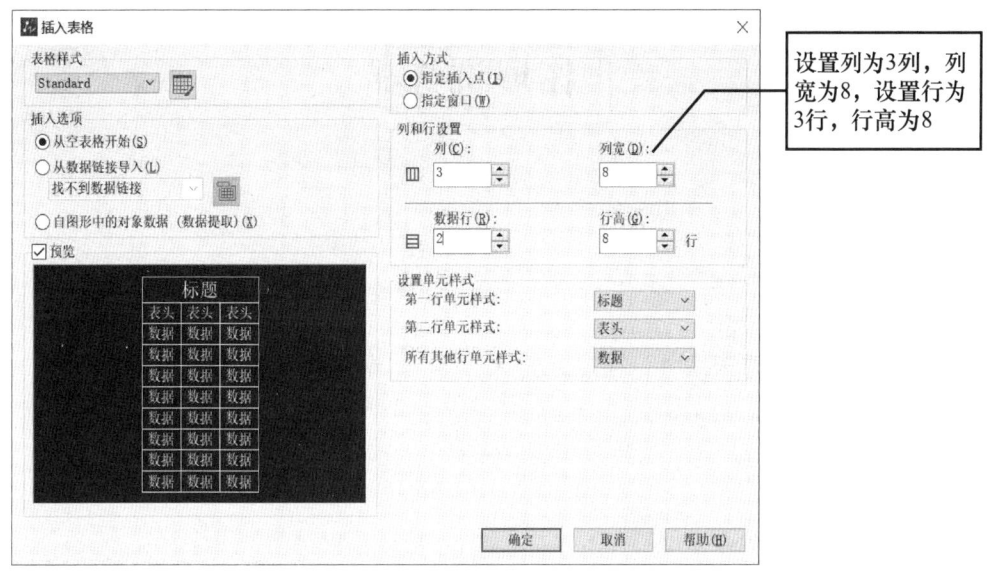

图 11-2-9　"插入表格"对话框

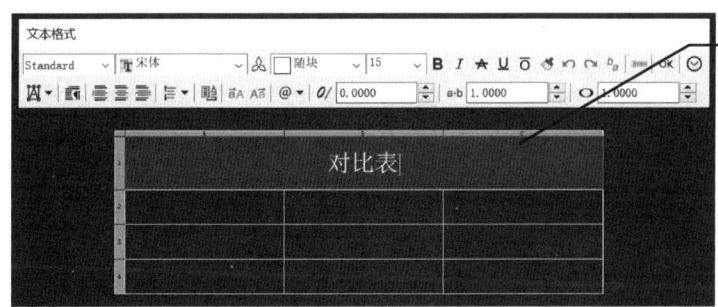

图 11-2-10　在绘图窗口插入表格

对比表		
序号	深度	速度
1	0.0~6.6	15.9
2	6.6~10.2	18.3
3	10.2~16.8	25.0

图 11-2-11　对比表

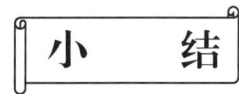

通过本模块的学习，用户能够掌握表格样式的设置，熟练掌握插入表格的方法和表格的编辑。可以熟练在 CAD 图中插入表格，通过完成任务，强化表格样式的设置方法和对表格的编辑。

拓展训练

一、填空题

1. 设置表格样式有_____、_____、_____ 3种方式。
2. 插入表格的命令是_____。
3. 拖动表格右下角夹点可以_____和_____表格。
4. 插入表格有_____、_____、_____ 3种方式。

二、选择题

1. 设置表格样式的命令（　　）。
   A. Tablestyle　　　　B. Table　　　　C. Style
2. 拖动表格的右上角点可改变表格的（　　）。
   A. 行高　　　　B. 放大或缩小表格　　　　C. 列宽　　　　D. 移动表格
3. 拖动表格的左下角点夹点可改变表格的（　　）。
   A. 行高　　　　B. 放大或缩小表格　　　　C. 列宽　　　　D. 移动表格
4. 在表格方向一栏中"向下"表示数据在标题和表头的（　　）。
   A. 上面　　　　B. 左面　　　　C. 右面　　　　D. 下面

三、操作题

1. 新建一个表格样式，标题为"门窗表"。表格基本方向"向下"，水平和垂直方向的页边距分别为"0.05"。文字选择"仿宋GB 2312"，高为"1"。文字颜色为"红色"。

2. 在CAD界面插入"12"行"4"列的表格，列宽为"8"，行高也为"8"。

3. 绘制如图1和图2所示表格。

		比例	1∶500	第　张	
		材料		共　张	
制图		件数		图号	
设计					
审核					

图1　表格1

螺杆类型		阿基米德
蜗杆头数	Z_1	1
轴面模数	Z_3	4
直径系数	q	10
轴面齿形角	a	20°
螺旋线升角		5°42′38″
精度等级		8Egb10089−88
轴向齿距极限偏差	$\pm f_{px}$	±0.020
轴向齿距累积偏差	f_{pxl}	0.034
齿形公差	f_{fl}	0.032

图2　表格2

模块 12
尺寸标注

☑ 教学目标

掌握尺寸标注相关规定与组成。
熟悉标注样式的设置方法。
熟悉标注样式的修改。
熟练掌握常用类型的图形尺寸标注。

◈ 教学重点

熟悉标注样式的修改。
熟练掌握常用类型的图形尺寸标注。

⚛ 教学难点

熟练掌握常用类型的图形尺寸标注。

尺寸是构成图形的一个重要部分，尺寸标注不但表达图形的大小，还要表达各部分相对位置关系，中望CAD教育版提供了灵活、快捷的尺寸标注方法。

项目1　尺寸标注相关规定与组成

图形标注时的基本规定：
① 图形上的尺寸线和尺寸界线用细实线绘制。
② 图形上的尺寸，应以标注文字为准，不得从图上直接量取。
③ 图形轮廓线可用作尺寸界线，图形本身的任何图线均不得用作尺寸线。
④ 标注文字应依据其方向注写在靠近尺寸线的上方中部。
⑤ 图形标注尺寸时，除标高及总平面图以米为单位外，其他是以毫米为单位，不用标注单位名称（适用于建筑制图标准）。
⑥ 标注的尺寸应完整、清晰。

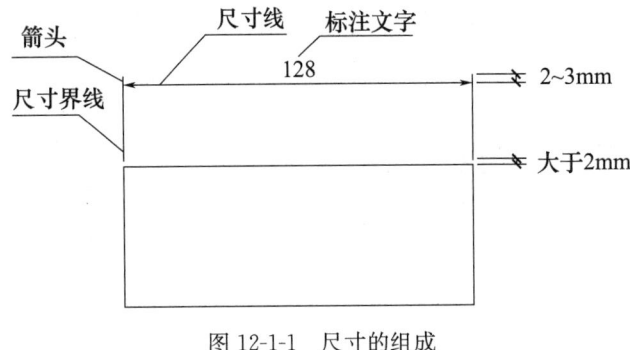

图 12-1-1　尺寸的组成

利用中望CAD教育版的"尺寸标注"命令可以标注图纸中各个方向、各种形式的尺寸。

2. 尺寸标注的组成

尺寸标注是以块的形式存储在图形中，包括尺寸界线、尺寸线、标注文字、箭头等，如图12-1-1所示。

项目2　设置标注样式

为了满足不同的标注要求，中望CAD教育版可以根据需要自行新建符合图形的标注样式或者修改尺寸标注样式。

打开"标注样式管理器"对话框的命令启动方式有以下3种：
① 命令：DIMSTYLE，简写D。
② 菜单：格式—标注样式。
③ 工具栏：单击"标注"工具栏上的"标注样式"命令按钮。

任务1：新建一个名为"尺寸标注"的标注样式，在"标注线"选项卡里，将基线间距改为**8**、尺寸线改为**3**，原点偏移量改为**2**；在"文字"选项卡里，将文字高度改为**5**、文字垂直偏移改为**2**；在"调整"选项卡里，文字位置选择尺寸线上方，不加引线；在"主单位"选项卡里，把精度改为**0**。

① 命令：D↙，显示如图 12-2-1 所示对话框。
② 单击"新建"按钮，显示如图 12-2-2 所示。

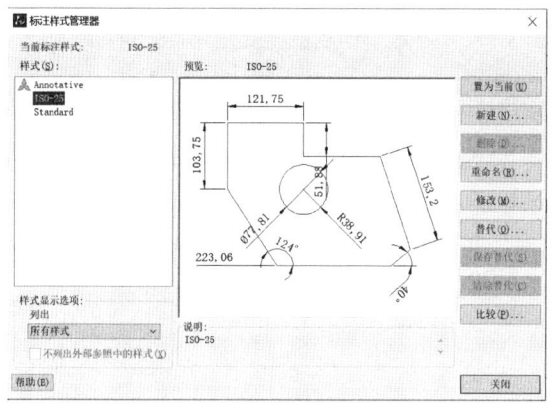

图 12-2-1　标注样式管理器

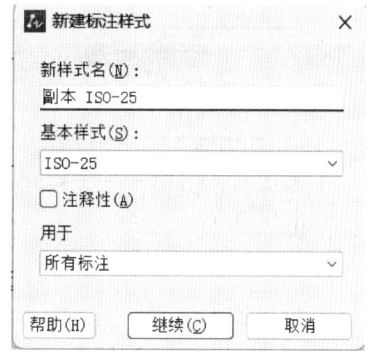

图 12-2-2　新建标注样式 1

③ 单击"继续"按钮，显示如图 12-2-3 所示。

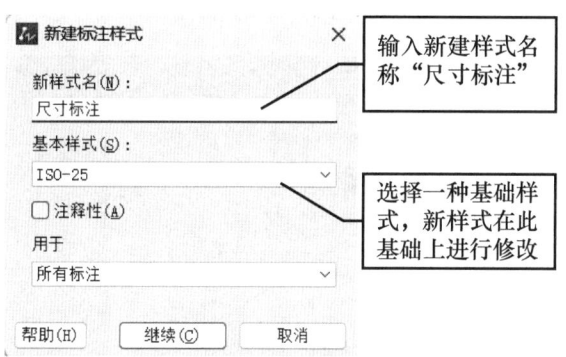

图 12-2-3　新建标注样式 2

④ 单击"继续"按钮，显示如图 12-2-4 所示。

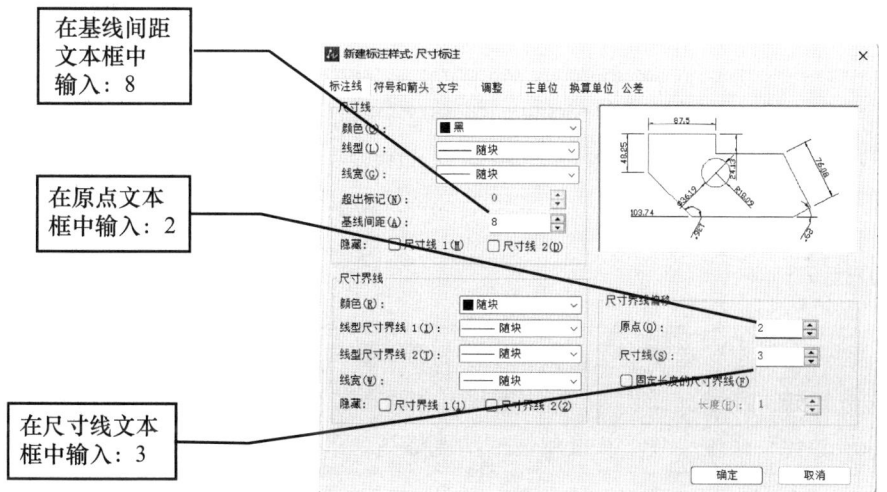

图 12-2-4　设置标注线

⑤ 选择"文字"选项卡，显示如图 12-2-5 所示。

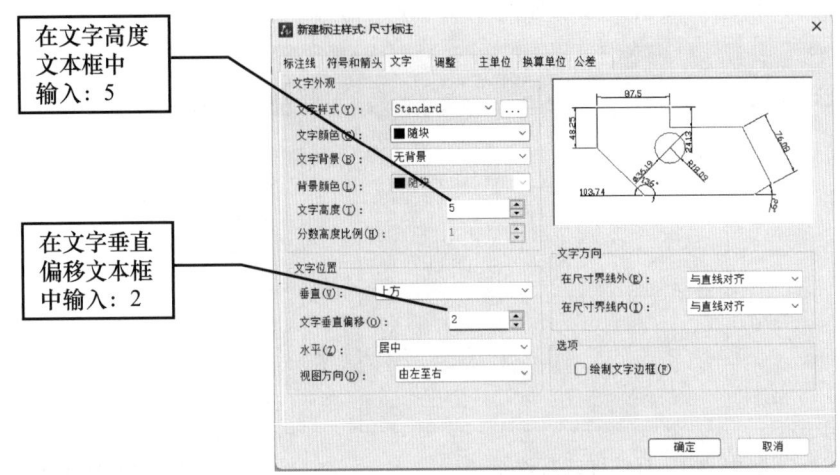

图 12-2-5　设置标注的文字

⑥ 选择"调整"选项卡，显示如图 12-2-6 所示。

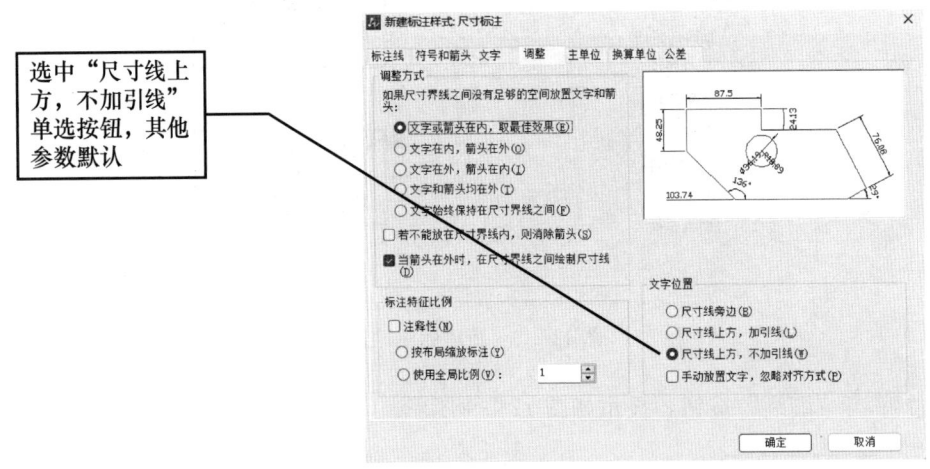

图 12-2-6　文字位置

⑦ 选择"主单位"选项卡，显示如图 12-2-7 所示。

⑧ 设置完成后，单击"确定"按钮，再单击"置为当前"，关闭标注样式对话框。

小提示

在"主单位"选项卡里，把精度设为零，这样在标注尺寸时，所有的尺寸都是整数，如果精度选择 0.0，标注的尺寸会有一位小数，如果精度选择 0.00，标注的尺寸会有两位小数。长度单位的精度最高为小数点后 8 位。

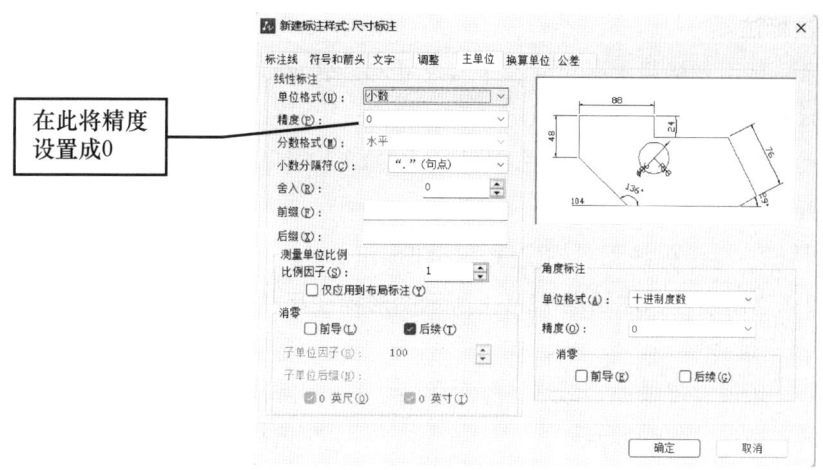

图 12-2-7　设置标注的主单位

项目 3　修改标注样式

可以利用"标注样式管理器"对话框修改原有的尺寸标注样式,单击"修改"按钮,显示如图 12-3-1 所示对话框。根据图形的需要修改各选项卡数值,其操作步骤和新建标注样式相同。设置完成后,单击"置为当前"并关闭。

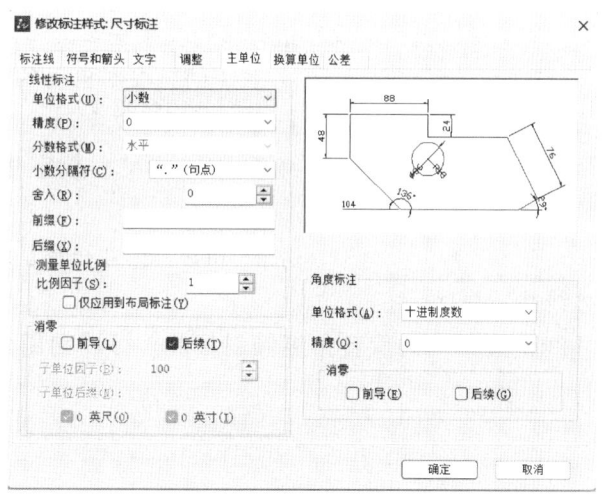

图 12-3-1　修改标注样式管理器

项目 4　图形尺寸标注常用类型

中望 CAD 教育版提供了多种尺寸标注类型,常用的尺寸标注方法有线性标注、连续标注、对齐标注、直径标注、半径标注等。

1. 线性标注

线性标注是用来标注水平尺寸、垂直尺寸和旋转尺寸。

线性标注的命令启动方式有以下 3 种：

① 命令：DIMLINEAR，简写 DIMLIN 或 DLI。

② 菜单：标注—线性。

③ 工具栏：单击标注工具栏中线性标注按钮 ⊢⊣。

任务 2：利用线性标注给图 12-4-1 所示图形标注尺寸。

命令：DLI↙

指定第一条尺寸界线原点或〈选择对象〉：　　　//选择 A 点

指定第二条尺寸界线原点：　　　//选择 B 点

指定尺寸线位置或

[多行文字（M）/文字（T）/角度（A）/水平（H）/垂直（V）/旋转（R）]：

　　　　　　　　　　　　　　　//拖动光标将尺寸线放置在合适的位置单击，完成操作，这就创建了关联的标注

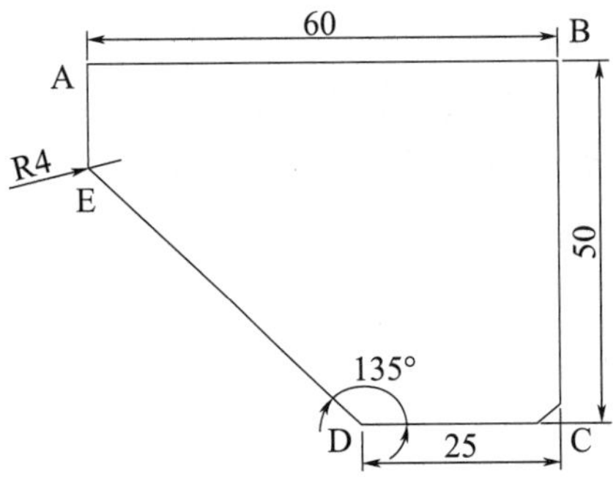

标注注释文字＝60

重复以上命令分别标注 BC、CD 的距离

命令中其他选项的意义如下：

多行文字（M）：根据图形的需要，对标注文字进行多行文字编辑。

文字（T）：根据自己的需要，在命令行输入自己需要的尺寸文字。

角度（A）：尺寸数字按指定的角度倾斜标注。

水平（H）：尺寸线都是水平标注。

图 12-4-1　尺寸标注

垂直（V）：尺寸线都是垂直标注。

旋转（R）：尺寸线是按指定的旋转角度倾斜标注，可以利用此选项标注倾斜的对象。

🔊 **小提示**

> 删掉尖括号，输入需要文字或数值，尺寸标注的关联性会失去，也就是说尺寸数字不能随着标注对象的改变而自动调整。

任务 3：绘制一个如图 12-4-2 所示直径为 100 的圆柱体，用多行文字输入 $\phi 100$。

命令：DLI↙

指定第一条尺寸界线原点或〈选择对象〉：

//选择圆柱体的左端点
指定第二条尺寸界线原点： //选择圆柱体的右端点
指定尺寸线位置或
[多行文字（M）/文字（T）/角度（A）/水平（H）/垂直（V）/旋转（R）]：M↙
弹出"文本格式"对话框（图 12-4-3），在对话框中输入％％C，单击 OK 按钮。

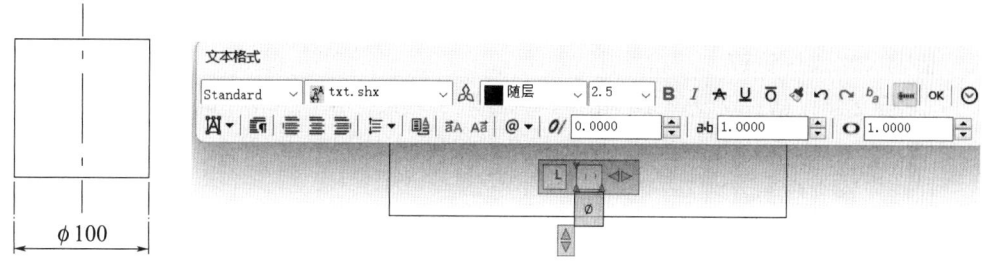

图 12-4-2　圆柱体　　　　　图 12-4-3　"文本格式"对话框

指定尺寸线位置或
[多行文字（M）/文字（T）/角度（A）/水平（H）/垂直（V）/旋转（R）]：
//拖动光标将尺寸线放置在合适的
位置单击，完成任务

标注注释文字＝100

任务 4：绘制一个如图 12-4-4 所示，长为 100、宽为 40 的矩形，其中标注文字倾斜 **45°**，并且 AD 边长的标注尺寸线旋转 **15°**。

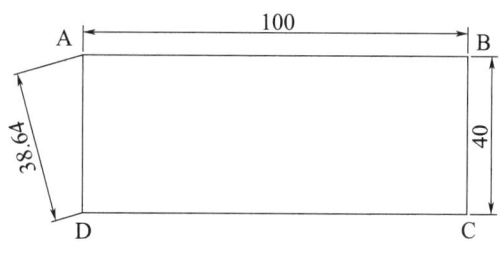

图 12-4-4　任务 4 图

命令：DLI↙
指定第一条尺寸界线原点或〈选择对象〉： //选择 A 点
指定第二条尺寸界线原点： //选择 B 点
指定尺寸线位置或
[多行文字（M）/文字（T）/角度（A）/水平（H）/垂直（V）/旋转（R）]：A↙
指定标注文字的角度：45↙
指定尺寸线位置或
[多行文字（M）/文字（T）/角度（A）/水平（H）/垂直（V）/旋转（R）]：
//拖动光标将尺寸线放置在合适的
位置单击，完成任务

建筑 CAD 基础教程

标注注释文字＝100

重复以上命令标注 AD 的距离

命令：DLI↵

指定尺寸线位置或

[多行文字（M）/文字（T）/角度（A）/水平（H）/垂直（V）/旋转（R）]：R↵

指定标注线角度〈90〉：15↵

指定尺寸线位置或

[多行文字（M）/文字（T）/角度（A）/水平（H）/垂直（V）/旋转（R）]：

　　　　　　　　//拖动光标将尺寸线放置在合适的位置单击，完成任务

标注注释文字＝38.64

2. 连续标注

连续标注是首尾相连的多个标注，在创建连续标注之前，必须创建线性、对齐或角度标注。

连续标注的命令启动方式有以下 3 种：

① 命令：DIMCONTINUE，简写 DCO。

② 菜单：标注—连续。

③ 工具栏：单击标注工具栏中连续标注按钮 ⊢⊢ 。

任务 5：利用连续标注，给建筑图形塔吊，如图 12-4-5 所示图形标注尺寸。

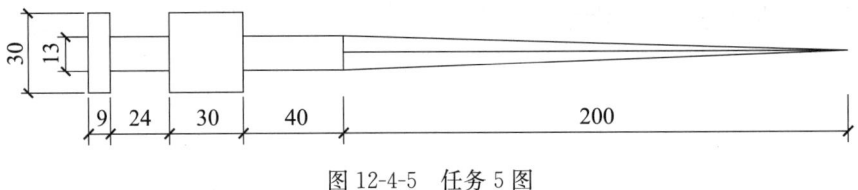

图 12-4-5　任务 5 图

先利用线性尺寸标注第一条尺寸 9，然后执行以下操作：

命令：DCO↵

指定下一条尺寸界线的起始位置或 [放弃（U）/选取（S）]〈选取〉：

　　　　　　　　//指定需连续标注的第二条尺寸界线原点

标注注释文字＝24

指定下一条尺寸界线的起始位置或 [放弃（U）/选取（S）]〈选取〉：

　　　　　　　　//指定需连续标注的第三条尺寸界线原点

标注注释文字＝30

指定下一条尺寸界线的起始位置或 [放弃（U）/选取（S）]〈选取〉：

　　　　　　　　//指定需连续标注的第四条尺寸界线原点

标注注释文字＝40

指定下一条尺寸界线的起始位置或 [放弃（U）/选取（S）]〈选取〉：

　　　　　　　　//指定需连续标注的第五条尺寸界线原点

标注注释文字＝200
指定下一条尺寸界线的起始位置或［放弃（U）/选取（S）］〈选取〉：
　　　　　　　　//此命令会反复提示，直到按两次 Enter 键结束命令

📢 小提示

> 连续标注前，要先标注一个线性尺寸或角度标注。在连续标注尺寸过程中，标注下一个连续尺寸必须是同一方向，不能是相反方向标注。如果向相反方向标注的话，会把原来标注的尺寸数字覆盖。

3. 对齐标注

对齐标注是指标注出来的尺寸线与图形的斜线平行，反映图形斜线的实际长度。
对齐标注的命令启动方式有以下 3 种：
① 命令：DIMALIGNED，简写 DAL。
② 菜单：标注—对齐。
③ 工具栏：单击标注工具栏中对齐标注按钮 。

任务 6：利用对齐标注给图 12-4-6 所示图形标注尺寸。
命令：DAL↙

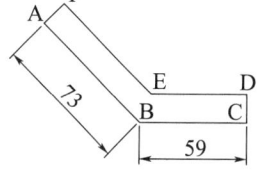

图 12-4-6　任务 6 图

指定第一条尺寸界线原点或〈选择对象〉：　　//选择第一个点 A
指定第二条尺寸界线原点：　　　　　　　　//选择第二个点 B
指定尺寸线位置或
［角度（A）/多行文字（M）/文字（T）］：　　//指定尺寸线的位置
标注注释文字＝73
指定第一条尺寸界线原点或〈选择对象〉：　　//选择第一个点 B
指定第二条尺寸界线原点：　　　　　　　　//选择第二个点 C
指定尺寸线位置或
［角度（A）/多行文字（M）/文字（T）］：　　//指定尺寸线的位置
标注注释文字＝59

📢 小提示

> 命令行提示指定第一条尺寸界线原点或〈选择对象〉:，右击或按【Enter】键，命令行会提示选取标注对象，这时中望 CAD 会自动确定两条尺寸界线的起始点。指定要标注的直线 AB，命令行提示：指定尺寸线位置或［角度（A）/多行文字（M）/文字（T）］：指定尺寸线的位置。

4. 直径标注

直径标注是使用中心线或圆心标记来标注圆或圆弧的直径。

直径标注的命令启动方式有以下 3 种：

① 命令：DIMDIAMETER，简写 DDI。

② 菜单：标注—直径。

③ 工具栏：单击标注工具栏中直径标注按钮 ⊘ 。

任务 7：利用直径标注给图 12-4-7 所示图形标注尺寸。

命令：DDI↙

选取弧或圆：选择要标注的圆或弧

指定尺寸线位置或［角度（A）/多行文字（M）/文字（T）］：

//中望 CAD 会自动测量出圆的直径 36，确定尺寸线的位置，依次标注出其他几个圆的直径

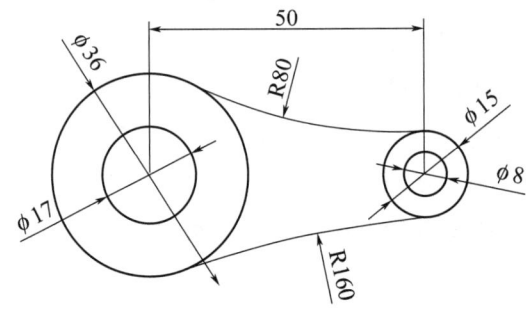

图 12-4-7　任务 7 图

5．半径标注

半径标注是使用中心线或圆心标记来标注圆或圆弧的半径。

半径标注的命令启动方式有以下 3 种：

① 命令：DIMRADIUS，简写 DIMRAD。

② 菜单：标注—半径。

③ 工具栏：单击标注工具栏中半径标注命令按钮 ⊘ 。

任务 8：利用半径标注给图 12-4-8 所示图形标注尺寸。

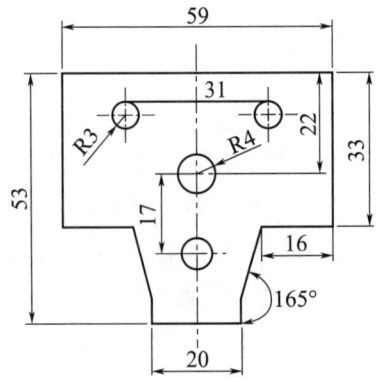

图 12-4-8　任务 8 图

命令：DIMRAD↙

选取弧或圆：选择要标注的圆或弧

标注注释文字＝3

指定尺寸线位置或［角度（A）/多行文字（M）/文字（T）］：中望 CAD 会自动测量出圆的半径 3，确定尺寸线的位置，依次标注出其他几个圆的半径

6. 角度标注

角度标注是指用来标注图形中的角度。

角度标注的命令启动方式有以下 3 种：

① 命令：DIMANGULAR，简写 DAN。

② 菜单：标注—角度。

③ 工具栏：单击标注工具栏中角度标注按钮 △ 。

任务 9：利用角度标注给图 12-4-9 所示图形标注尺寸。

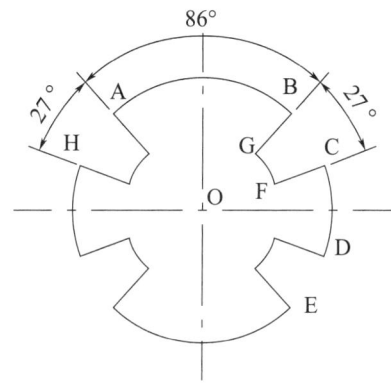

图 12-4-9　任务 9 图

命令：DAN↙

选择直线、圆弧、圆或〈指定顶点〉：　　　//选择圆弧 AB

指定标注弧线的位置或［多行文字（M）/文字（T）/角度（A）］：

　　　　　　　　　　　　　　　　　　　//在圆弧 AB 外单击一点

标注注释文字＝86

命令：DAN↙

选择直线、圆弧、圆或〈指定顶点〉：　　　//选择直线 BG

选取角度标注的另一条直线：　　　　　　//选择直线 CF

指定标注弧线的位置或［多行文字（M）/文字（T）/角度（A）］：

　　　　　　　　　　　　　　　　　　　//拉出圆弧 GF 外单击一点

标注注释文字＝27

命令：DAN↙

选择直线、圆弧、圆或〈指定顶点〉：↙

指定角的顶点：　　　　　　　　　　　　//指定圆心 O

指定角的第一个端点： //指定圆弧第一个端点 H
指定角的第二个端点： //指定圆弧第一个端点 A
指定标注弧线的位置或［多行文字（M）/文字（T）/角度（A）］：

//在圆弧 AH 外点击一点

标注注释文字＝27

7. 基线标注

基线标注是以一条尺寸线为基准，产生一系列基于同一条尺寸界线的标注，在创建基线标注之前，必须先对图形进行线性、对齐或角度标注。

① 命令：DIMBASELINE，简写 DIMBASE。

② 菜单：标注—基线。

③ 工具栏：单击标注工具栏中基线标注命令按钮 。

任务 10：利用基线标注给图 12-4-10 所示图形标注尺寸。

先利用线性尺寸标注第一条直线 GF 的尺寸 4。

命令：DIMBASE↵

选取基线的标注： //单击第一条尺寸界线

指定下一条尺寸界线的起始位置或［放弃（U）/选取（S）］〈选取〉：

//指定第二条尺寸界线的原点 E

标注注释文字＝16

指定下一条尺寸界线的起始位置或［放弃（U）/选取（S）］〈选取〉：

//指定第三条尺寸界线的原点 C

标注注释文字＝32

指定下一条尺寸界线的起始位置或［放弃（U）/选取（S）］〈选取〉：

//按 Enter 键

选取基线的标注： //再按 Enter 键结束命令

任务 11：利用基线标注给图 12-4-11 所示图形标注尺寸。

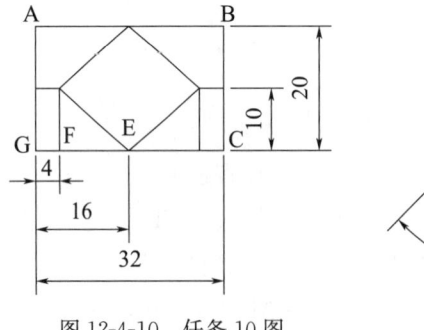
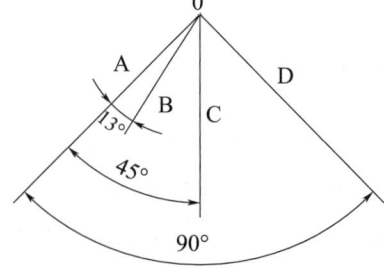

图 12-4-10　任务 10 图　　　　图 12-4-11　任务 11 图

先利用角度标注第一个角度 AOB 的尺寸 13°。

命令：DIMBASE↵

指定下一条尺寸界线的起始位置或［放弃（U）/选取（S）］〈选取〉：

	//指定第二条尺寸界线的原点 C
标注注释文字＝45°	
指定下一条尺寸界线的起始位置或［放弃（U）/选取（S）]〈选取〉：	
	//指定第三条尺寸界线的原点 D
标注注释文字＝90°	
指定下一条尺寸界线的起始位置或［放弃（U）/选取（S）]〈选取〉：	
	//按 Enter 键
选取基线的标注：	//再按 Enter 键结束命令

小提示

在基线标注前，要对图形进行线性、对齐或角度标注，基线标注的两道尺寸线之间的距离为 7～10mm，并应保持一致，创建标注样式时，在"标注线"选项卡里，基线间距设为 8。

小　结

通过本模块的学习，能够掌握尺寸标注相关规定与组成，熟练设置标注样式和修改标注样式，掌握常用类型的图形尺寸标注。对标注前的准备工作有了初步的了解。通过完成任务，强化了尺寸标注的设置方法，能够熟练使用多种标注方法对图形进行尺寸标注。

拓展训练

一、选择题

1. 尺寸标注中的尺寸线、尺寸界线的线型都是（　　）。
　A. 粗实线　　　　　　B. 点画线　　　　　C. 细实线　　　　D. 虚线
2. 如果标注样式不能满足当前图形的标注，可以用（　　）进行修改。
　A. 新建标注样式　　　B. 修改标注样式
3. 所有尺寸标注公用一条尺寸界线的是（　　）。
　A. 线性标注　　　　　B. 连续标注　　　　C. 基线标注　　　D. 对齐标注
4. 下列标注命令，（　　）必须在已经进行了"线性标注"或"角度标注"的基础之上进行的。
　A. 对齐标注　　　　　B. 连续标注　　　　C. 直径标注　　　D. 半径标注

二、操作题

1. 创建一个适合建筑制图标准的标注样式，新样式名为"建筑尺寸标注"。尺寸线中基线间距为8，尺寸界线偏移尺寸线为3，原点偏移量为2.5，箭头设为建筑标记，大小为2.5，半径标注折弯角度为2.5，文字高度为4，主单位选项卡中的精度设为0。

2. 标注如下图所示图形的尺寸。标注的尺寸要求完整、清晰。

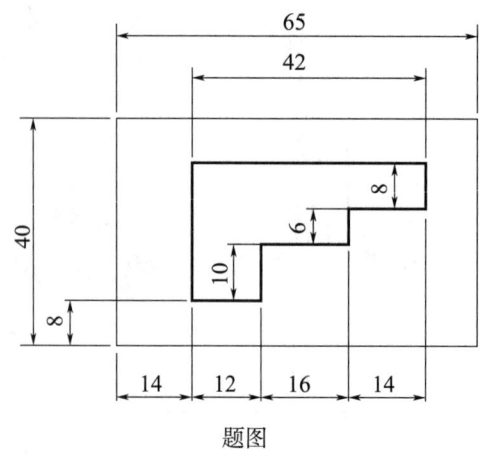

题图

模块 13
图块、外部参照和设计中心

☑ 教学目标
掌握图块的制作与使用。
掌握属性的定义与使用。
掌握外部参照的应用。
熟悉设计中心的应用。

◇ 教学重点
掌握图块的制作与使用。
掌握属性的定义与使用。
掌握外部参照的应用。

⚛ 教学难点
熟悉设计中心的应用。

建筑 CAD 基础教程

本模块主要学习在中望 CAD 教育版中如何建立、插入图块；如何定义、编辑属性及属性块的制作及插入；如何使用外部参照和设计中心提高图形管理和图形设计的效率。

项目 1　图块的制作与使用

1. 创建图块

创建图块就是将多个实体组合成一个整体，并将其命名保存。根据制图需要，可在不同地方插入一个或多个图块，而无须重新绘制。同时只要修改图块的定义，图形中所有的图块引用体就都会自动更新。如果新定义的图块中包括别的图块，则被称为嵌套。

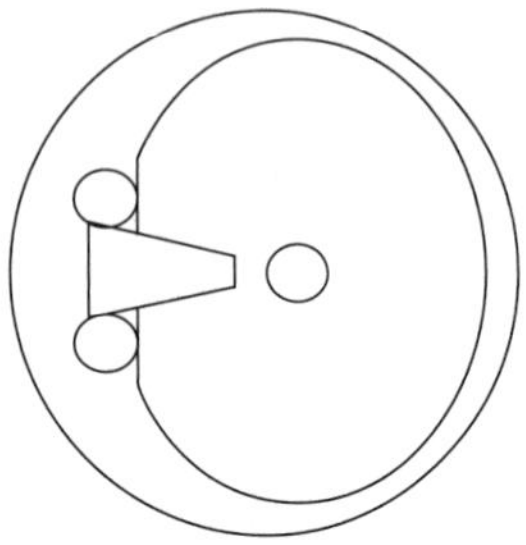

创建图块的命令启动方式有：

① 命令：BLOCK，简写 B。

② 菜单：绘图—块—创建。

任务 1：将图 13-1-1 所示脸盆定义为内部块，命名为脸盆，并保留原图。

① 命令行：B↙，系统弹出如图 13-1-2 所示对话框。

图 13-1-1　脸盆的图形

图 13-1-2　"块定义"对话框

② 在"名称"文本框中输入"脸盆"，基点选择"在屏幕上指定"，对象选项选择"在屏幕上指定"，并选中"保留对象"单选按钮，设置完成后，单击"确定"按钮，界面转换到绘图窗口中，首先为块选择基点，然后选择脸盆为对象，选择完成后按空格键，完成任务，如图 13-1-3 所示。

下面将"块定义"对话框中的各选项功能介绍如下：

名称：此框用于输入图块名称，下拉列表框中还列出了图形中已经定义过的图块名，在此提醒用户"输入的图块名称最多不能超过 255 个字符"。

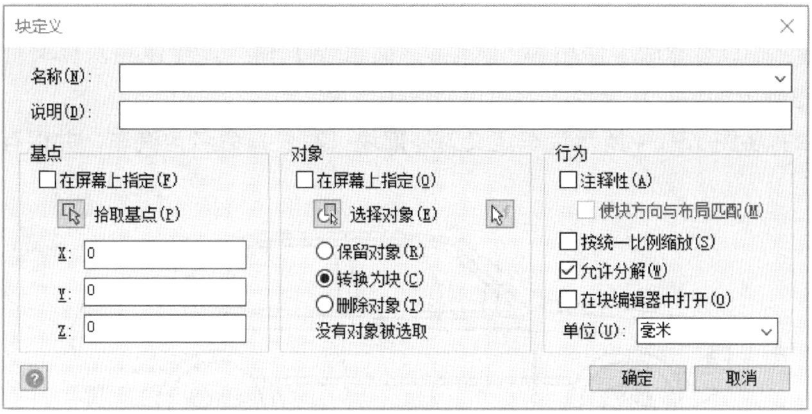

图 13-1-3　将脸盆定义为内部块

说明：此框用于输入对图块的解释说明。

基点：该区域用于指定图块的插入基点。用户可以通过"拾取点"按钮或输入坐标值确定图块插入基点，一般情况下，为了用户作图方便，基点一般都选在块的对称中心、左下角或者其他有特征的位置。

拾取基点：单击该按钮，"块定义"对话框暂时消失，此时需用户使用鼠标在图形屏幕上拾取所需点作为图块插入基点，拾取基点结束后，返回到"块定义"对话框，X、Y、Z 文本框中将显示该基点的 X、Y、Z 坐标值。

X、Y、Z：在该区域的 X、Y、Z 编辑框中分别输入所需基点的相应坐标值，以确定出图块插入基点的位置。

对象区域用于确定图块的组成实体，其中各选项功能如下：

选择对象：单击该按钮，"块定义"对话框暂时消失，此时用户需在图形屏幕上用任一目标选取方式选取块的组成实体，实体选取结束后，系统自动返回对话框。

快速选择：开启"快速选择"对话框，通过过滤条件构造对象。将最终的结果作为所选择的对象。

保留对象：选中此单选按钮后，所选取的实体生成块后，仍保持原状，即在图形中以原来的独立实体形式保留。

转换为块：选中此单选按钮后，所选取的实体生成块后，在原图形中也转变成块，即在原图形中所选实体将具有整体性，不能用普通命令对其组成目标进行编辑。

删除对象：选中此单选按钮后，所选取的实体生成块后将在图形中消失。

小提示

用 Block 命令定义的图块只能在定义图块的图形中调用，而不能在其他图形中直接调用，因此用 Block 命令定义的图块被称为内部块，但可以通过设计中心调用。

2. 写块

在中望 CAD 教育版中使用 WBLOCD（简写 W）命令，可以将块以文件的形式存储起来，这样方便用户在其他图形中也能使用该块。

任务 2：将图 13-1-4 所示汽车定义为外部块（写块）命名为汽车，并保存到桌面目录下。

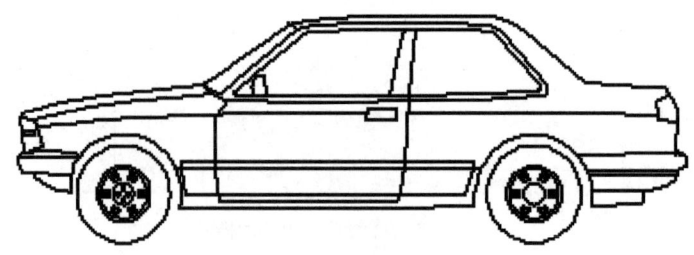

图 13-1-4　汽车的图形

① 命令行：W↙，执行命令后，系统弹出如图 13-1-5 所示的对话框。

图 13-1-5　"保存块到磁盘"对话框

② 在"保存块到磁盘"对话框中，选中"整个图形"单选按钮，并将文件名定义为"汽车"，置于桌面，设置完成后，单击"确定"按钮，如图 13-1-6 所示。

执行 Wblock 命令后，系统打开"保存块到磁盘"对话框。其主要内容如下：

源区域用于定义写入外部块的源实体，包括如下内容：

块：该单选项指定将内部块写入外部块文件，可在其后的输入框中输入块名，或在下拉列表框中选择需要写入文件的内部图块名称。

整个图形：该单选项指定将整个图形写入外部块文件。该方式生成的外部块的插入基点为坐标原点（0，0，0）。

对象：该单选项将用户选取的实体写入外部块文件。

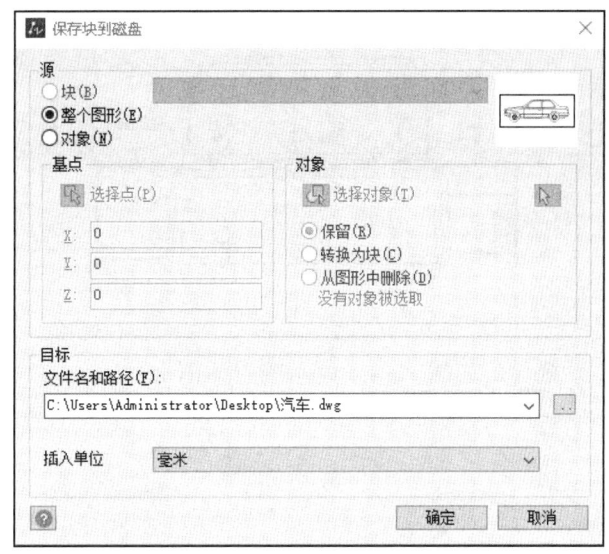

图 13-1-6 选中"整个图形"单选按钮

基点：该区域用于指定图块插入基点，该区域只对源实体为对象时有效。

对象：该区域用于指定组成外部块的实体，以及生成块后源实体是保留、消除或是转换成图块。该区域只对源实体为对象时有效。

目标区域用于指定外部块文件的文件名、储存位置，以及采用的单位制式。它包括如下的内容：

文件名和路径：用于输入新建外部块的文件名及外部块文件在磁盘上的储存位置和路径。单击输入框后的下拉列表，下拉列表中列出几个路径供用户选择，还可单击右侧 按钮，弹出浏览文件夹对话框，系统提供更多的路径供用户选择。

小提示

> Wblock 命令可以看成是 Write 加 Block，也就是写块。Wblock 命令可将图形文件中的整个图形、内部块或某些实体写入一个新的图形文件，其他图形文件均可以将它作为块调用。Wblock 命令定义的图块是一个独立存在的图形文件，相对于 Block、Bmake 命令定义的内部块，被称为外部块。

3. 插入图块

使用 INSERT 命令可以在当前图中插入块或其他文件，中望 CAD 教育版将插入的内容看作一个单独的对象，如果用户想对它进行编辑，可以使用 EXPLODE 命令将其分解。

插入块的命令启动方式有以下 3 种：

① 命令：INSERT/DDINSERT，简写 I。

② 菜单：插入—块。

③ 工具栏：单击绘图工具栏上的按钮 。

任务3：用 INSERT 命令在如图 13-1-7 所示床的立面图中插入一个床的侧面图。

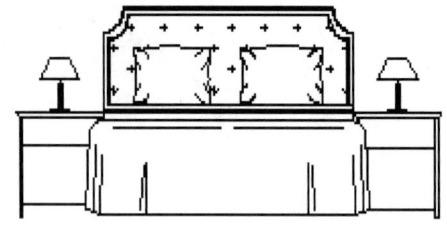

图 13-1-7　床的立面图

① 命令：I↙，系统弹出如图 13-1-8 所示的对话框。

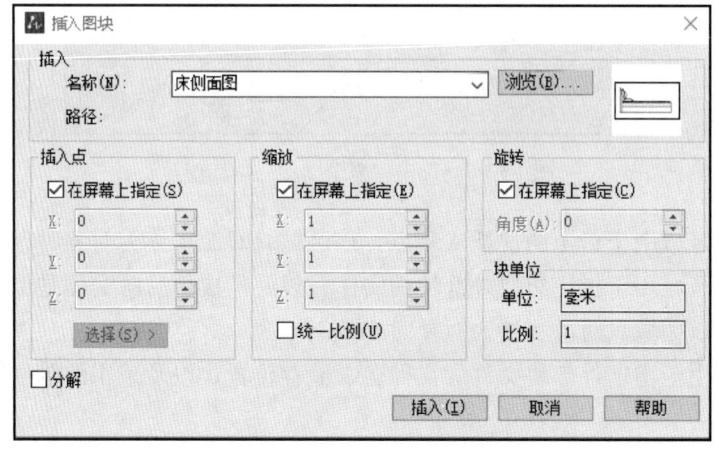

图 13-1-8　"插入图块"对话框

② 在"插入图块"对话框中找到内部块"床侧面图"后，单击"插入"按钮，完成命令后，将床放到指定位置，即完成任务，如图 13-1-9 所示。

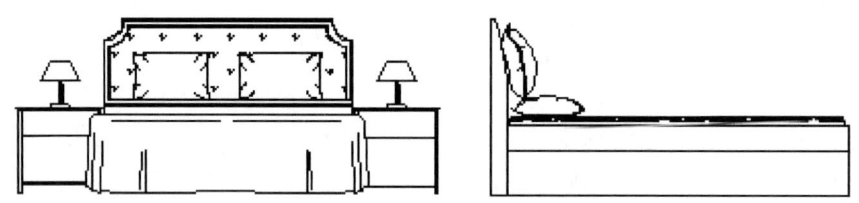

图 13-1-9　插入床侧面图内部块

下面将"插入图块"对话框中的部分选项功能介绍如下：

名称：从该下拉列表框中选择插入的是内部块。如果没有内部块，则是空白。

浏览：从该项中选择插入的是外部块。单击"浏览"按钮，系统显示如图 13-1-10 插入图形对话框，选择要插入的外部图块文件路径及名称，单击"打开"按钮。再回到图 13-1-8 对话框，按命令行提示指定插入点，输入插入比例、块的旋转角度，单击"插入"按钮，完成命令后，将图形放到指定位置即可。

模块 13
图块、外部参照和设计中心

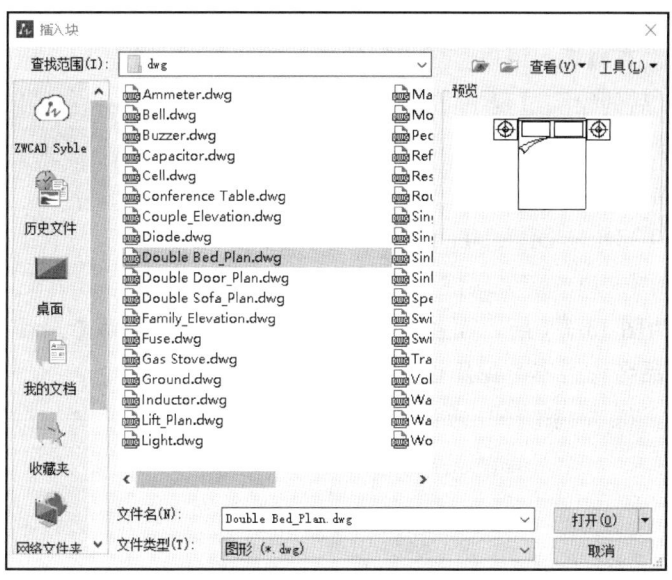

图 13-1-10 "插入块"对话框

分解：该复选框用于指定是否在插入图块时将其炸开，使它恢复到元素的原始状态。当炸开图块时，仅仅是被炸开的图块引用体受影响。图块的原始定义仍保存在图形中，仍能在图形中插入图块的其他副本。如果炸开的图块包括属性，属性会丢失，但原始定义的图块的属性仍保留。炸开图块使图块元素返回到它们的下一级状态。图块中的图块或多段线又变为图块和多段线。

小提示

① 外部块插入当前图形后，其块定义也同时储存在图形内部，生成同名的内部块，以后可在该图形中随时调用，而无须重新指定外部块文件的路径。

② 外部块文件插入当前图形后，其内包含的所有块定义（外部嵌套块）也同时带入当前图形中，并生成同名的内部块，以后可在该图形中随时调用。

③ 图块在插入时如果选择了插入时炸开图块，插入后图块自动分解成单个的实体，其特性如层、颜色、线型等也将恢复为生成块之前实体具有的特性。

④ 如果插入的是内部块则直接输入块名即可；如果插入的是外部块则需要给出块文件的路径。

项目 2　属性的定义与使用

中望 CAD 教育版系统中将图块所含的附加信息称为属性，具体的信息内容称为属性值。属性值可为固定值或变量值。属性可为可见或隐藏，隐藏属性既不显示，也不出图,但该信息储存在图形中,在被提取时写入文件。属性是图块的附属物,它依存于图块,没有图块就没有属性。可以将定义好的属件连同相关图形一起,定义成块(生成带属性的块),在以后的绘图过程中可随时调用它,其调用方式跟一般的图块相同。

1. 定义属性

定义属性的命令启动方式有以下 2 种:

① 命令:ATTDEF/DDATTDEF,简写 ATT。

② 菜单:绘图—块—定义属性。

任务 4:请为图 13-2-1 所示面盆定义产品名称和品牌名称两个属性,属性值为面盆和箭牌,其中产品名称为不可见属性。

① 命令:ATT↙,系统弹出如图 13-2-2 所示的对话框。

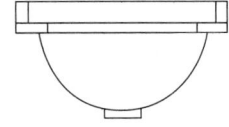

图 13-2-1 面盆的图形　　　　图 13-2-2 "定义属性"对话框

② 在"定义属性"对话框中,在"属性"的"名称"框中,输入"面盆";在"提示"框中,输入"产品名称";在"插入坐标"分组框中,选中"在屏幕上指定"复选框,拾取属性的插入点;在"属性标志位"分组框中,选中"隐藏"和"验证"两个复选框;在"文本"分组框中,"文字样式"选择"Standard",在"文字高度"中指定字体高度,本任务中选择 20,单击"定义"按钮,如图 13-2-3 所示。此时,并未退出"定义属性"对话框。

③ 在"定义属性"对话框中,重复第②步,在"名称"框中,输入"箭牌";在"提示"框中,输入"品牌名称";在"插入坐标"分组框中选中"在屏幕上指定",拾取属性的插入点;在"属性标志位"分组框中选中"验证";在"文本"分组框"文字样式"中选择"Standard",单击"文字高度"后面的"选择"按钮,在绘图区域指定字体高度,如图 13-2-4 所示。

④ 单击"定义并退出"按钮完成操作,面盆上出现两个属性,如图 13-2-5 所示。

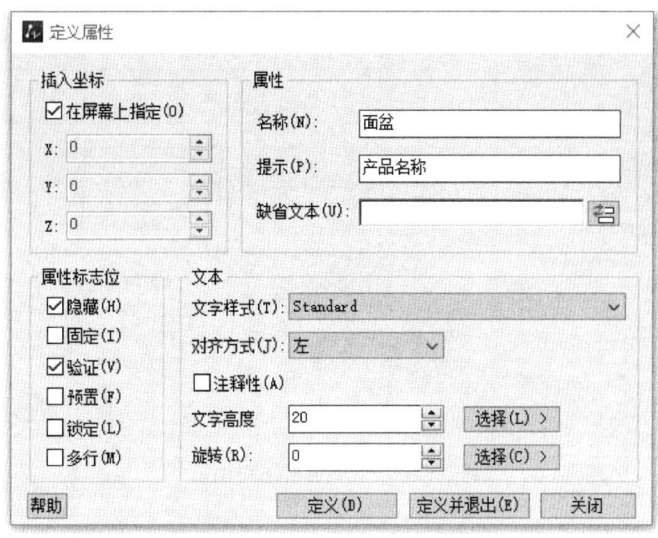

图 13-2-3 "定义属性"对话框

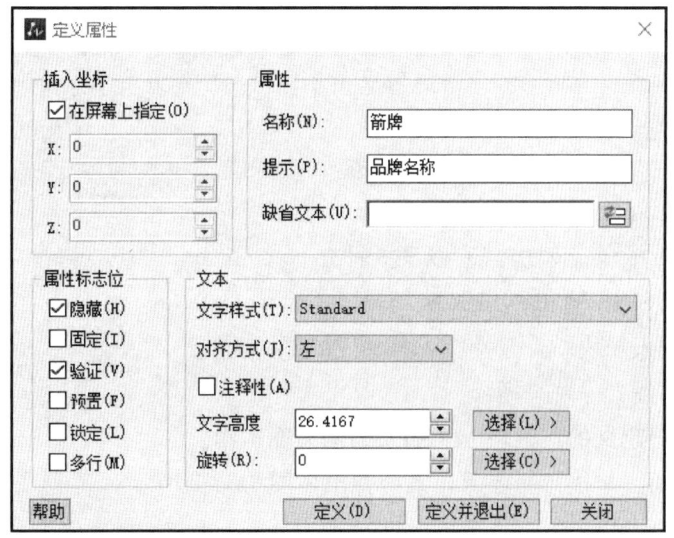

图 13-2-4 确定属性值字高

2. 制作属性块

制作属性块的命令启动方式有以下 2 种：

① 命令：Block，简写 B。

② 菜单：绘图—块—创建。

任务 5：将如图 **13-2-5** 所示已定义好产品名称和品牌名称两个属性的面盆定义成一个属性块，块名为 **MP**。

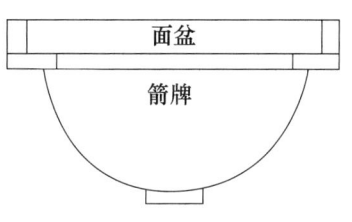

图 13-2-5 定义属性后的图

① 命令行：B↙，执行命令后，系统弹出如图 13-2-6 所示对话框。

② 在"块定义"对话框的"名称"框中输入块的名称"MP"，在绘图区内拾取新

建筑 CAD 基础教程

块插入点,并选取写块对象,单击"确定"按钮,完成创建带属性的块。

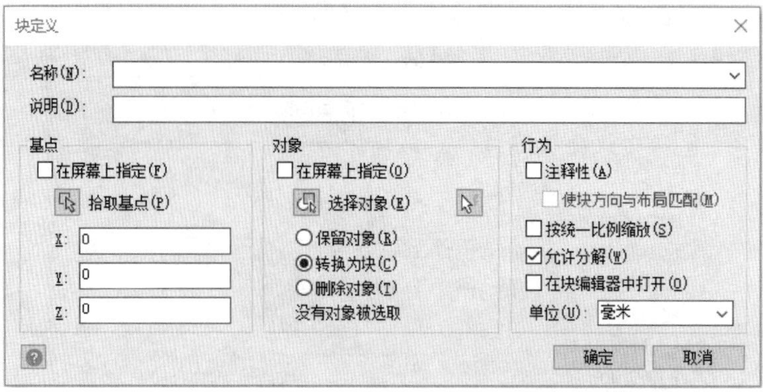

图 13-2-6 "块定义"对话框

小提示

属性在未定义成图块前,其属性标志只是文本文字,可用编辑文本的命令对其进行修改、编辑。只有当属性连同图形被定义成块后,属性才能按用户指定的值插入到图形中。当一个图形符号具有多个属性时,要先将其分别定义好后再将它们一起定义成块。

3. 插入属性块

插入属性块的命令启动方式有以下 3 种:

① 命令:INSERT/DDINSERT,简写 I。

② 菜单:插入—块。

③ 工具栏:插入—块—插入。

任务 6:将已定义的属性块 MP 插入到当前图形中。

① 命令行:I↙,执行命令后,系统弹出如图 13-2-7 所示对话框。

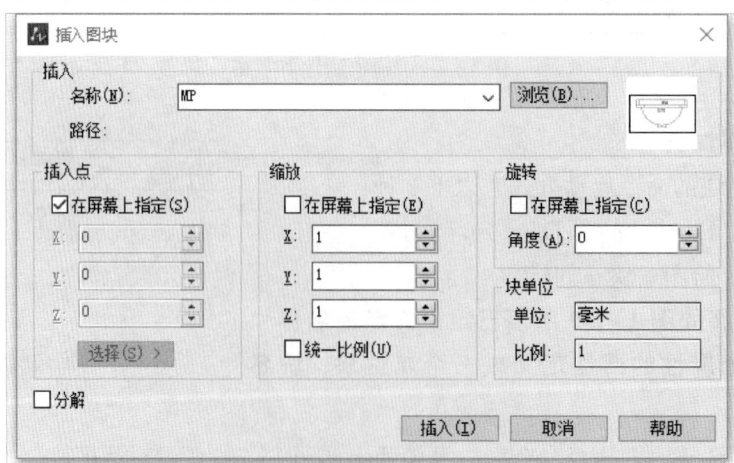

图 13-2-7 "插入图块"对话框

② 在"插入图块"对话框中，选择图块名 MP，在屏幕上指定插入点，单击"插入"按钮。在命令行"品牌名称〈值〉"中输入"箭牌"，按【Enter】键；在命令行"产品名称〈值〉"中输入"面盆"，按【Enter】键；命令行中出现"检查属性值"，"品牌名称〈箭牌〉"，按【Enter】键；"品牌名称〈面盆〉"，按【Enter】键。完成任务。

小提示

> ① 属性块的调用命令与普通块是一样的，只是调用属性块时提示要多一些。
> ② 当插入的属性块被 EXPLODE 命令分解后，其属性值将丢失而恢复成属性标志。因此用 EXPLODE 命令对属性块进行分解要特别谨慎。

4. 改变属性定义

改变属性定义的命令启动方式有以下 3 种：
① 命令：DDEDIT/EATTDEIT。
② 菜单：修改—对象—文字—编辑。
③ 双击文字对象。

任务 7：将属性块 MP 中的品牌名称的属性值由"箭牌"改为"法恩莎"，并修改其字高为 30，字体颜色为红色。

① 命令行：DDEDIT↙，执行命令后，选择注释对象 MP，系统弹出如图 13-2-8 所示对话框。

② 在"增强属性编辑器"对话框的"属性"标签中，将品牌名称的值由"箭牌"修改为"法恩莎"；在"文字选项"标签中，将"高度"改为 30；在"特性"标签中，将"颜色"改为红色。单击"确定"按钮完成任务，如图 13-2-9 所示。

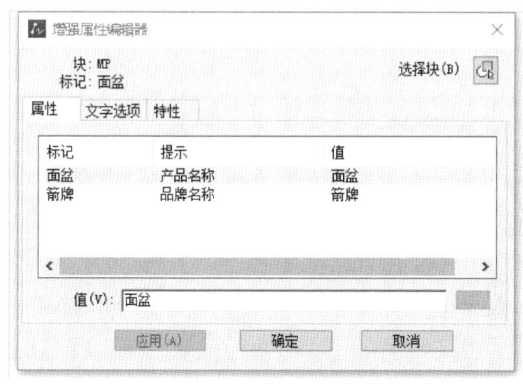

图 13-2-8 "增强属性编辑器"对话框

图 13-2-9 编辑后的属性块

任务 8：将图 13-2-10 已定义了两个属性，但尚未定义成块的小汽车中的两个属性分别修改为"马自达"和"MX-5"。

① 命令行：DDEDIT↙，执行命令后，系统提示"选择修改对象"，拾取"捷达"后，系统将弹出如图 13-2-11 所示对话框。

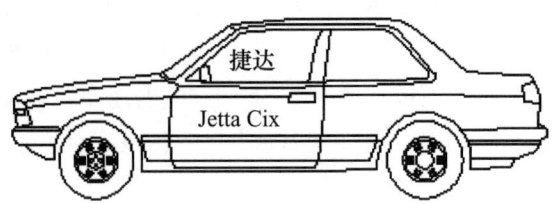

图 13-2-10　小汽车图形

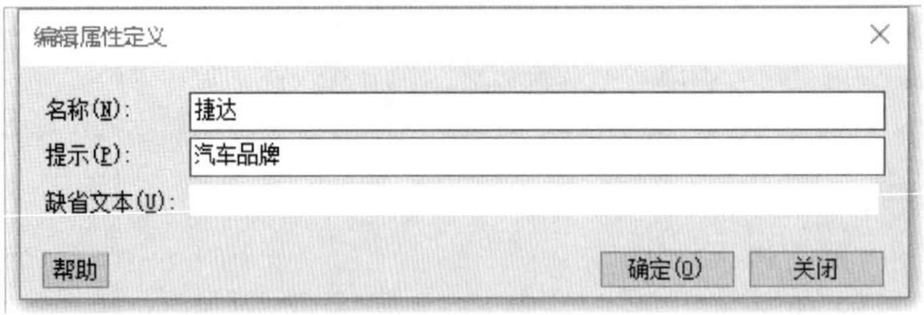

② 在"编辑属性定义"对话框中，将标记"捷达"改为"马自达"，单击"确定"按钮，对话框关闭，完成汽车品牌属性的修改。系统再次重复提示："选择修改对象"，

图 13-2-11　"编辑属性定义"对话框

再次拾取"Jetta CiX"后，系统将再次弹出"编辑属性定义"对话框，将标记"Jetta CiX"改为"MX-5"，单击"确定"按钮，对话框关闭，完成汽车型号属性的修改。按【Enter】键完成任务，如图 13-2-12 所示。

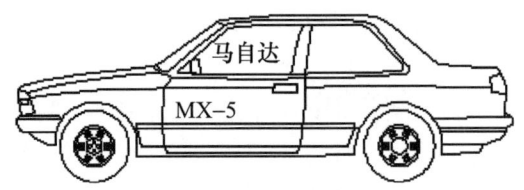

图 13-2-12　修改属性后的小汽车

小提示

① 当用户将属性定义好后，有时可能需要更改属性名、提示内容或缺省文本，这时可用 DDEDIT 命令加以修改。DDEDIT 命令只对未定义成块的或已分解的属性块的属性起编辑作用，对已做成属性块的属性只能修改其值。

② 属性不同于块中的文字标注的特点能够明显地看出来，块中的文字是块的主体，当块是一个整体的时候，是不能对其中的文字对象进行单独编辑的。而属性虽然是块的组成部分，但在某种程度上又独立于块，可以单独进行编辑。

5. 编辑属性

编辑属性的命令启动方式有以下 2 种：

① 命令：DDATTE，简写 ATE。

② 命令：ATTEDIT。

任务 9：用 DDATTE 命令将属性块 MP 中的品牌名称的属性值由"箭牌"改为"法恩莎"。

① 命令行：ATE↙，执行命令后，系统弹出如图 13-2-13 所示对话框。

② 在"编辑图块属性"对话框中，将品牌名称属性的属性值由"箭牌"改为"法恩莎"，单击"确定"按钮结束任务，结果如图 13-2-14 所示。

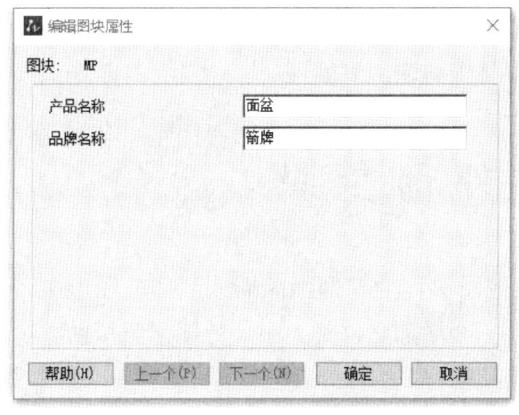

图 13-2-13 "编辑图块属性"对话框

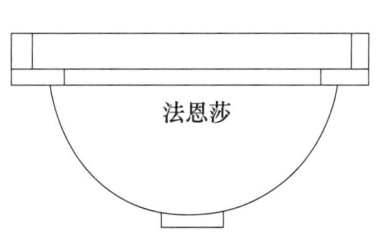

图 13-2-14 更改了属性值的图形

🔊 小提示

> DDATTE 用于修改图形中已插入属性块的属性值。DDATTE 命令不能修改常量属性值。

6. 分解属性为文字

分解属性为文字的命令启动方式有以下 2 种：

① 命令：BURST。

② 菜单：扩展工具—图块工具—分解属性为文字。

任务 10：将任务 9 属性块 MP 中的属性值分解为文字（该属性块中有两个属性值，"法恩莎"和"面盆"，其中"面盆"是隐性属性值）。

命令：BBURST↙，执行命令后，系统提示"选择对象"，选择 MP 并按【Enter】键，结束任务。如图 13-2-15 所示，其中不可见的属性值也会分解出来，成为可见文字。

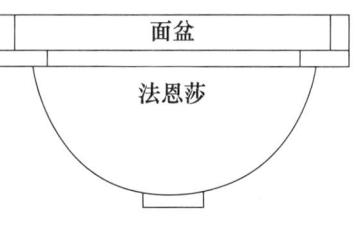

图 13-2-15 分解后的图形

🔊 小提示

> BURST 和 EXPLODE 命令的功能相似，但是 EXPLODE 命令会将属性值分解回属性标签，而 BURST 命令将之分解回的却仍是文字属性值。

7. 导出/导入属性值

导出/导入属性值的命令启动方式有以下 2 种：

① 命令：ATTOUT/ATTIN。

② 菜单：扩展工具—图块工具—导出属性值/导入属性值。

导出属性值：用来输出属性块的属性值内容到一个文本文件中。它主要用来将资料输出，并在修改后再利用导入属性值功能输入回来。

导入属性值：用来从一个文本文件中将资料输入到属性块。

项目3　外部参照

在中望 CAD 教育版中能够把整个其他图形作为外部参照插入到当前图形中，但只是插入一个链接点，因此链接外部参照并不会增加文件量大小。外部参照帮助减少了文件量，并确保我们总是工作在图形中最新状态。

外部参照的命令启动方式有以下 3 种：

① 命令：XATTACH。

② 菜单：插入—外部参照。

③ 工具栏：插入—DWG 参照。

任务 11：将一个计算机中已存在的图形文档作为外部参照插入到新建空白文件中。

① 命令：XATTACH✓，执行该命令后，首先激活的是"选取附加文件"对话框，如图 13-3-1 所示。

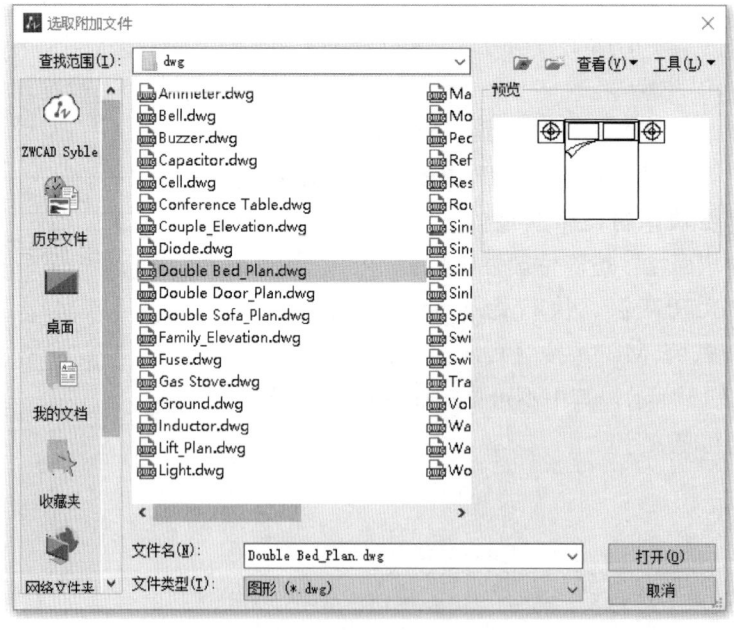

图 13-3-1　"选取附加文件"对话框

② 在该对话框中选择参照文件后，单击"打开"按钮，将关闭该对话框并激活"附着外部参照"对话框，如图 13-3-2 所示。

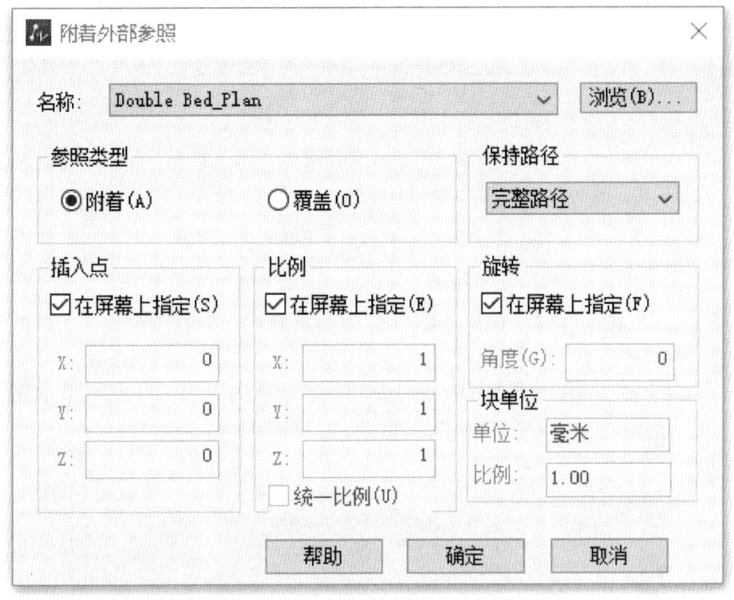

图 13-3-2 "附着外部参照"对话框

③ 在"附着外部参照"对话框中，指定参照类型，设定"插入点""比例"和"旋转角"等参数，单击"确定"按钮，完成任务，如图 13-3-3 所示。

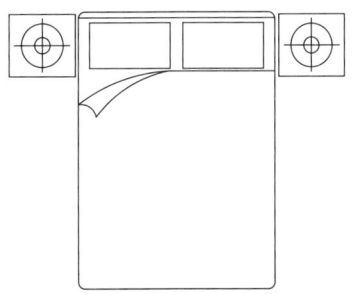

图 13-3-3 完成插入外部参照 Double Bed _ Plan.dwg 图形

📢 小提示

当把整个文件作为图块插入图形中时，原始图形的任何改变都不会在当前图形中反映，而当链接一个外部参照时，原始图形的任何改变都会在当前图形中反映。当每次打开包含外部参照的文件时，改变会自动更新。如果知道外部参照已修改，可以在画图的任何时候重新加载外部参照。从分图汇成总图时，外部参照是非常有用的。

任务 12：如图 13-3-4 所示，图中已存在外部参照，请将外部参照 Double Bed _ Plan 图形卸载后，再重新载入。

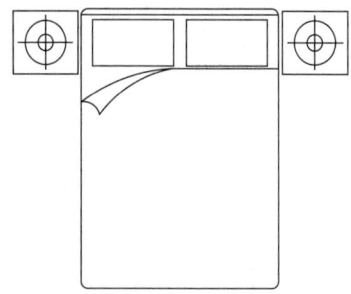

图 13-3-4　存在外部参照 Double Bed _ Plan 的图形

① 命令：XREF↙，执行 XREF 命令后，系统弹出如图 13-3-5 所示对话框。

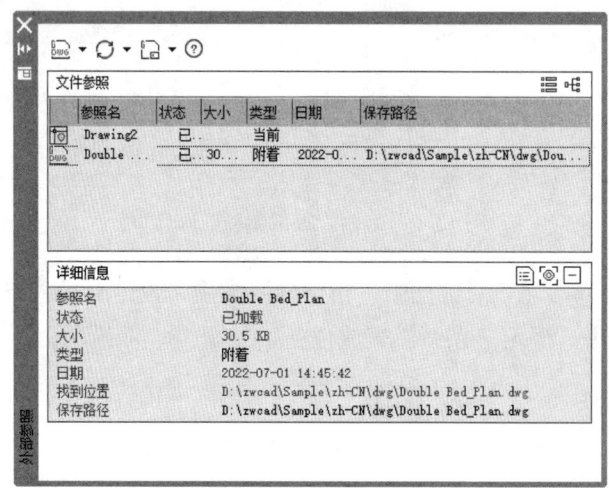

图 13-3-5　"外部参照"对话框

② 在对话框中选择 Double Bed _ Plan 外部参照，在参照名上右击，然后单击"卸载"按钮，并单击"确定"按钮，如图 13-3-6 所示。

③ 卸载后，当前图形中将暂时隐藏 Double Bed _ Plan 外部参照。

④ 该外部参照 Double Bed _ Plan 虽被卸载，但它仍存在于主图形文件中，需要显示时可重新选择并右击，然后单击"重载"按钮，完成任务。重载后，当前图形中将重新出现隐藏的 Double Bed _ Plan 外部参照，恢复到图 13-3-7 所示状态。

在"外部参照"管理器中可以查看到当前图形中所有外部参照的状态和关系，并且可以在管理器中完成附着、拆离、重载、卸载、绑定、修改路径等操作。

参照名：默认列表名是用参照图形的文件名，选择该名称后就可以重命名，该操作不会改变参照图形本来的文件名。

附着：在对话框内空白处右击后，可以选择增加新的外部参照。

分离：在列表框中选择不再需要的外部参照，然后在右键菜单中单击"分离"按

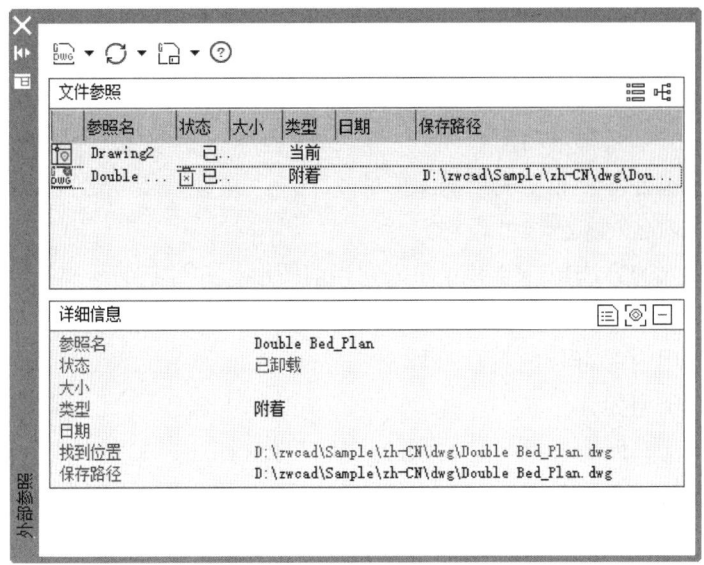

图 13-3-6　卸载 Double Bed _ Plan 外部参照的操作

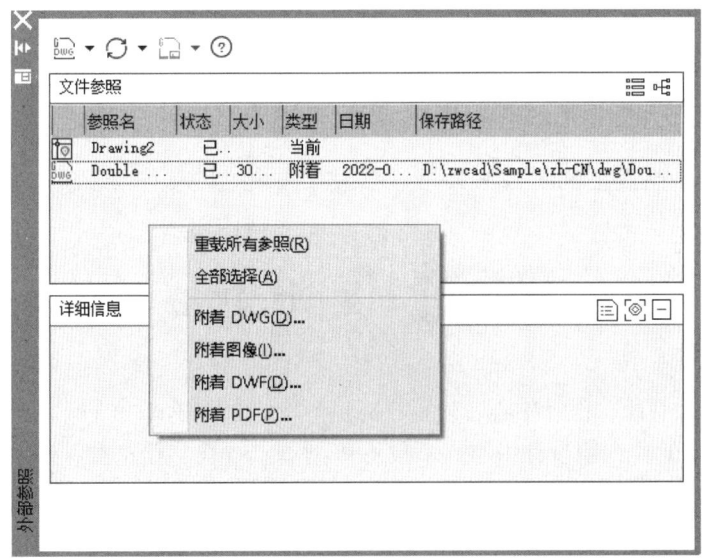

图 13-3-7　增加新的外部参照

钮，删除该外部参照。

重载：在列表框中选择要更新的外部参照，然后在右键菜单中单击"重载"按钮，该参照文件的最新版本将被更新读入。

卸载：在列表框中选择某外部参照，然后在右键菜单中单击"卸载"按钮，就可暂时关闭外部参照操作，暂时不在屏幕上显示该外部参照，并使它不参与重生成，以便改善系统运行性能。

重载：被卸载的外部参照仍存在于主图形文件中，需要显示时可以重新选择它，然后在右键菜单中单击"重载"按钮。

绑定：选择某外部参照，然后在右键菜单中单击"绑定"按钮，激活"绑定"外部参照对话框，永久转换外部参照到当前图形中操作。中望 CAD 教育版提供下列两种绑定类型供选择，分别是绑定和插入。

绑定：将所选外部参照变成当前图形的一个块，并重新命名它的从属符号，以后就可以和图中其他命名对象一样处理它们。

插入：用插入的方法把外部参照固定到当前图形，并且它的从属符号剥去外部参照图形名，变成普通的命名符号加入到当前图中。如果当前图形内部有同名的符号，该从属符号就变为采用内部符号的特性（如颜色等）。因此如不能确定有无同名的符号时，以选择"绑定"类型为宜。

被绑定的外部参照图形及与它关联的从属符号（如块、文字样式、尺寸标注样式、层、线型等）都变成了当前图形的一部分，它们不可能再自动更新为新版本。

小提示

> ① 在一个设计项目中，多个设计人员通过外部参照进行并行设计。即将其他设计人员设计的图形放置在本地的图形上，合并多个设计人员的工作，从而整个设计组所做的设计保持同步。
>
> ② 确保显示参照图形最新版本。当打开图形时，系统自动重新装载每个外部参照。

项目 4　设计中心

中望 CAD 教育版"设计中心"为用户提供一个方便又有效率的工具，它与 Windows 资源管理器相类似。利用设计中心，不仅可以浏览、查找、预览和管理中望 CAD 图形、块、外部参照及光栅图像等不同的资源文件，而且还可以通过简单的操作，将位于本地计算机或"网上邻居"中文件的块、图层、外部参照等内容插入到当前图形。如果打开多个图形文件，在多文件之间也可以通过简单的操作实现图形的插入。所插入的内容除包含图形本身外，还包括图层定义、线型及字体等内容。从而使已有资源得到再利用和共享，提高了图形管理和图形设计的效率。

设计中心的命令启动方式有：

① 命令：ADCENTER。

② 菜单：工具—设计中心。

③ 工具栏：工具—选项板—设计中心 ▦。

任务 13：利用设计中心，打开 Double Sofa_Plan.dwg 图形文件，并将 Double Bed_Plan.dwg 图形插入其中，然后命名为 new.dwg，另存于桌面目录下。

① 命令行：ADCENTER✓，执行命令后，系统弹出如图 13-4-1 所示对话框。

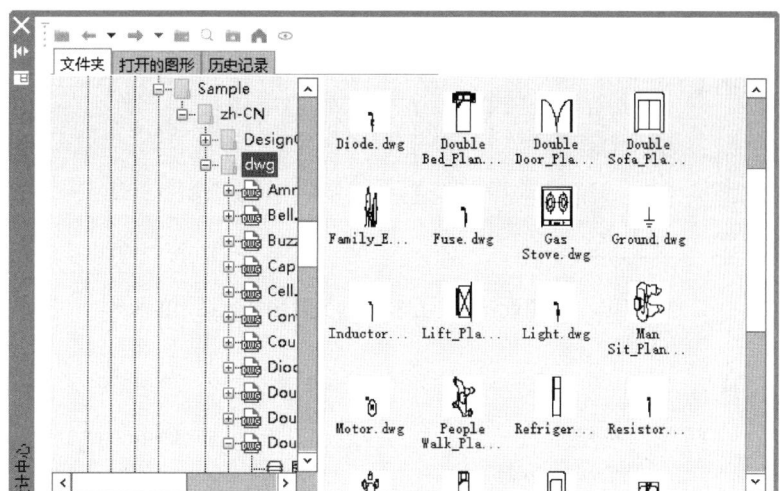

图 13-4-1　"设计中心"对话框

② 利用设计中心，找到 Double Sofa _ Plan.dwg 图形文件，右击文件名，选择"在应用程序窗口中"打开命令，打开所选的图形文件，如图 13-4-2 所示。

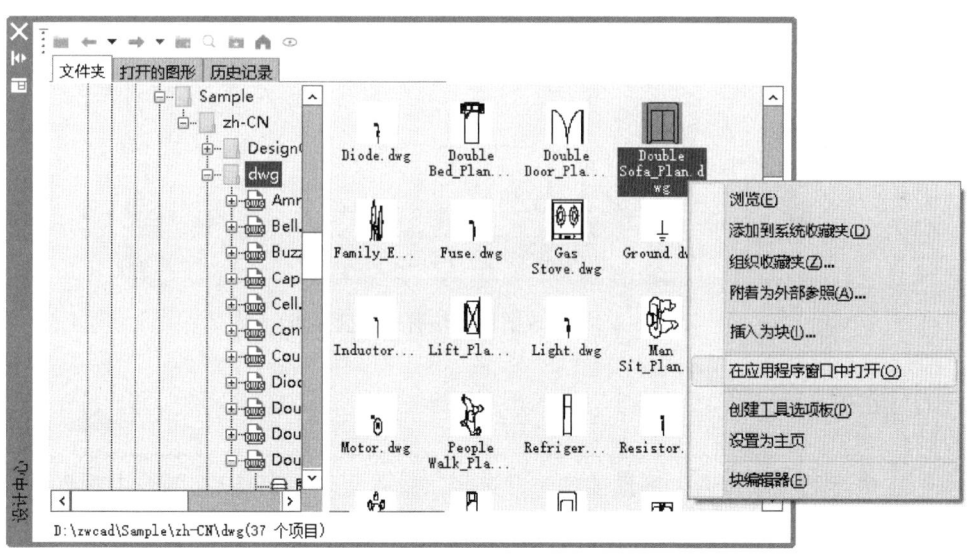

图 13-4-2　利用设计中心打开文件的操作

③ 利用设计中心，找到 Double Bed _ Plan.dwg 图形文件，选中该文件，并拖放至已打开的 Double Sofa _ Plan.dwg 图形文件中的指定位置，在命令行中选择输入缩放比例、旋转角度等参数并按【Enter】键后，该图形即被插入，如图 13-4-3 所示。

④ 将完成后的图形另存为 new.dwg 保存在桌面，如图 13-4-4 所示。

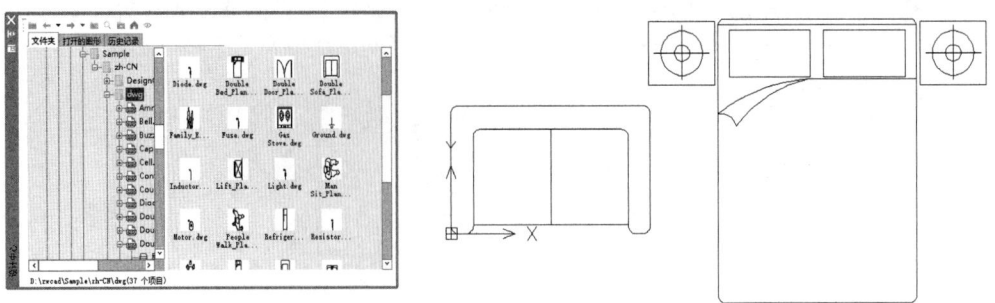

图 13-4-3　利用设计中心在打开的文件中插入图形的操作

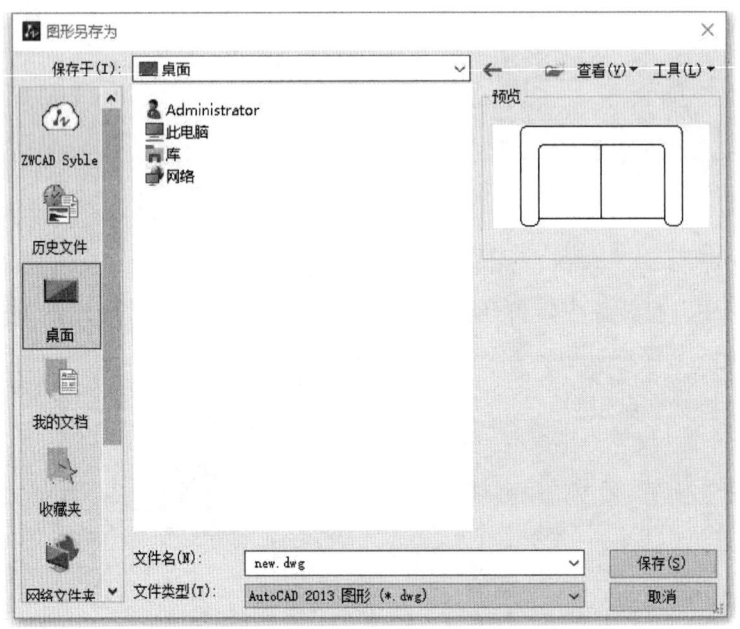

图 13-4-4　完成图形操作后另存盘操作

小提示

在内容区域中，通过拖动或右击并选择"插入为块"，可以在图形中插入块；也可以通过拖动或右击向图形中添加其他内容（例如图层、标注样式）。

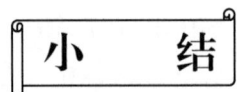

通过本模块的学习，用户能够熟练掌握如何在中望 CAD 教育版中建立、插入图块；如何使用外部参照和设计中心提高图形管理和图形设计的效率。通过完成任务，强化用户对图块、外部参照和设计中心的理解及应用。

拓展训练

一、填空题

1. 中望 CAD 教育版中，可用_____和_____命令来定义块。

2. 如果新定义的图块中包括别的图块，则被称为_____。

3. 在中望 CAD 教育版中能够把整个其他图形作为_____插入到当前图形中，但只是插入一个链接点。

4. 属性虽然是_____的组成部分，但在某种程度上又独立于_____，_____单独进行编辑。

5. 属性在未定义成图块前，其属性标志只是_____，可用编辑_____的命令对其进行修改、编辑。只有当属性连同图形被定义成块后，属性才能按用户指定的值插入到图形中。

6. 被_____的外部参照仍存在于主图形文件中，需要显示时可以重新选择它，然后单击"重载"按钮即可。

7. 中望 CAD 教育版中，_____帮助减少了文件量，并确保我们总是工作在图形中最新状态。

8. 利用_____，可以浏览、查找、预览和管理中望 CAD 图形、块、外部参照及光栅图像等不同的资源文件，还可以通过简单的_____操作，将其他文件的块、图层、外部参照等内容插入到当前图形。

二、选择题

1. 要使插入的图块具有当前图层的特性，具有当前图层的颜色和线型，则需要在（　　）层上生成该图块。

　　A. 非 0　　　　　　　　B. 0　　　　　　　　C. 当前层

2. 中望 CAD 教育版允许用户将已定义的图块插入到当前图形文件中。在插入图块（或文件）时，用户必须确定四组特征参数，即要插入的图块名、插入点位置、插入比例系数和（　　）等。

　　A. 插入图块的旋转角度
　　B. 插入图块的坐标
　　C. 插入图块的大小

三、绘图题

1. 定义块属性，名称为"标高"，提示为"高度"，缺省文本为"0.00"，并绘制完成标高符号如图1所示，定义为带属性的块"标高"，并保存在桌面，另存为bg.dwg。

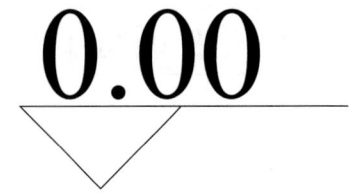

图1 绘制带有定义属性的标高并创建为块一

2. 如图2所示，使用bg.dwg中标高块，补充图中右侧的标高。

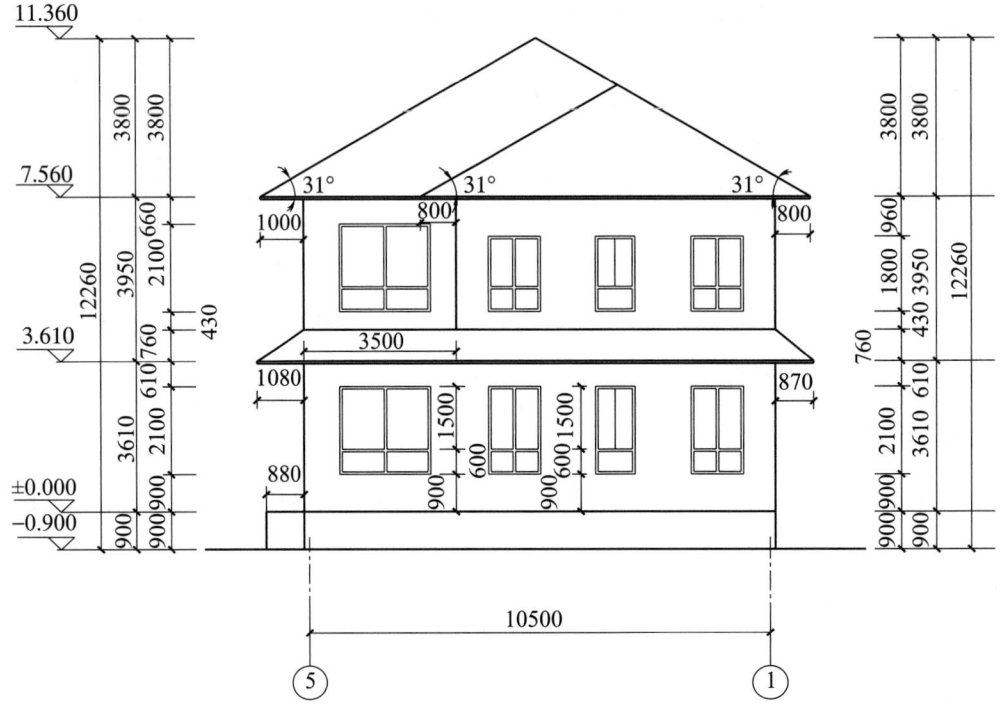

图2 绘制带有定义属性的标高并创建为块二

模块 14
绘制三维图形

✉ 教学目标

理解视点和三维图形的表现方法。

学习建立用户坐标系,掌握三维实体的观察方法。

运用基本图元创建三维实体。

运用拉伸和旋转命令创建三维实体。

◈ 教学重点

运用基本图元工具创建三维实体。

运用拉伸和旋转命令绘制三维图形。

⚛ 教学难点

熟练使用用户坐标系。

经过前面章节的学习，大家对二维图形的制作有了很好的基础，了解到二维图形的绘制是在平面坐标系内完成的。而三维图形是在以 X、Y、Z 三个方向所形成的空间结构，并不断变化坐标原点和平面坐标而绘制完成的。所以我们要先学习设置 UCS 用户坐标系，掌握绘制三维图形过程中的各个基准平面，进而绘制实体结构。

三维绘图运用的命令都在"绘图—实体"和"视图"菜单中。

创建和观察三维图形首先必须了解三维绘图的基础知识，才能树立正确的空间观念。

项目1　了解三维绘图的基本术语

在绘制三维图形时，还可使用柱坐标和球坐标来定义点。在创建三维实体模型前，应先了解下面的一些基本术语。

XY 平面：它是 X 轴垂直于 Y 轴组成的一个平面，此时 Z 轴的坐标是 0。

Z 轴：Z 轴是一个三维坐标系的第三轴，它总是垂直于 XY 平面。

高度：高度主要是 Z 轴上的坐标值。

厚度：主要是 Z 轴的长度。

相机位置：在观察三维模型时，相机的位置相当于视点。

目标点：当用户眼睛通过照相机看某物体时，用户聚焦在一个清晰点上，该点就是所谓的目标点。

视线：假想的线，它是将视点和目标点连接起来的线。

和 XY 平面的夹角：即视线与其在 XY 平面的投影线之间的夹角。

XY 平面角度：即视线在 XY 平面的投影线与 X 轴之间的夹角

项目2　三维绘图使用的坐标系

1. 世界坐标系

世界坐标系：中望 CAD 教育版中世界坐标系是固定坐标系。

2. 用户坐标系

用户坐标系（UCS）为用户提供了修改和创建对象的工作平面（XY 平面），定义坐标输入的原点和方向，以及绝对参照角度。用户坐标系提供了正交模式、极轴追踪及对象捕捉追踪等特征操作的水平和垂直方向，并指定栅格、图案填充、文字和标注对象等的对齐和角度方向。对于三维操作，用户坐标系定义了其工作平面、投影平面及 Z 轴方向。

用户坐标系在初始状态下与世界坐标系（WCS）是重合的，世界坐标系无法移动和旋转。用户可以旋转和移动 UCS，但是在图纸空间中，UCS 仅限于二维操作。

小提示

中望CAD教育版中用户坐标系图标是显示在绘图区域的一个图标，用以指示坐标系的XY轴，图标中可见方向代表XY轴的正方向。

项目3　视点、坐标、视觉样式、三维动态观察器

视点是指观察图形的基础位置。绘制二维图形时的所有操作都是正对着X、Y平面，三维造型时有时需要观察模型的左面，有时需要观察模型的前面。多数情况是需要同时观察到3个面。中望CAD教育版提供了从三维空间的任何方向设置视点的命令。

1. 确定视点

① 命令行输入VPOINT后，直接按【Enter】键会出现指定视点或［旋转R］〈视点〉的命令对话，用户可以通过命令设置视点的位置。

② 菜单输入：视图—三维视图—视点。

图14-3-1所示为"视点预置"对话框。

2. 使用视图管理器菜单设置视点

用户可通过菜单输入：视图—三维视图选择合适的视角辅助操作。三维视图工具栏中具有俯视（I）、仰视（B）、左视（L）、右视（R）、前视（F）、后视（K）、西南等轴测（S）、东南等轴测（E）、东北等到轴测（N）、西北等轴测（W）共10个视角。用户在绘制三维模型时可以直接使用这10个设置好的视角，可以提高绘制的准确性和快捷性。如图14-3-2所示。

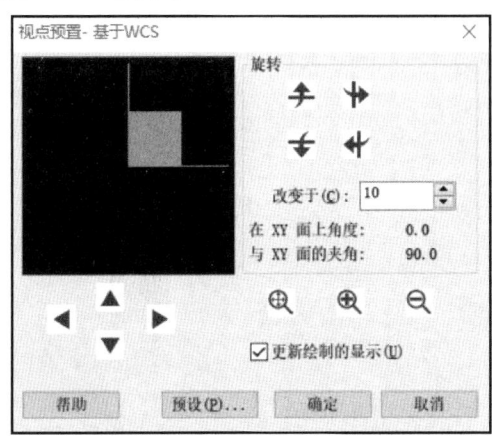

图14-3-1　"视点预置"对话框

图14-3-2　视角

可以从多个视口来观察图形，以了解立体图形的全貌。打开一个三维图形，找到视图—视口—四个视口，命令显示：输入选项［相等（E）/右边（R）/左边（L）]〈相等〉：通过输入E、R、L字母，选择四个视口的分布格式。如图14-3-3所示。

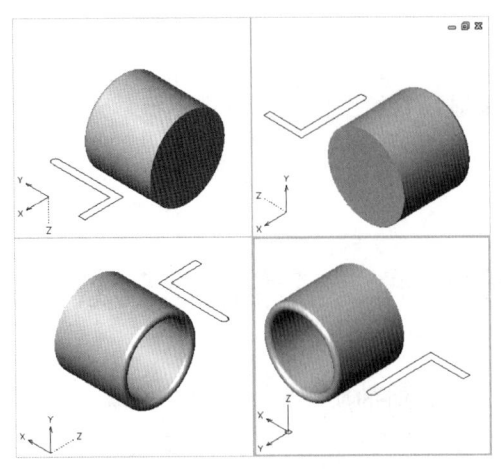

图 14-3-3 用不同视点观看三维图形

3. 用多种方法变换 UCS 坐标

在绘制三维图形时设置用户坐标系尤其重要,学习设置准确的用户坐标系是绘制好三维图形的关键。因为我们必须在 X、Y 平面上绘制图形,绘图时要根据绘制图形的要求不断设置和变更用户坐标系,就是要重新确定坐标系新的原点和新的 X 轴、Y 轴、Z 轴方向。用户可以按照需要定义、保存和恢复任意多个用户坐标系。

用户坐标系(UCS)是用于建立 XY 工作平面和 Z 轴方向的一种可移动的坐标系统。默认情况下,绘制图形都是在 XY 平面上进行的。绘制三维立体图形时,需要不断调整 XY 平面,即重新设置、变更用户坐标系(UCS)。

原点 UCS 的含义:通过定位新原点,可以使坐标输入与图形中的特定区域或对象相关联。例如,可以将原点重新定位在某一建筑的角点上,或者将其作为地图上的参考点。如果创建了三维长方体,则可以通过编辑将 UCS 与要编辑的每一条边对齐来轻松地编辑六条边中的每一条边。

为长方体定义一个新的坐标原点和坐标系。图 14-3-4(a)显示的是世界坐标系,aefb 面与 XY 平面平行,通过变换 UCS 坐标使 aehd 面与 X、Y 平面平行。

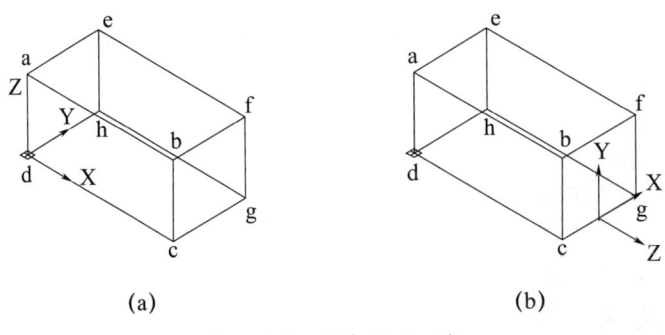

(a)　　　　　　　　　　　(b)

图 14-3-4　变换 UCS 坐标

任务 1:用四种方法来变换坐标。

1. 使用面 UCS 变换坐标

将 aehd 面与 XY 面平行,效果如图 14-3-4(b)所示。

① 命令行输入:UCS↙。

② 菜单输入:工具—新建 UCS—面,命令行提示。

当前在世界 UCS。

指定 UCS 的原点或 [? /面(F)/3 点(3)/删除(D)/对象(OB)/原点(O)/上一

个（P）/还原（R）/保存（S）/视图（V）/X/Y/Z/Z轴（ZA）/世界（W）]〈世界〉：F✓

选择实体面、曲面或网格：点选面 aehd

输入选项[下一个（N）/X 轴反向（X）/Y 轴反向（Y）]〈接受〉：✓

2. 使用三点变换坐标

将 aefb 面与 XY 面平行，效果如图 14-3-4（c）所示。

① 命令行输入：UCS✓。

② 菜单输入：工具—新建 UCS—三点，命令行提示：

当前在世界 UCS。

指定 UCS 的原点或[？/面（F）/3 点（3）/删除（D）/对象（OB）/原点（O）/上一个（P）/还原（R）/保存（S）/视图（V）/X/Y/Z/Z轴（ZA）/世界（W）]〈世界〉：3✓

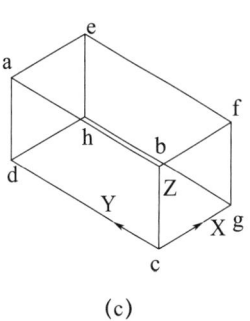

图 14-3-4 变换 UCS 坐标

指定新原点〈0，0，0〉：指定 c 点

指定正 X 轴上的点〈1，0，0〉：指定 g 点

指定 X-Y 面上正 Y 值的点〈0，1，0〉：指定 d 点

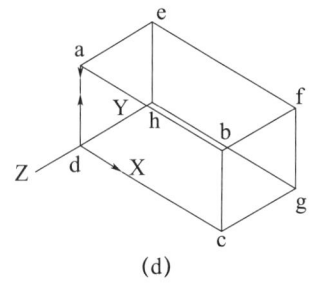

图 14-3-4 变换 UCS 坐标

3. 使用旋转 UCS 变换坐标

将 efgh 面与 XY 面平行，效果如图 14-3-4（d）所示。

① 命令行输入：UCS。

② 菜单输入：工具—新建 UCS—X，命令行提示：

当前在世界 UCS。

指定 UCS 的原点或[？/面（F）/3 点（3）/删除（D）/对象（OB）/原点（O）/上一个（P）/还原（R）/保存（S）/视图（V）/X/Y/Z/Z轴（ZA）/世界（W）]〈世界〉：X✓

输入绕 X 轴的旋转角度〈90〉：90✓

4. 使用对象 UCS 变换坐标，将 ijkl 面建立新的坐标系，如图 14-3-4（e）所示。

命令行输入：UCS✓，或者菜单输入：工具—新建 UCS—对象，命令行提示：

当前在世界 UCS。

指定 UCS 的原点或[？/面（F）/3 点（3）/删除（D）/对象（OB）/原点（O）/上一个（P）/还原（R）/保存（S）/视图（V）/X/Y/Z/Z轴（ZA）/世界（W）]〈世界〉：OB✓

图 14-3-4 变换 UCS 坐标

选择对齐 UCS 的对象：指定 l 点

以上是 4 种变换坐标系的方法，下面介绍一下退出 UCS 用户坐标系的方法。

如果需要还原为原坐标系，可以单击菜单栏：工具—新建 UCS—世界，还原为系统默认的坐标系状态。

🔊 **小提示**

　　如果当前 UCS 的原点未显示在视图中，设置在原点显示 UCS 图标时，UCS 图标会显示在视图的左下角。

任务 2：为三维对象选择视觉样式

① 命令：SHADEMODE。

　　输入选项 [二维线框（2D）/三维线框（3D）/消隐（H）/平面着色（F）/体着色（G）/带边框平面着色（L）/带边框体着色（O）]〈三维线框〉：输入需要的视觉样式↙

② 菜单：视图—消隐，视图—着色，选择合适的视觉样式。

🔊 **小提示**

　　视图是用来观察图形的，是视点的所在位置。坐标点是用来方便绘制图形的。视觉样式用来表现的对象必须是实体或网格，线框不能使用视觉样式表现。

任务 3：运用动态观察工具观看三维图形，如图 14-3-5 所示。

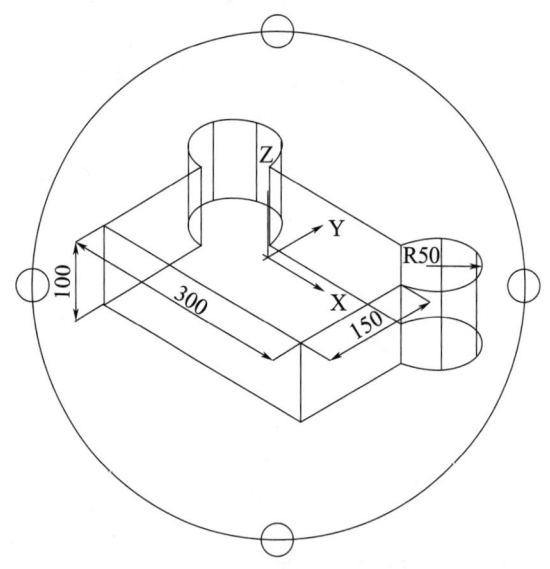

图 14-3-5　动态观察对象

　　在绘制与编辑三维图形时，经常需要从不同角度、不同方位全面细致地观察对象。使用动态观察工具可以很方便直观地观察对象。

　　动态观察的命令启动方式有：

① 命令：3DORBIT。

② 菜单：视图—三维动态观察。

　　可同时从 X、Y、Z 三个方向动态观察对象。

小提示

旋转截面不能横跨旋转轴两侧。每次只能旋转一个对象。若创建三维曲面，用于旋转的二维对象是不封闭的。

项目 4　用图元工具创建三维实体

用图元工具创建三维实体，可以通过两种模式。第一种通过，菜单栏：绘图—实体，进行创建三维实体。此工具栏提供了 6 种直接快速创建三维实体的命令，它们分别是：长方体、球体、圆柱体、圆锥体、楔体和圆环体，如图 14-4-1 所示。第二种通过命令输入创建三维实体。

使用东南等轴测视图，绘制如图 14-4-2 所示图形。

任务 4：创建边长为 20 的立方体，如图 14-4-2 所示。

命令：BOX↙

指定长方体的第一个角点或 [中心（C）]：0，0，0↙

指定另一个角点或 [立方体（C）/长度（L）]：C↙

指定长度：20↙

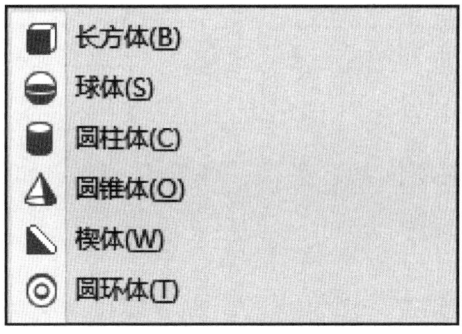

图 14-4-1　图元工具

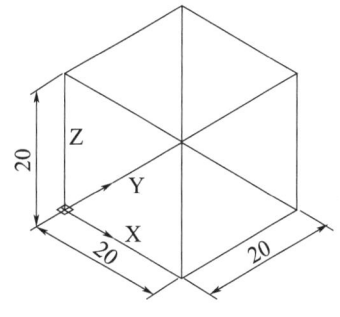

图 14-4-2　绘制立方体

小提示

创建长方体时可以指定长方体的长、宽、高。长、宽、高分别对应 X 轴、Y 轴、Z 轴方向，当指定的长度为正值时，则沿当前坐标轴的正向绘制，当指定的长度为负值时，则沿当前坐标轴的负向绘制。

任务 5：创建半径为 10，高度为 20 的圆柱体，如图 14-4-3 所示。

命令：CYLINDER↙

指定底面的中心点或 [三点（3P）/两点（2P）/切点、切点、半径（T）/椭圆（E）]：0，0，0↙

指定圆的半径或[直径(D)]：10↙

指定高度或[两点(2P)/中心轴(A)]：20↙

创建圆柱体需要先绘制底面圆，可以通过指定圆心、半径、直径、圆周上的点，以及与其他对象的切点等元素的组合来绘制底面圆。

任务 6：创建半径为 10 的球体，如图 14-4-4 所示。

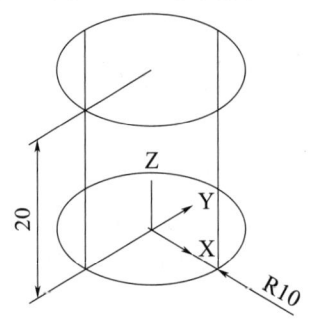
图 14-4-3　绘制圆柱体

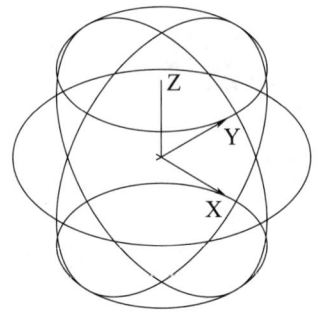
图 14-4-4　绘制球体

命令：SPHERE↙

指定中心点或[三点(3P)/两点(2P)/切点、切点、半径(T)]：0，0，0↙

指定圆的半径或[直径(D)]：10↙

🔊 小提示

> 创建球体一般有这几种组合：圆心和半径，圆心和直径，三点（圆上的三点），两点（直径的两个端点），切点、切点、半径。

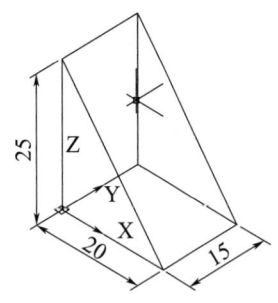
图 14-4-5　绘制楔体

任务 7：创建长 20、宽 15、高 25 的楔体，如图 14-4-5 所示。

命令：WEDGE↙

指定长方体的第一个角点或[中心(C)]：0，0，0↙

指定另一个角点或[立方体(C)/长度(L)]：L↙

指定长度：20↙

指定宽度：15↙

指定高度或[两点(2P)]：25↙

创建楔体可以通过指定两角点和高度，也可以通过指定中心点、角点和高度创建。

任务 8：创建锥底半径 10 高 20 的圆锥体，如图 14-4-6 所示。

命令：CONE↙

指定底面的中心点或[三点(3P)/两点(2P)/切点、切点、半径(T)/椭圆(E)]：0，0，0↙

指定圆的半径或[直径(D)]：10↙

指定高度或［两点（2P）/中心轴（A）/顶面半径（T）］：20↵

创建圆锥体与创建圆柱体操作步骤类似，都需要先绘制底面圆，然后指定高度完成图形的绘制。

任务9：创建半径30圆环半径5的圆环体，如图14-4-7所示。

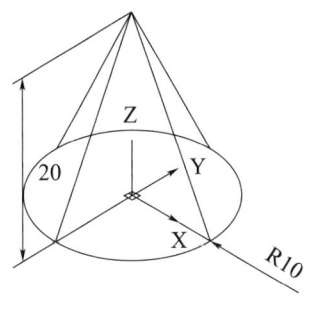
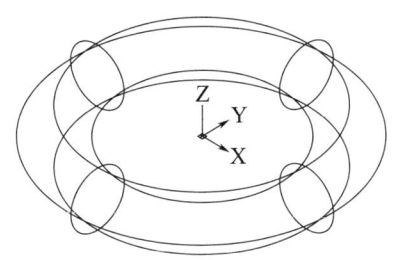

图14-4-6　绘制圆锥体　　　　图14-4-7　绘制圆环体

命令：TORUS↵
指定中心点或［三点（3P）/两点（2P）/切点、切点、半径（T）］：0，0，0↵
指定圆的半径或［直径（D）］：30↵
指定圆环半径或［两点（2P）/直径（D）］：5↵

创建圆环体，需要先绘制中心圆，中心圆即圆环体的中心线。可以通过指定圆心、半径、直径、圆周上的点，以及与其他对象的切点等元素的组合来绘制。

项目5　通过二维图形创建三维实体

中望CAD教育版除了可以通过实体命令绘制三维实体外，还可以通过拉伸、旋转二维对象创建出形状复杂的三维实体模型，是三维实体建模中一个非常有效的手段。如图14-5-1所示。

任务10：运用拉伸命令绘制图形。

在CAD中可以通过拉伸选定的闭合对象创建三维实体。

拉伸的命令启动方式有：

① 命令：EXTRUDE，简写EXT。

② 菜单：绘图—实体—拉伸。

图14-5-1　实体工具栏

选择对象后可以指定高度或按指定路径和倾斜角度进行拉伸，路径必须与拉伸面垂直。

目标：参考图14-5-2（a）绘制图14-5-2（b）所示图形。

分析：图14-5-2（a）可在二维视图，或者三维视图中俯视视角完成绘制，然后切换成东南等轴测视图。拉伸前需对二维图形做面域。

步骤：

命令：REGION↙

选择对象：选择二维线框 ↙

指定对角点：↙

找到 4 个

选择对象：↙

提取了 1 个环

创建了 1 个面域

命令：EXTRUDE↙

当前线框密度：ISOLINES＝4，闭合轮廓创建模式＝实体

选择对象或［模式（MO）］：选择面域 ↙

找到 1 个

选择对象或［模式（MO）］：

指定拉伸高度或［方向（D）/路径（P）/倾斜角（T）］：100↙

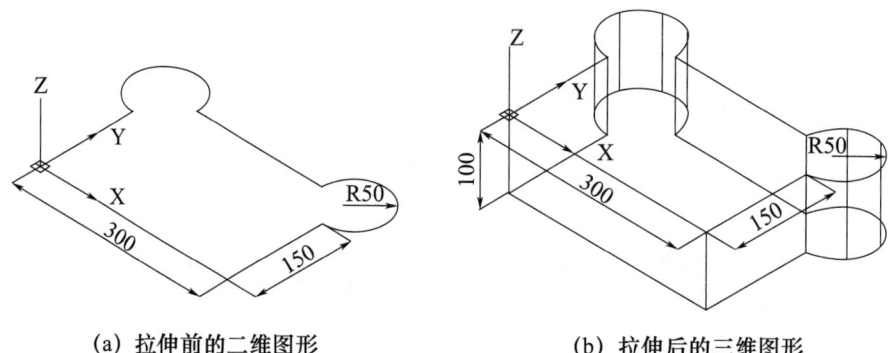

(a) 拉伸前的二维图形　　　　　(b) 拉伸后的三维图形

图 14-5-2　拉伸前后图形

小提示

> 可拉伸闭合的对象有多段线、多边形、矩形、圆、椭圆、闭合的样条曲线、圆环和面域。拉伸前必须对二维图形进行面域，拉伸对象被称为截面。

任务 11：运用旋转命令绘制图形。

在中望 CAD 教育版中可以将二维对象绕某一轴旋转生成实体。

旋转的命令启动方式有：

① 命令：REVOLVE，简写 REV。

② 菜单：绘图—实体—旋转。

目标：参考图 14-5-3（a）绘制图 14-5-3（b）所示图形。

分析：图 14-5-3（a）可在二维视图中完成，经过旋转形成图 14-5-3（b）。旋转前需对二维图形做面域。

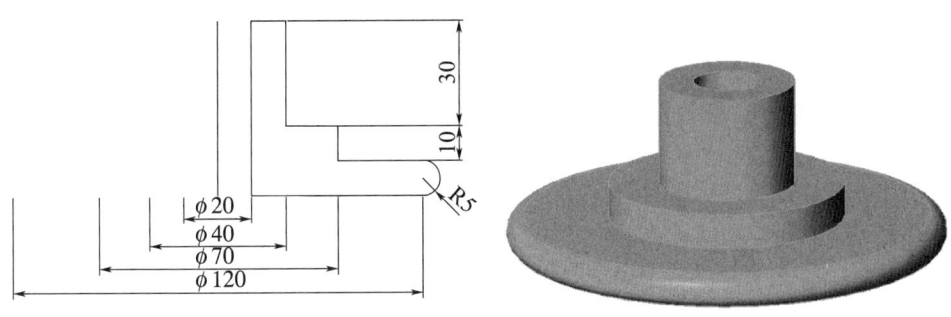

(a) 旋转前的二维图形　　　　　(b) 旋转后的三维图形

图 14-5-3　旋转前后的图形

步骤：

命令：REVOLVE↙

当前线框密度：ISOLINES＝4，闭合轮廓创建模式＝实体

选择对象或［模式（MO）］：选择绘制的二维图形

找到 1 个

选择对象或［模式（MO）］：

指定旋转轴的起始点或通过选项定义轴［对象（O）/X 轴（X）/Y 轴（Y）/Z 轴（Z）]〈对象〉：选择 Y 轴上的一点↙

指定轴的端点：选择 Y 轴上的另一点↙

指定旋转角度或［起始角度（ST）]〈360.0000〉：↙

二维对象的旋转方向与旋转轴的方向有关，旋转轴在对象的左、右两侧会有不同的效果。定义旋转轴时，旋转截面不能横跨旋转轴两侧。

小提示

> 旋转截面不能横跨旋转轴两侧，每次只能旋转一个对象。若创建三维曲面，用于旋转的二维对象是不封闭的。

任务 12：运用扫掠命令绘制图形。

扫掠操作可以将二维图形，按照指定路线，绘制成三维图形。

扫掠的命令启动方式有：

① 命令：SWEEP，简写 SWE。

② 菜单：绘图—实体—扫掠。

目标：参考图 14-5-4（a）绘制图 14-5-4（b）所示图形。

分析：图 14-5-4（a）需先绘制出圆形和路径，经过扫掠形成图 14-5-4（b）。

步骤：

命令：SWEEP↙

当前线框密度：ISOLINES＝4，闭合轮廓创建模式＝实体

选择要扫掠的对象或［模式（MO）]：选择圆形↙

找到 1 个

选择要扫掠的对象或 [模式（MO）]：↙

选择扫掠路径或 [对齐（A）/基点（B）/比例（S）/扭曲（T）]：选择螺旋线条↙

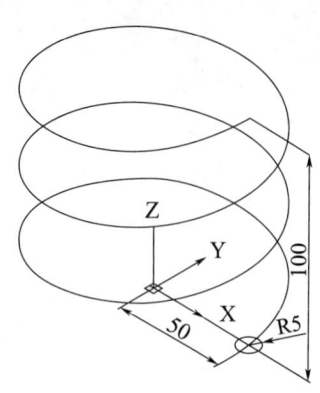
（a）扫掠前的线框图形

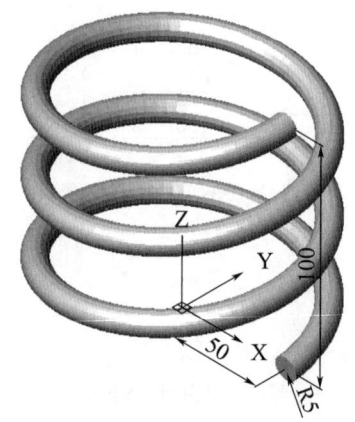
（b）扫掠后的三维图形

图 14-5-4　扫掠前后的图形

任务 13：运用放样命令绘制图形

旋转的命令启动方式有：

① 命令：LOFT。

② 菜单：绘图—实体—放样。

目标：参考图 14-5-5（a）绘制图 14-5-5（b）所示图形。

分析：图 14-5-5（a）中建立两个圆心在同轴的圆，经过放样形成图 14-5-5（b）。

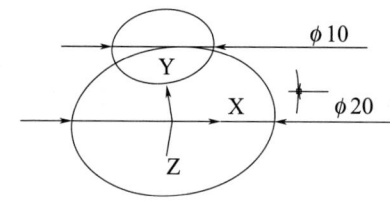
（a）放样前的线框图形

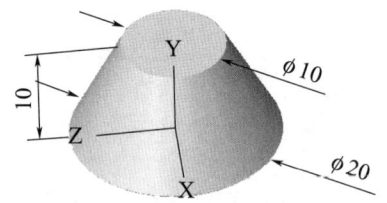
（b）放样后的三维图形

图 14-5-5　放样前后的图形

步骤：

命令：LOFT↙

当前线框密度：ISOLINES=4，闭合轮廓创建模式=实体

按放样次序选择横截面或 [模式（MO）]：选择第一个圆↙

找到 1 个

按放样次序选择横截面或 [模式（MO）]：选择第二个圆↙

找到 1 个，总计 2 个

按放样次序选择横截面或［模式（MO）］：↙

输入选项［导向（G）/路径（P）/仅横截面（C）/设置（S）]〈仅横截面〉：↙

小　　结

通过本模块的学习，用户主要掌握了三维坐标系的使用、三维视图等方面的内容，通过完成任务，强化了对三维实体的绘制，包括通过二维图形绘制三维实体的知识，学完本模块之后，用户能够制作出简单的三维图纸。

拓展训练

一、填空题

1. 运用动态观察工具观看三维图形的命令是_____。
2. 拉伸的命令是_____。

二、选择题

1. 视觉样式分别是二维线框、三维线框、消隐、平面着色、体着色、带边框平面着色和带边框体着色。下面（　　）是绘制的实体模型时常使用的观察模式。

A. 三维线框　　　　　B. 消隐　　　　　C. 着色

2. 以下是扫略的命令的是（　　）。

A. SWEEP

B. REVOLVE

C. LOFT

三、判断题

1. 形成面域前，用线框绘制的图形必须是封闭的。（　　）
2. 三维旋转和旋转的操作，功能上是相同的。（　　）

四、操作题

1. 绘制一个长、宽和高分别为 60mm、80mm 和 40mm 的长方体。
2. 绘制一个长、宽和高分别为 500mm 的楔体。
3. 绘制一个半径为 100mm 的球体。
4. 绘制一个底面半径 60mm、高度 400mm 的圆柱体。
5. 绘制一个底面半径 100mm、顶面半径 50mm、高度 200mm 的圆锥体。

6. 用旋转命令绘制如图 1～图 3 所示图形。

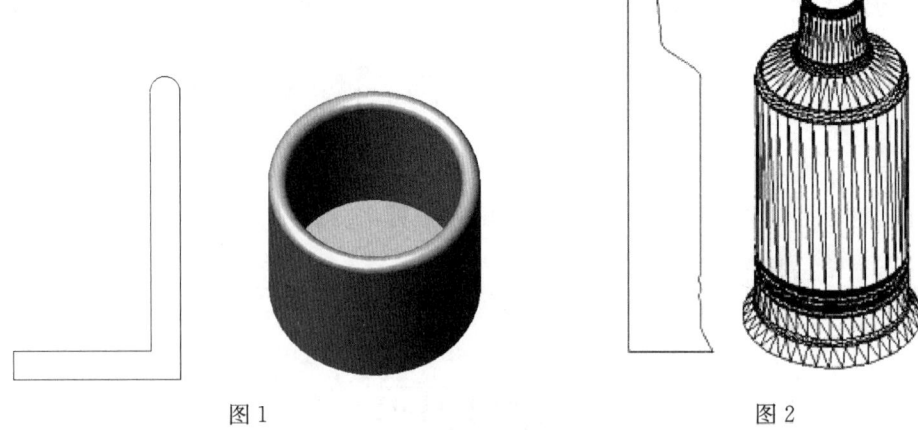

图 1　　　　　　　　　　　图 2

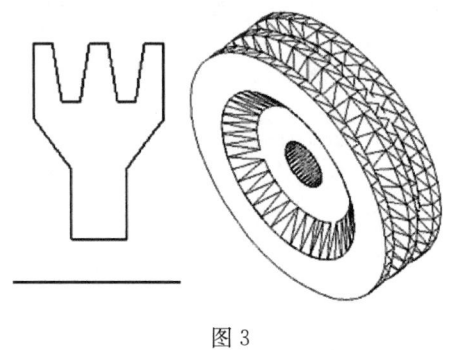

图 3

模块 15
编辑三维图形

✉ 教学目标
通过认识实体编辑菜单了解三维图形编辑的方法。
用布尔运算编辑三维图形。
使用实体编辑工具栏编辑三维实体。
使用三维旋转、阵列、镜像等命令编辑三维对象。
制作完成简单的三维模型。

◇ 教学重点
三维实体图形编辑与修改的基本操作。
三维图形的旋转、阵列、镜像。

⚛ 教学难点
运用所学命令进行实体造型。

在中望 CAD 教育版中，用户可以使用三维编辑命令在三维空间对对象进行复制、镜像、删除和移动等操作，也可以进行布尔运算、还可以剖切实体，获取实体的截面，也可以编辑它们的体、面或边，以及三维操作。

项目1　了解三维实体编辑的菜单

修改菜单下的实体编辑和三维操作；绘图菜单下的曲面和实体；视图菜单下的三维视图和三维动态观察工具栏都用于对三维实体的编辑。如图 15-1-1 所示。

图 15-1-1　三维实体编辑工具栏

项目2　运用布尔运算编辑制作模型

在图形中，如果两个或两个以上三维实体、曲面或面域相交，可以通过合并对象，减去或找出相交部分来创建复合对象，这三个过程分别称为并集、差集和交集。

实体菜单的布尔操作命令可以实现实体间的并、差、交运算，如图 15-2-1 所示。

1. 并集

并集即将两个或两个以上三维实体、面域或曲面的面积或体积合并。通过命令能够将多个对象合并为一个对象，选择集可以包含位于任意多个不同平面中的对象。

并集的命令启动方式有：

① 命令：UNION，简写 UNI。

② 菜单：修改—实体编辑—并集。

命令：UNION✓

选择对象求和：　　　　　//选择全部要并集的图形✓

指定对角点：

找到 2 个

选择对象求和：　　　　　//结束命令✓

2. 差集

差集即从三维实体、面域或曲面中减去相交的体积或面积部分。通过命令可以从一个对象中减去与其他对象的重叠部分来创建新对象。

差集的命令启动方式有：

① 命令：SUBTRACT，简写 SU。

② 菜单：修改—实体编辑—差集。

命令：SUBTRACT↙

选择要从中减去的实体、曲面和面域：选择保留的实体模型↙

找到 1 个

选择要从中减去的实体、曲面和面域：选择要减去的实体模型↙

选择要减去的实体、曲面和面域：

找到 1 个

选择要减去的实体、曲面和面域：↙

3. 交集

交集即将相交的三维实体、面域或曲面的相交部分保留，删除其余部分。通过命令可以将多个对象的重合部分创建为一个新复合对象。

交集的命令启动方式有：

① 命令：INTERSECT，简写 IN。

② 菜单：修改—实体编辑—交集。

命令：INTERSECT↙

选取要相交的对象：

找到 1 个

选取要相交的对象：

找到 1 个，总计 2 个

选取要相交的对象：

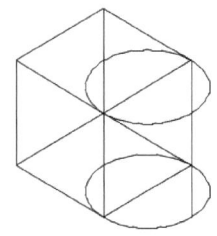 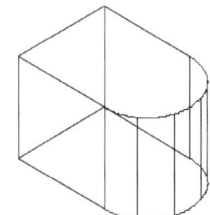 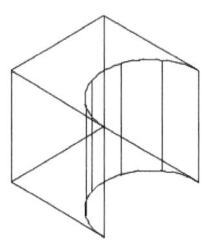 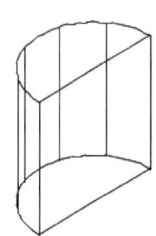

图 15-2-1　布尔运算的原图、并集、差集和交集三种形式

任务 1：绘制收纳箱。

目标：参考图 15-2-2、图 15-2-3 绘制图 15-2-4 所示图形。

分析：本图例使用实体图形绘制，借助布尔运算中的交集、差集和并集进行组合。

步骤：

① 单击视图—三维视图—西南等轴测视图。

② 绘制半径 50、高 80 的圆柱体一作为收纳箱主体。

命令：CYLINDER↙

指定底面的中心点或 [三点 (3P)/两点 (2P)/切点、切点、半径 (T)/椭圆 (E)]：0，0，0↙

指定圆的半径或 [直径 (D)]：50↙

指定高度或 [两点 (2P)/中心轴 (A)]：80↙

③ 绘制半径 45、高 80 的圆柱体二。两个圆柱体位置如图 15-2-3 所示。

命令：CYLINDER↙

指定底面的中心点或 [三点 (3P)/两点 (2P)/切点、切点、半径 (T)/椭圆 (E)]：0，0，5↙

指定圆的半径或 [直径 (D)]⟨50.0000⟩：45↙

指定高度或 [两点 (2P)/中心轴 (A)]⟨80.0000⟩：80↙

④ 圆柱体一与圆柱体二做差集，得到主体一。效果如图 15-2-4 所示。

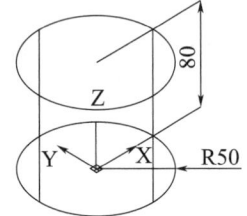 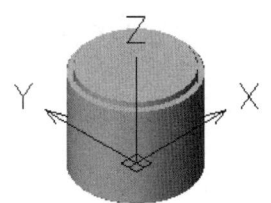 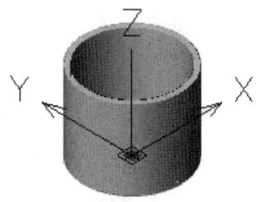

图 15-2-2　圆柱体尺寸图　　图 15-2-3　圆柱体一、二位置图示　　图 15-2-4　差集后的主体一

命令：SUBTRACT↙

选择要从中减去的实体、曲面和面域：　　　　　　　//选择圆柱体一

找到 1 个

选择要从中减去的实体、曲面和面域：↙

选择要减去的实体、曲面和面域：　　　　　　　　　//选择圆柱体二

找到 1 个

选择要减去的实体、曲面和面域：↙

⑤ 绘制圆的半径为 20、圆环半径为 3 的圆环。

命令：TORUS↙

指定中心点或 [三点 (3P)/两点 (2P)/切点、切点、半径 (T)]：0，0，0↙

指定圆的半径或 [直径 (D)]⟨45.0000⟩：20↙

指定圆环半径或 [两点 (2P)/直径 (D)]：3↙

⑥ 绘制长方体、圆环和长方体位置，如图 15-2-5 所示。

命令：BOX↙

指定长方体的第一个角点或 [中心 (C)]：0，30，-10↙

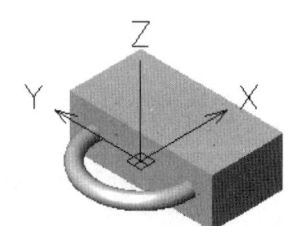

图 15-2-5　圆环和长方体位置图示

指定另一个角点或［立方体（C）/长度（L）］：30，-30，10↙

⑦ 圆环和长方体做交集，得到主体二，如图 15-2-6 所示。

命令：INTERSECT↙

选取要相交的对象：选择长方形

找到 1 个

选取要相交的对象：选择圆环

找到 1 个，总计 2 个

选取要相交的对象：

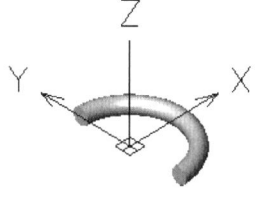

图 15-2-6　主体二

⑧ 调整 UCS 坐标，绕 Y 轴旋转 90°。

命令：UCS↙

当前在世界 UCS

指定 UCS 的原点或［？/面（F）/3 点（3）/删除（D）/对象（OB）/原点（O）/上一个（P）/还原（R）/保存（S）/视图（V）/X/Y/Z/Z 轴（ZA）/世界（W）]〈世界〉：Y↙

输入绕 Y 轴的旋转角度〈90〉：90↙

⑨ 绘制半径 55、高 5 的圆柱体三。

命令：CYLINDER

指定底面的中心点或［三点（3P）/两点（2P）/切点、切点、半径（T）/椭圆（E）］：0，0，0↙

指定圆的半径或［直径（D）]〈20.0000〉：50↙

指定高度或［两点（2P）/中心轴（A）]〈80.0000〉：5↙

⑩ 将圆柱体三和主体二做并集，得到主体三，如图 15-2-7 所示。

命令：UNION↙

选择对象求和：选择圆柱体三

找到 1 个

选择对象求和：选择把手

找到 1 个，总计 2 个

选择对象求和：↙

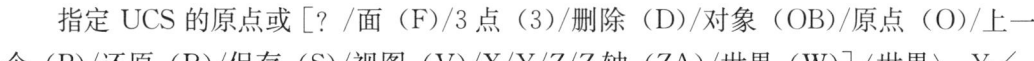

图 15-2-7　主体三

⑪ 将主体二、三移动到合适位置，组成如图 15-2-8 所示收纳箱物品。

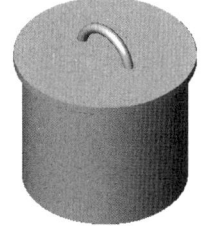

图 15-2-8　收纳箱

🔊 **小提示**

此图形绘制以确定中心点后，使用输入坐标值的方法，可以准确绘制图形。这样利于由浅入深逐渐认识视图。

项目3 运用实体编辑相关命令编辑复杂对象

实体编辑工具栏主要有体的操作（压印、清除、分割、抽壳、剖切和检查）；面的操作、边的操作和轮廓。

任务2：用抽壳法绘制垃圾桶。

抽壳法是以指定的厚度创建一个空的薄层。抽壳时输入的偏移距离值为正，则从外开始抽壳，若为负则从内开始抽壳。

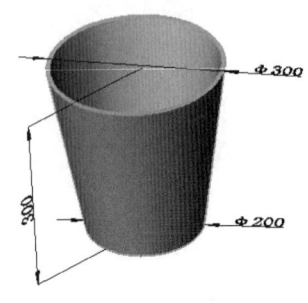

图 15-3-1 抽壳后的垃圾桶

抽壳的命令启动方式有：
① 命令：SOLIDEDIT。
② 菜单：修改—实体编辑—抽壳。
目标：参考图 15-3-1 所示图形。
分析：本图由两个圆形，经过放样工具，形成圆台形状，再使用抽壳工具制作垃圾桶。
步骤：
抽壳壁厚5，成为中空的垃圾桶，如图 15-3-1 所示。

命令：SOLIDEDIT✓

输入实体编辑选项［面（F）/边（E）/体（B）/放弃（U）/退出（X）］〈退出〉：B

输入体编辑选项［压印（I）/分割实体（P）/抽壳（S）/清除（L）/检查（C）/放弃（U）/退出（X）］〈退出〉：S

选择三维实体：   //选择实体模型✓

删除面或［放弃（U）/添加（A）/全部（ALL）］：找到 1 个面，已删除 1 个。（选择上表面）✓

删除面或［放弃（U）/添加（A）/全部（ALL）］：

输入外偏移距离：5✓   //按两次 X 键或者按 Enter 键退出

📢 小提示

> 绘制上下两个圆时，在圆心选择上 X、Y 轴保持同样数值，Z 轴数值差为物体高度。

任务3：用剖切法绘制模型如图 15-3-2 所示。

剖切是指剪切平面剖切指定对象，形成新的三维实体或曲面。
① 命令：SLICE。
② 菜单：绘图—实体—剖切。
步骤：
命令：SLICE✓

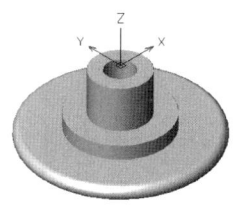 

(a) 原实体模型　　　　　　　(b) 剖切后实体模型

图 15-3-2　剖切前后实体模型（视图为西南等轴测）

选择要剖切的对象：选择实体模型

找到 1 个

选择要剖切的对象：✓

指定剖切平面起点或 [平面对象 (O)/曲面 (S)/Z 轴 (Z)/视图 (V)/XY/YZ/ZX/三点 (3)] 〈三点〉：ZX✓

指定 ZX 平面上的点 〈0，0，0〉：选择 Z 轴上的任意一点

在需求平面的一侧拾取一点或 [保留两侧 (B)] 〈两侧〉：选取左侧保留面

任务 4：三维面的压印和清除操作。

1. 压印

如图 15-3-3 所示，选取一个对象，将其压印在一个实体对象上。但前提条件是，被压印的对象必须与实体对象的一个或多个面相交。可选取的对象包括：圆弧、圆、直线、二维和三维多段线、椭圆、样条曲线、面域、体及三维实体。

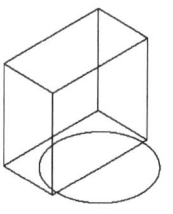 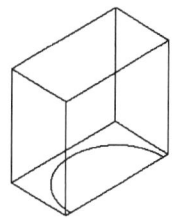

图 15-3-3　压印前后对比图

① 命令：SOLIDEDIT。

② 菜单：修改—实体编辑—压印。

步骤：

命令：SOLIDEDIT✓

输入实体编辑选项 [面 (F)/边 (E)/体 (B)/放弃 (U)/退出 (X)] 〈退出〉：B

输入体编辑选项 [压印 (I)/分割实体 (P)/抽壳 (S)/清除 (L)/检查 (C)/放弃 (U)/退出 (X)] 〈退出〉：I

选择三维实体：选择保留压印痕迹的实体

选择要压印的对象：选择

是否删除源对象 [是 (Y)/否 (N)] 〈否〉：输入 Y 或 N✓

📢 **小提示**

> 压印功能中，"是否删除源对象 [是 (Y)/否 (N)]" 其中的 Y 和 N 功能为是选择保留两个主体交集以外的内容。

2. 清除

如图 15-3-4 所示，删除与选取的实体有交点的，或共用一条边的顶点。删除所有多余的边和顶点、压印的以及不使用的几何图形。

① 命令：SOLIDEDIT。

② 菜单：修改—实体编辑—清除。

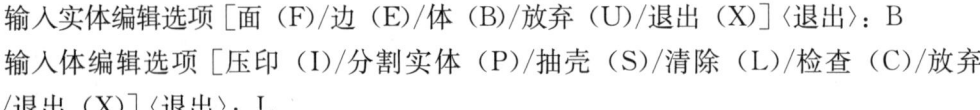

图 15-3-4　清除前后实体模型

步骤：

命令：SOLIDEDIT↙

输入实体编辑选项 [面（F）/边（E）/体（B）/放弃（U）/退出（X）]〈退出〉：B

输入体编辑选项 [压印（I）/分割实体（P）/抽壳（S）/清除（L）/检查（C）/放弃（U）/退出（X）]〈退出〉：L

选择三维实体：↙

任务 5：三维面的操作。

实体菜单下实体编辑工具栏中的面命令可完成对实体的相关编辑操作。

1. 拉伸面

如图 15-3-5 所示，将三维实体的一个或多个面按指定高度或指定路径进行拉伸以生成一个新的三维实体，新的实体由原三维实体一起组成。

① 命令：SOLIDEDIT。

② 菜单：修改—实体编辑—拉伸面。

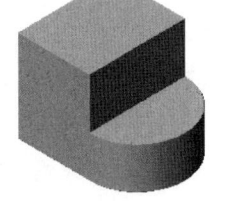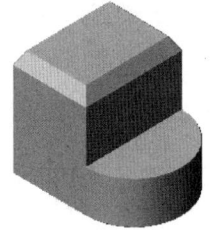

图 15-3-5　拉伸面前后对比图

命令：SOLIDEDIT↙

输入实体编辑选项 [面（F）/边（E）/体（B）/放弃（U）/退出（X）]〈退出〉：F

输入面编辑选项

[拉伸（E）/移动（M）/旋转（R）/偏移（O）/倾斜（T）/删除（D）/复制（C）/颜色（L）/放弃（U）/退出（X）]〈退出〉：E

选择面或 [放弃（U）/删除（R）]：找到 1 个面（选择上表面）

选择面或 [放弃（U）/删除（R）/全部（ALL）]：↙

指定拉伸高度或 [路径（P）]：5↙

指定拉伸的倾斜角度〈0.0000〉：30↙

输入面编辑选项

[拉伸（E）/移动（M）/旋转（R）/偏移（O）/倾斜（T）/删除（D）/复制（C）/颜色（L）/放弃（U）/退出（X）]〈退出〉：↙

输入实体编辑选项 [面（F）/边（E）/体（B）/放弃（U）/退出（X）]〈退出〉↙

小提示

指定拉伸的高度输入的值为正值,则沿面的正向拉伸。如果输入负值,则沿面的反向拉伸。若指定的倾斜角度为正,则往里倾斜选定的面,负角度将往外倾斜面。默认角度为 0,此时面被垂直拉伸。若指定的高度和角度值较大,选择的面可能会在达到拉伸高度前汇聚到一点。选取的拉伸路径包括有直线、圆、圆弧、椭圆、椭圆弧、多段线或样条曲线。但这些对象不能与面处于同一平面,也不能具有高曲率的部分。拉伸路径必须垂直于剖面平面且位于其中一个端点处。

2. 移动面

如图 15-3-6 所示,通过移动三维实体面的位置来改变实体的外形,一次可以选择多个面。

① 命令:SOLIDEDIT。

② 菜单:修改—实体编辑—移动面。

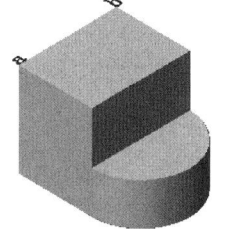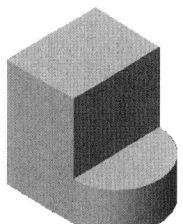

图 15-3-6　移动面前后对比图

命令:SOLIDEDIT✓

输入实体编辑选项 [面(F)/边(E)/体(B)/放弃(U)/退出(X)]〈退出〉:F

输入面编辑选项

[拉伸(E)/移动(M)/旋转(R)/偏移(O)/倾斜(T)/删除(D)/复制(C)/颜色(L)/放弃(U)/退出(X)]〈退出〉:M

选择面或 [放弃(U)/删除(R)]:找到 1 个面。

选择面或 [放弃(U)/删除(R)/全部(ALL)]:✓

指定方向的起点:选择 a 点✓

指定方向的端点:10✓

输入面编辑选项

[拉伸(E)/移动(M)/旋转(R)/偏移(O)/倾斜(T)/删除(D)/复制(C)/颜色(L)/放弃(U)/退出(X)]〈退出〉:✓

输入实体编辑选项 [面(F)/边(E)/体(B)/放弃(U)/退出(X)]〈退出〉✓

3. 旋转面

如图 15-3-7 所示,将选取的面围绕指定的轴旋转一定角度。

① 命令:SOLIDEDIT。

② 菜单:修改—实体编辑—旋转面。

命令:SOLIDEDIT✓

输入实体编辑选项 [面(F)/边(E)/体(B)/放弃(U)/退出(X)]〈退出〉:F

输入面编辑选项

[拉伸(E)/移动(M)/旋转(R)/偏移(O)/倾斜(T)/删除(D)/复制(C)/颜色(L)/放弃(U)/退出(X)]〈退出〉:R

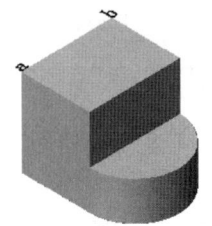 

　　选择面或［放弃（U）/删除（R）］：找到1个面。（选择长方体上表面）

　　选择面或［放弃（U）/删除（R）/全部（ALL）］：

　　指定轴点或［经过对象的轴（A）/视图（V）/X 轴（X）/Y 轴（Y）/Z 轴（Z）］〈两点〉：a↙

图 15-3-7　旋转面前后对比图

　　在旋转轴上指定第二个点：b↙

　　指定旋转角度或［参照（R）］：15↙　　　//按两次 X 或 Enter 键退出

　　输入面编辑选项

　　［拉伸（E）/移动（M）/旋转（R）/偏移（O）/倾斜（T）/删除（D）/复制（C）/颜色（L）/放弃（U）/退出（X）］〈退出〉：↙

　　输入实体编辑选项［面（F）/边（E）/体（B）/放弃（U）/退出（X）］〈退出〉↙

4. 偏移面

如图 15-3-8 所示，按指定的距离或通过指定的点，将面均匀地偏移。正值增大实体尺寸或体积，负值减小实体尺寸或体积。

① 命令：SOLIDEDIT。

② 菜单：修改—实体编辑—偏移面。

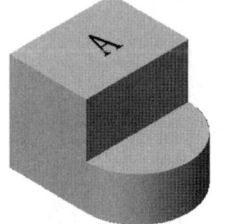 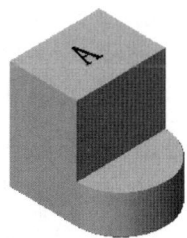

　　命令：SOLIDEDIT↙

图 15-3-8　偏移面前后对比图

　　输入实体编辑选项［面（F）/边（E）/体（B）/放弃（U）/退出（X）］〈退出〉：F

　　输入面编辑选项

　　［拉伸（E）/移动（M）/旋转（R）/偏移（O）/倾斜（T）/删除（D）/复制（C）/颜色（L）/放弃（U）/退出（X）］〈退出〉：O

　　选择面或［放弃（U）/删除（R）］：找到 1 个面。（选择 A 面）

　　选择面或［放弃（U）/删除（R）/全部（ALL）］：

　　指定偏移距离：10↙　　　　　　　　　　//按两次 X 或 Enter 键退出

　　输入面编辑选项

　　［拉伸（E）/移动（M）/旋转（R）/偏移（O）/倾斜（T）/删除（D）/复制（C）/颜色（L）/放弃（U）/退出（X）］〈退出〉：↙

　　输入实体编辑选项［面（F）/边（E）/体（B）/放弃（U）/退出（X）］〈退出〉↙

🔊 小提示

若输入的距离值为正数，则以指定的距离放大实体，若输入的值为负数，则缩小实体。

5. 倾斜面

如图 15-3-9 所示，以一条轴为基准，将选取的面倾斜一定的角度。

① 命令：SOLIDEDIT。

② 菜单：修改—实体编辑—倾斜面。

命令：SOLIDEDIT✓

输入实体编辑选项 [面 (F)/边 (E)/体 (B)/放弃 (U)/退出 (X)]〈退出〉：F

输入面编辑选项

[拉伸 (E)/移动 (M)/旋转 (R)/偏移 (O)/倾斜 (T)/删除 (D)/复制 (C)/颜色 (L)/放弃 (U)/退出 (X)]〈退出〉：T

　　选择面或 [放弃 (U)/删除 (R)]：找到 1 个面。

　　选择面或 [放弃 (U)/删除 (R)/全部 (ALL)]：

　　指定基点：a✓

　　指定沿倾斜轴的另一个点：c✓

　　指定拉伸的倾斜角度〈0.0000〉：35✓　　　//按两次 X 或 Enter 键退出

输入面编辑选项

[拉伸 (E)/移动 (M)/旋转 (R)/偏移 (O)/倾斜 (T)/删除 (D)/复制 (C)/颜色 (L)/放弃 (U)/退出 (X)]〈退出〉：✓

　　输入实体编辑选项 [面 (F)/边 (E)/体 (B)/放弃 (U)/退出 (X)]〈退出〉✓

图 15-3-9　倾斜面前后对比图

小提示

> 倾斜面命令是先指定面的一个基点，再指定轴然后确定角度。倾斜角度的旋转方向由选择基点和第二点的顺序决定。

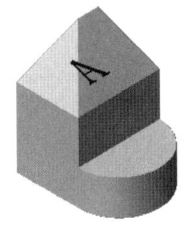

图 15-3-10　删除面前后对比图

6. 删除面

如图 15-3-10 所示，删除选择的面后需要在选项里执行一个新的命令才能完成操作。如果删除选取的面后生成无效的三维实体则面不可以删除。

① 命令：SOLIDEDIT。

② 菜单：修改—实体编辑—删除面。

命令：SOLIDEDIT✓

输入实体编辑选项 [面 (F)/边 (E)/体 (B)/放弃 (U)/退出 (X)]〈退出〉：F

输入面编辑选项

[拉伸 (E)/移动 (M)/旋转 (R)/偏移 (O)/倾斜 (T)/删除 (D)/复制 (C)/颜色 (L)/放弃 (U)/退出 (X)]〈退出〉：D

选择面或 ［放弃（U）/删除（R）］：找到 1 个面（选择 A 表面）

选择面或 ［放弃（U）/删除（R）/全部（ALL）］：↙//按两次 X 或 Enter 键退出

输入面编辑选项

［拉伸（E）/移动（M）/旋转（R）/偏移（O）/倾斜（T）/删除（D）/复制（C）/颜色（L）/放弃（U）/退出（X）］〈退出〉：↙

输入实体编辑选项 ［面（F）/边（E）/体（B）/放弃（U）/退出（X）］〈退出〉↙

7. 复制面

如图 15-3-11 所示，复制选取的面到指定的位置。

① 命令：SOLIDEDIT。

② 菜单：修改—实体编辑—复制面。

命令：SOLIDEDIT↙

输入实体编辑选项 ［面（F）/边（E）/体（B）/放弃（U）/退出（X）］〈退出〉：F

图 15-3-11　复制面前后对比图

输入面编辑选项

［拉伸（E）/移动（M）/旋转（R）/偏移（O）/倾斜（T）/删除（D）/复制（C）/颜色（L）/放弃（U）/退出（X）］〈退出〉：C

选择面或 ［放弃（U）/删除（R）］：找到 1 个面（选择 A 面）↙

选择面或 ［放弃（U）/删除（R）/全部（ALL）］：

指定方向的起点：点选 a↙

指定方向的端点：10↙

输入面编辑选项

［拉伸（E）/移动（M）/旋转（R）/偏移（O）/倾斜（T）/删除（D）/复制（C）/颜色（L）/放弃（U）/退出（X）］〈退出〉：↙

输入实体编辑选项 ［面（F）/边（E）/体（B）/放弃（U）/退出（X）］〈退出〉↙

📢 小提示

> 将面复制为面域或体，不能进行布尔运算。指定位移的第二点时，可用鼠标指定到需要位置，也可输入距离。

8. 着色面

如图 15-3-12 所示，给选取的面指定上颜色。当实体表面被修改为某种颜色时，该表面的线框也将改变为重新赋予的颜色。

① 命令：SOLIDEDIT。

② 菜单：修改—实体编辑—着色面。

命令：SOLIDEDIT↙

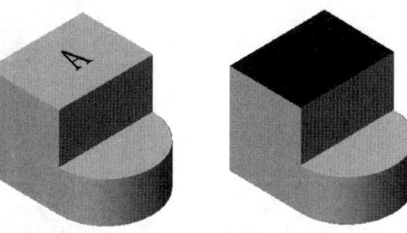

图 15-3-12　着色面前后对比图

· 228 ·

输入实体编辑选项［面（F）/边（E）/体（B）/放弃（U）/退出（X）]〈退出〉：F
输入面编辑选项
［拉伸（E）/移动（M）/旋转（R）/偏移（O）/倾斜（T）/删除（D）/复制（C）/颜色（L）/放弃（U）/退出（X）]〈退出〉：L
选择面或［放弃（U）/删除（R）]：找到 1 个面（选择 A 面）↙
选择面或［放弃（U）/删除（R）/全部（ALL）]：↙在选择颜色的对话框中选取相应颜色，单击确定
输入面编辑选项
［拉伸（E）/移动（M）/旋转（R）/偏移（O）/倾斜（T）/删除（D）/复制（C）/颜色（L）/放弃（U）/退出（X）]〈退出〉：↙
输入实体编辑选项［面（F）/边（E）/体（B）/放弃（U）/退出（X）]〈退出〉↙

任务 6：三维边的操作。

实体菜单下实体编辑工具栏中的边命令可编辑或修改三维实体对象的边，可对边进行的操作有复制、着色。

1. 复制边

如图 15-3-13 所示，将边 L1 复制到 L2。

复制选取的边到指定的位置，被复制的边的副本都将变为单一的直线、弧、圆、椭圆或样条曲线，而且原来边所具有的特性，例如颜色，在复制后也将变为系统默认的颜色值。

① 命令：SOLIDEDIT。

② 菜单：修改—实体编辑—复制边。

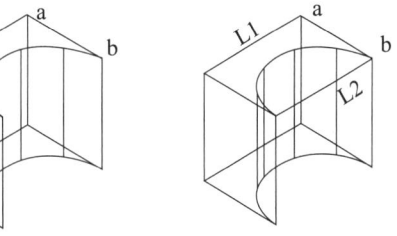

图 15-3-13　复制边的前后对比

命令：SOLIDEDIT↙
输入实体编辑选项［面（F）/边（E）/体（B）/放弃（U）/退出（X）]〈退出〉：E
输入边编辑选项
［复制（C）/着色（L）/放弃（U）/退出（X）]〈退出〉：C
选择边或［放弃（U）/删除（R）]：找到 1 条边。
选择边或［放弃（U）/删除（R）/全部（ALL）]：↙
指定方向的起点：a↙
指定方向的端点：b↙
输入边编辑选项
［复制（C）/着色（L）/放弃（U）/退出（X）/]〈退出〉：
输入实体编辑选项［面（F）/边（E）/体（B）/放弃（U）/退出（X）]〈退出〉

2. 着色边

如图 15-3-14 所示，将 L1 边改变颜色。修改选取的边的颜色。在选择边之后，打开"选择颜色"对话框，用户可在其中指定要给边设置的颜色。

① 命令：SOLIDEDIT。

② 菜单：修改—实体编辑—着色边。

命令：SOLIDEDIT↙

输入实体编辑选项［面（F）/边（E）/体（B）/放弃（U）/退出（X）］〈退出〉：E

输入边编辑选项

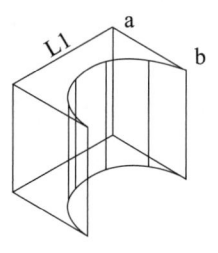 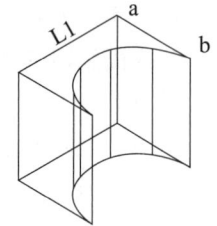

图15-3-14　着色边的前后对比

［复制（C）/着色（L）/放弃（U）/退出（X）］〈退出〉：L

选择边或［放弃（U）/删除（R）］：找到1条边（点选L1边）↙

选择边或［放弃（U）/删除（R）/全部（ALL）］：↙在选择颜色的对话框中选取相应颜色，单击确定

输入边编辑选项

［复制（C）/着色（L）/放弃（U）/退出（X）/］〈退出〉：

输入实体编辑选项［面（F）/边（E）/体（B）/放弃（U）/退出（X）］〈退出〉

任务7：创建三维实体的二维轮廓线，如图15-3-15所示。

使用前需激活实体对象所在视口，创建的轮廓线将在该视口中显示。

命令：SOLPROF↙

选择对象：

指定对角点：

找到2个

选择对象：

是否在单独的图层中显示隐藏的轮廓线？

 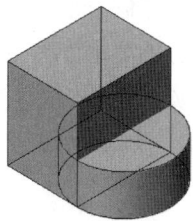

图15-3-15　三维轮廓的前后对比

［是（Y）/否（N）］〈是〉：

是否将轮廓线投影到平面？［是（Y）/否（N）］〈是〉：↙

📢 小提示

要使用SOLPROF命令须在图纸（布局）空间中使用。

项目4　运用三维操作编辑复杂对象

修改菜单中的三维操作工具栏提供了三维旋转、三维阵列和三维镜像三种空间操作方法，如图15-4-1所示。

任务8：用三维旋转编辑图形。

在中望CAD教育版中可以通过旋转选定的闭合对象创建实体。

旋转的命令启动方式有：

① 命令：ROTATE3D。

② 菜单：修改—三维操作—三维旋转。

目标：绘制图 15-4-2 所示图形。

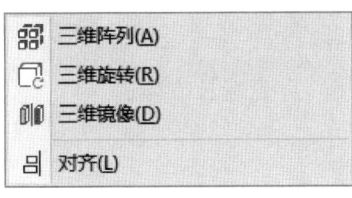
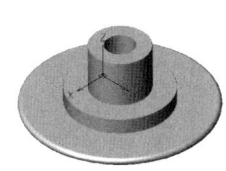
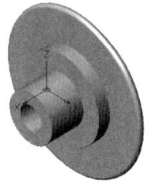

图 15-4-1　三维操作工具栏　　　　图 15-4-2　三维旋转前后对比图

分析：以 Y 轴为旋转轴旋转 90°，观察模型。

步骤：

命令：ROTATE3D↙

当前正向角度：ANGDIR＝逆时针　ANGBASE＝0

选择对象：

找到 1 个

选择对象：↙

指定旋转轴的起始点或通过选项定义轴［对象（O）/上一次（L）/视图（V）/X 轴（X）/Y 轴（Y）/Z 轴（Z）/两点（2）］：Y

指定 Y 轴上一点〈0，0，0〉：↙

指定旋转角度或［参考角度（R）］：90↙

任务 9：用三维矩形阵列编辑图形。

在中望 CAD 教育版的三维空间内，可以使用三维阵列命令来创建指定对象的三维阵列。主要有矩形阵列、路径阵列和环形阵列 3 种形式。

矩形阵列对象以三维矩形（列、行和层）样式或二维环形（圆形）样式在立体空间中复制。

三维阵列的命令启动方式有：

① 命令：3DARRAY。

② 菜单：修改—阵列—矩形阵列，或修改—三维操作—三维阵列。

目标：绘制图 15-4-3（a）所示图形。

分析：使用长方体和矩形三维阵列。

步骤：

① 切换视图为西南等轴测。

② 绘制基本图形—长方体。

命令：BOX↙

指定长方体的第一个角点或［中心（C）］：0，0，0↙

指定另一个角点或［立方体（C）/长度（L）］：L↙

指定长度：30↵

指定宽度：20↵

指定高度或［两点（2P）］：10↵

③ 用矩形阵列编辑图形。

命令：3DARRAY↵

选择对象：　　　　　　　　　　//点选长方体↵

找到 1 个

选择对象：

输入阵列类型［矩形（R）/环形（P）］〈矩形〉：r↵

输入行数（---）〈1〉：3↵

输入列数（|||）〈1〉：4↵

输入层数（…）〈1〉：2↵

指定行间距（---）：30↵

指定列间距（|||）：40↵

指定层间距（…）：50↵

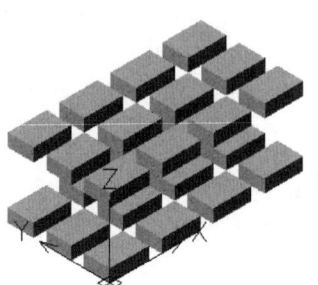

其他	
列	4
列间距	40
行	3
行间距	30
行标高增	0
层	2
层间距	50
轴夹角	90

(a) 矩形阵列图示　　(b) 阵列数据参数

图 15-4-3　任务 9 图

④ 可以单击阵列实体模型，在特性工具栏中修改矩阵内容，如列、列间距、行、行间距、层、层高等，如图 15-4-3 (b) 所示。

阵列的行、列、层数值为非零正整数，并且三者中必须有一个数值大于 1。在阵列的行数、列数或层数值大于 1 时，需要继续指定行间距、列间距或层间距。若三者间距值输入的是正值，则沿 X、Y、Z 轴的正向生成阵列；若为负值，则沿 X、Y、Z 轴的负向生成阵列。

行数：指定矩形阵列在 X 轴方向重复的次数。

列数：指定矩形阵列在 Y 轴方向重复的次数。

层数：指定将要形成的矩形阵列在 Z 轴方向的层数。若只指定一层则创建二维阵列。

行间距：指定在 X 轴方向上阵列元素基点之间的距离。

列间距：指定在 Y 轴方向上阵列元素基点之间的距离。

层间距：指定在 Z 轴方向上阵列元素基点之间的距离。

任务 10：用三维环形阵列编辑图形。

三维环形阵列：绕指定的旋转轴复制对象。

三维环形阵列的命令启动方式有：

① 命令：3DARRAY。

② 菜单：修改—阵列—矩形阵列，或修改—三维操作—三维阵列。

目标：绘制图 15-4-4 (a) 所示图形。

分析：使用圆柱体和环形三维阵列。

步骤：

① 切换视图为西南等轴测。

② 绘制基本图形。

命令：CYLINDER↙

指定底面的中心点或［三点（3P）/两点（2P）/切点、切点、半径（T）/椭圆（E）］：100，100，0↙

指定圆的半径或［直径（D）］：10↙

指定高度或［两点（2P）/中心轴（A）］：50↙

③ 三维阵列图形。

命令：3DARRAY↙

选择对象：选圆柱形↙

找到 1 个

选择对象：↙

输入阵列类型［矩形（R）/环形（P）］〈矩形〉：P↙

输入阵列中的项目数目：12↙

指定要填充的角度（＋＝逆时针，－＝顺时针）〈360〉：↙

是否旋转阵列中的对象？［是（Y）/否（N）］〈是〉：↙

指定阵列的圆心：0，0，0↙

指定旋转轴上的第二点：指定 Z 轴上任意点

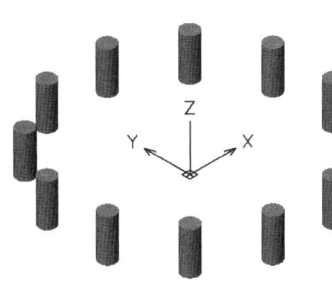

(a) 环形三维阵列图示　　(b) 阵列数据修改参数

图 15-4-4　任务 10 图

④ 可以单击阵列实体模型，在特性工具栏中修改矩阵内容，如项目数目、项目间的角度、填充角度等，如图 15-4-4（b）所示。

项目数目：指定阵列中的阵列元素数量。

角度指定：要填充的角度。指定的角度可确定围绕旋转轴旋转阵列对象的间距。正数值表示沿逆时针方向旋转。负数值表示沿顺时针方向旋转。

阵列的圆心：指定阵列的中心点。

第二点：指定旋转轴上的第二点。

任务 11：用路径阵列编辑图形，如图 15-4-5 所示。

路径阵列：通过指定路径来复制并排列选定对象。

路径阵列的命令启动方式有：

① 命令：ARRAYPATH。

② 菜单：修改—阵列—路径阵列。

1. 切换视图为西南等轴测

2. 绘制基本图形，如图 15-4-5 所示

① 绘制圆柱体。

命令：CYLINDER↙

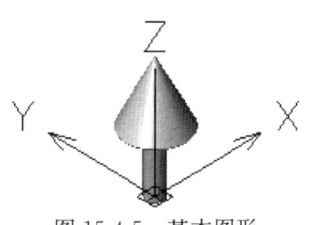

图 15-4-5　基本图形

指定底面的中心点或 [三点（3P）/两点（2P）/切点、切点、半径（T）/椭圆（E）]：0，0，0↙

指定圆的半径或 [直径（D）]：3↙

指定高度或 [两点（2P）/中心轴（A）]：20↙

② 绘制圆锥体。

命令：CONE↙

指定底面的中心点或 [三点（3P）/两点（2P）/切点、切点、半径（T）/椭圆（E）]：0，0，20↙

指定圆的半径或 [直径（D）]〈3.0000〉：10↙

指定高度或 [两点（2P）/中心轴（A）/顶面半径（T）]〈20.0000〉：20↙

③ 绘制圆弧，如图 15-4-6 所示。

命令：ARC↙

指定圆弧的起点或 [圆心（C）]：0，0，0↙

指定圆弧的第二个点或 [圆心（C）/端点（E）]：E↙

指定圆弧的端点：   //可以给出任意点

指定圆弧的圆心或 [角度（A）/方向（D）/半径（R）]：D↙

指定圆弧的起点切向（按住 Ctrl 键以切换方向）：

④ 用路径阵列，绘制图形，如图 15-4-7 所示。

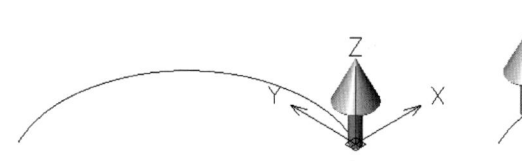
图 15-4-6　绘制圆弧

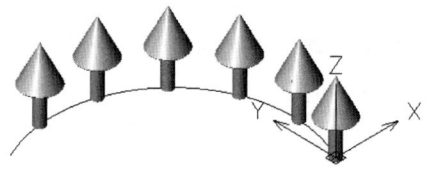
图 15-4-7　环形三维阵列图示

命令：ARRAYPATH↙

选择对象：   //选择圆锥体

找到 1 个

选择对象：   //选择圆柱体

找到 1 个，总计 2 个

选择对象：↙

类型 = 路径　关联 = 是

选择路径曲线：   //选择圆弧

找到 1 个

选择夹点以编辑阵列或 [关联（AS）/方法（M）/基点（B）/项目（I）/行（R）/层（L）/对齐项目（A）/Z 方向（Z）/退出（X）]〈退出〉：

⑤ 可以单击阵列实体模型，在特性工具栏中修改矩阵内容，如项数、项目间距和行数等，如图 15-4-8 所示。

其他	▼
方法	定距等分
填充整个…	是
项数	6
项目间距	30
起点偏移	0
端点偏移	0
行	1

图 15-4-8　阵列数据修改参数

任务12：用三维镜像编辑图形，如图 15-4-9 所示。

三维镜像：以平面为基准创建选定三维对象的镜像副本

三维镜像的命令启动方式有：

① 命令：MIRROR3D。

② 菜单：修改—三维操作—三维镜像。

目标：绘制图 15-4-9（a）所示图形。

分析：使用楔体和三维镜像制作图形。

步骤：

切换视图为西南等轴测。

变换视图为西南等轴测

命令：MIRROR3D↙

选择对象：

找到 1 个

选择对象：↙

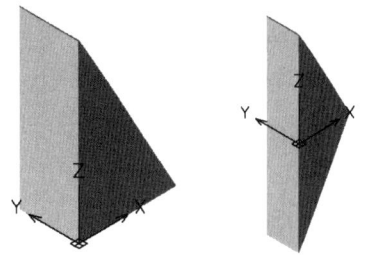

图 15-4-9　图形变化前后对比图

指定镜像平面上的第一个点（三点）或 [对象（O）/上一次（L）/Z 轴（Z）/视图（V）/XY 平面（XY）/YZ 平面（YZ）/ZX 平面（ZX）/三点（3）]〈三点〉：XY↙

指定 XY 平面上的点〈0，0，0〉：指定原点

删除源实体? [是（Y）/否（N）]〈否〉：N↙

📢 **小提示**

> 通过三点定义镜像平面。依次指定三个点，此三点确定的平面作为镜像平面，源对象和镜像副本关于此平面对称。

小　结

在本模块中，我们通过实例介绍了编辑三维图形的方法，在中望 CAD 教育版中，用户可以在三维空间中阵列、旋转、镜像和对齐三维对象，也可以经过并集、交集和差集的运算获得新的实体，还可以编辑它们的面、边和体。

拓展训练

一、填空题

1. 在中望 CAD 教育版中，用户可以对三维实体进行＿＿＿＿、＿＿＿＿、

_____等布尔运算编辑操作。

2. 在中望 CAD 教育版中,三维阵列主要有_____、_____、_____。

二、选择题

1. 在对齐三维对象时,最多可以选择(　　)组对齐点。
A. 1　　　　　　　B. 2　　　　　　　C. 3　　　　　　　D. 4

2. 两个相交的实体图形,要选择两个图形未有交集的部分,应该用(　　)操作。
A. 交集　　　　　　B. 差集　　　　　　C. 并集

三、判断题

1. 行间距是指定在 X 轴方向上阵列元素基点之间的距离。(　　)

2. 实体的三维镜像操作可以删除源实体图形。(　　)

四、操作题

1. 分别用拉伸和旋转两种方法配合布尔运算绘制图 1 和图 2。

2. 运用拉伸、并集、差集命令绘制图 3~图 5。

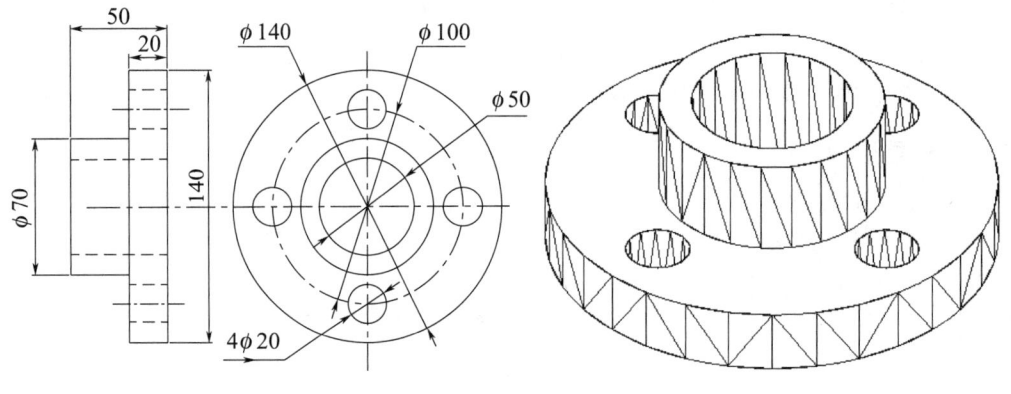

图 1

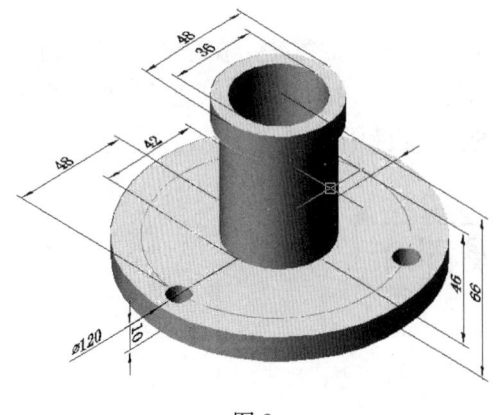

图 2

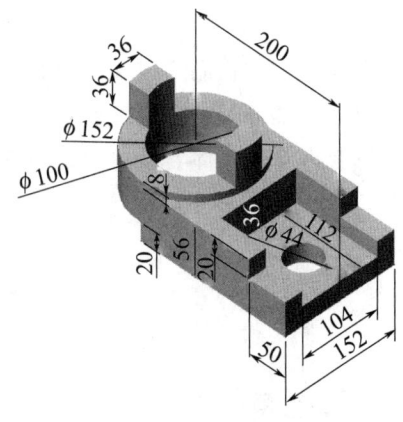

图 3

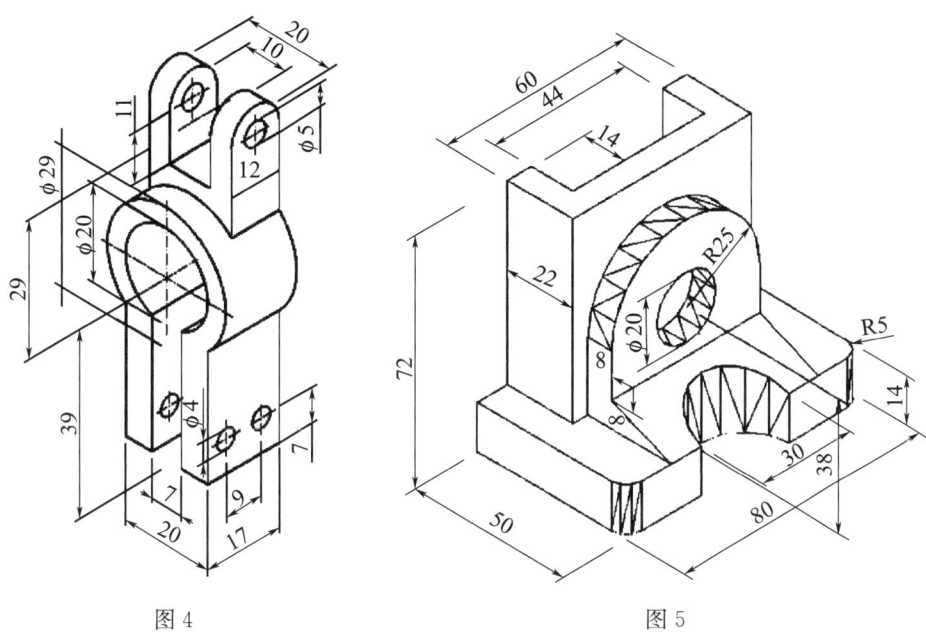

图 4   图 5

3. 参考门窗详图如图 6 所示做出门套,放置到建筑模型的门洞口。

已知:门为 2400×2500、1000×2500,厚度为 50,单位均为 mm。

4. 参考门窗详图如图 7 所示做窗套,放置到建筑模型的窗洞口。

已知:窗为 2100×1800、1000×2800,厚度为 50。窗台挑出墙面 60,高 120,单位为 mm。

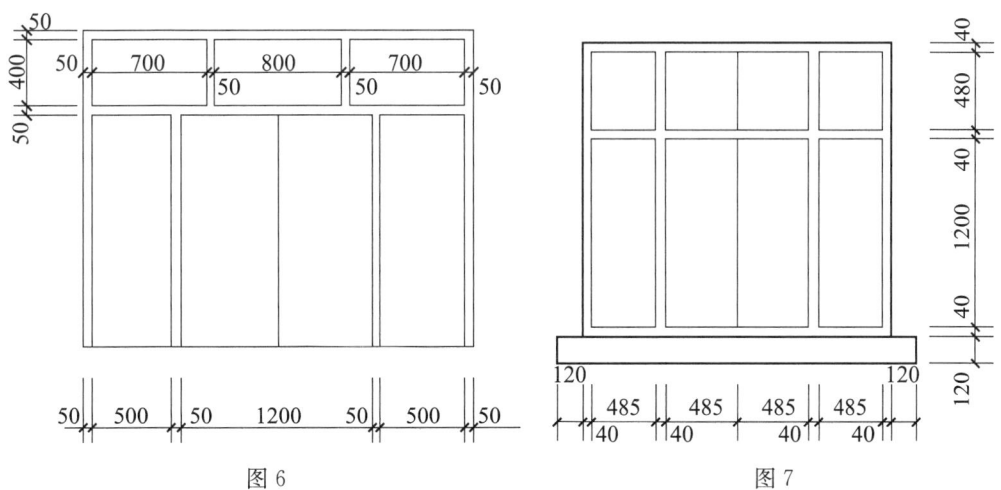

图 6   图 7

5. 运用所学命令和布尔运算创建出完整实体模型,如图 8~图 14 所示。

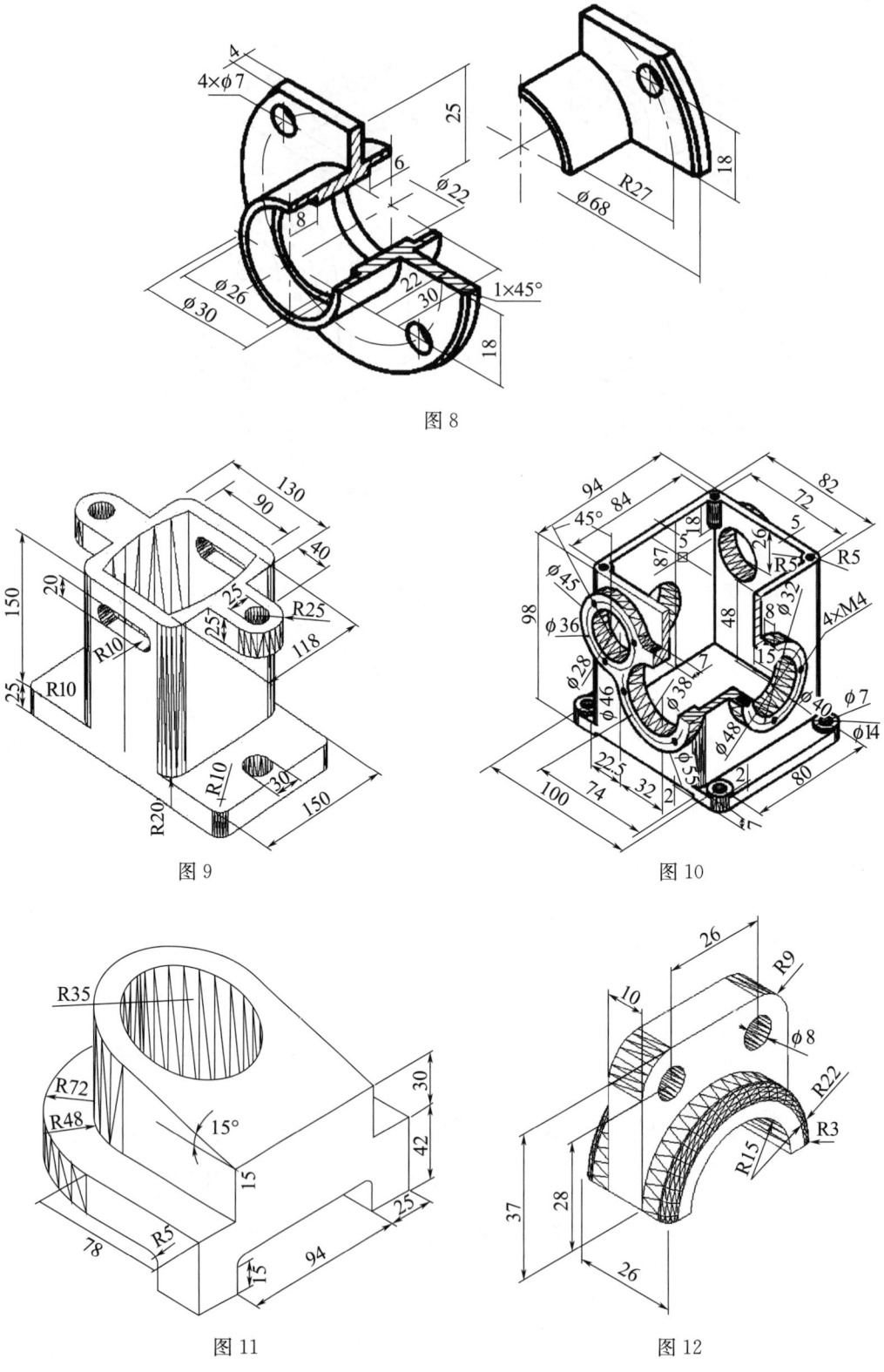

图 8　图 9　图 10　图 11　图 12

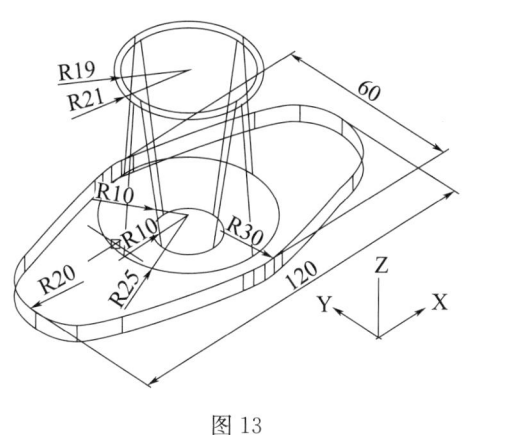
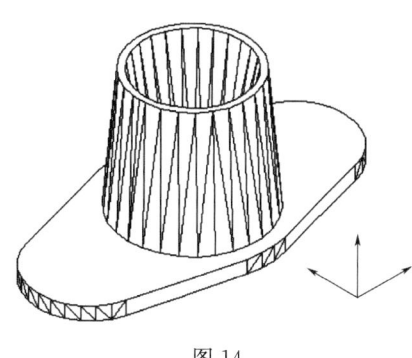

图 13　　　　　　　　　　　　　图 14

五、按照以下步骤绘制模型

1. 按照以下步骤绘制如图 15（a）所示茶盘模型。

（a）茶盘模型　　　　　（b）长方体做圆角后实体图

图 15　绘制茶盘模型

（1）制作长 80、宽 60、高 10 的长方体一。

（2）将长方体制作半径为 5 的圆角，抽壳半径 3，如图 15（b）所示长方体做圆角后实体图。

（3）绘制长 60、宽 2、高 4 的长方体二。

（4）底面半径为 1、高 60 的圆柱体。

（5）将长方体二和圆柱体做并集形成组合体，如图 16 所示。

（6）将组合体做阵列，如图 17 所示。

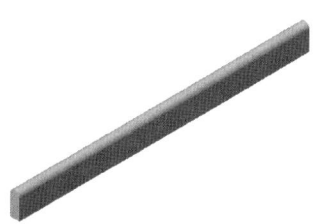
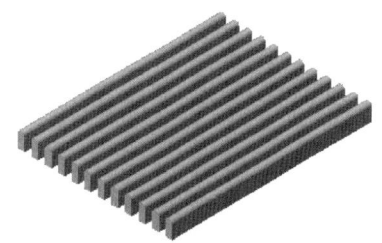

图 16　长方体和圆柱体　　　　　图 17　阵列后的组合体
　　　并集形成的组合体

（7）所有实体做并集。

2. 制作螺母模型

（1）用正多边形命令绘制半径为 50 的两个正六边形，第一个拉伸高度为 10，第二个拉伸高度为 15，如图 18 所示。

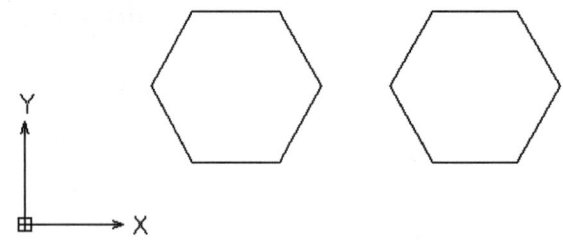

图 18　二维视图

（2）变换视图为西南等轴测。捕捉第一个正六边形的底面中心点坐标，输入圆锥体底面半径为 50、高度为 100，如图 19 所示。将两个物体做差集运算，如图 20 所示。

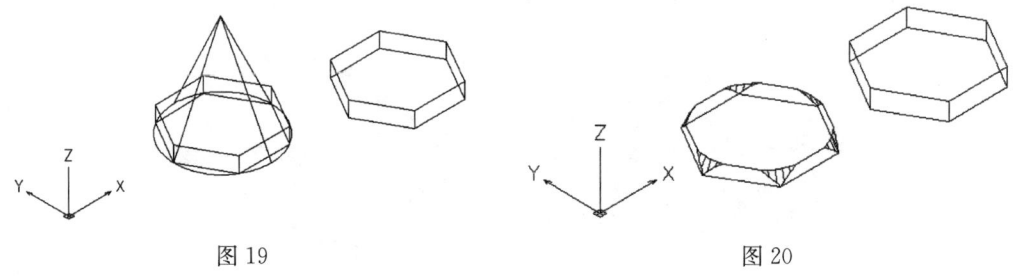

图 19　　　　　　　　　　　　　图 20

3. 用三维镜像命令将差集后的实体以 XY 平面为镜像轴，复制一个倒置图形，然后分别移动到第二个正六棱柱的上面和下面，做并集运算，如图 21 所示。

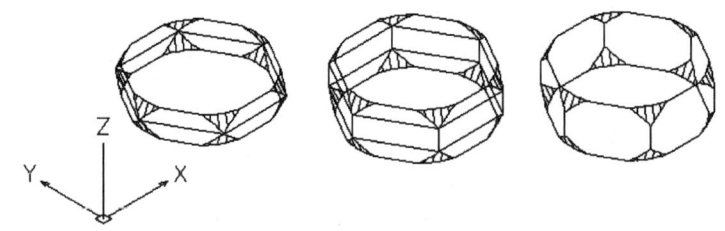

图 21　模型的三个步骤

4. 在螺母中心画一个圆柱体，半径为 25，高为 50，与螺母做差集运算，消隐效果如图 22 所示。

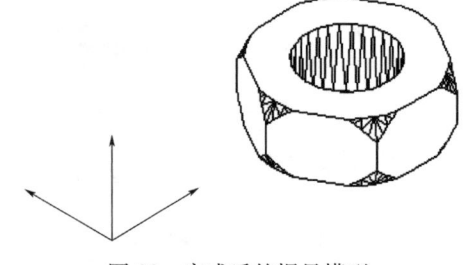

图 22　完成后的螺母模型

模块 16
建筑图形绘制实例

☑ 教学目标
掌握绘制建筑平面图、立面图和剖面图的步骤。
熟练掌握绘制建筑平面图、立面图和剖面图的技巧。

◈ 教学重点
掌握绘制建筑平面图、立面图和剖面图的步骤。
熟练掌握绘制建筑平面图、立面图和剖面图的技巧。

⚛ 教学难点
熟练掌握绘制建筑平面图、立面图和剖面图的技巧。

学习了中望CAD教育版的一些基础知识之后，用户应该了解中望CAD教育版在建筑绘图中的一些设计方法和技巧，本模块将通过实例介绍如何绘制建筑平面图、立面图和剖面图。

项目1　建筑平面图实例

建筑平面图就是假想使用水平的剖切面沿门窗洞口的位置将房屋剖切后，对剖切面以下的部分做水平剖面图。建筑平面图简称平面图，主要反映出房屋的平面形状、大小和房间的布置、墙柱的位置、厚度和材料，门窗的类型和位置等。建筑平面图一般包括底层建筑平面图、标准层建筑平面图及顶层建筑平面图。

1. 建筑平面图绘制的一般步骤

建筑平面图绘制的一般步骤为以下10步。

① 绘图环境设置。

② 绘制轴线。

③ 绘制墙柱。

④ 绘制门窗。

⑤ 绘制楼梯。

⑥ 绘制其他构配件。

⑦ 绘制建筑符号。

⑧ 注写文字。

⑨ 尺寸标注。

⑩ 保存。

根据工程的复杂程度，上面绘图顺序有可能小范围调整，但整体顺序基本不变。

绘图准备：

① 打开中望CAD应用程序，应用系统打开的模板或者单击工具栏中"新建"按钮，打开"选择样板文件"对话框，如图16-1-1所示。以zwcad.dwt为样板文件，建立新文件，并保存到适当的位置。

② 设置单位。选择"格式—单位"，打开如图16-1-2所示的"图形单位"对话框，就可以在图形对话框中进行绘图单位设置。建筑工程图中长度"类型"为"小数"，"精度"为"0"，设置"角度"类型为"十进制度数"，"精度"为0；系统默认逆时针方向为正，方向以东为基准角度。

③ 绘图界限设置。假设要绘制的纸张为A3图纸，按1∶1的比例绘制电子图形，按1∶100打印出图，A3图纸的尺寸为420mm×297mm。在命令行中输入LIMITS命令，设置图幅42000×29700。命令行提示与操作如下：

命令：LIMITS↙
指定左下点或限界[开（ON）/关（OFF）]〈0,0〉：↙
指定右上点〈297,210〉：420,297↙

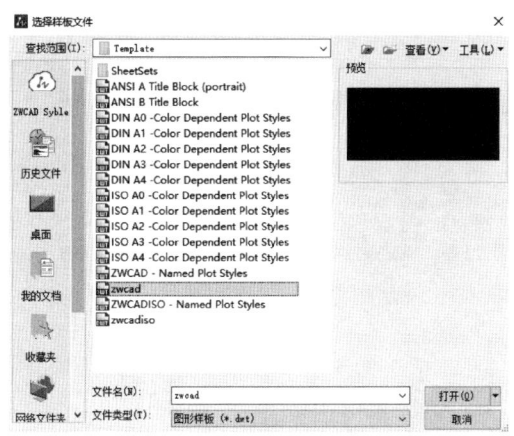

图 16-1-1 "选择样板文件"对话框

图 16-1-2 "图形单位"对话框

④ 设置图层。图层名称分别为轴线、墙线、柱网、门窗、楼梯、台阶、标注、文字说明、建筑符号和其他，见表 16-1-1。

表 16-1-1 图层参数

图层名	颜色	线型	线宽	层上主要内容
0	白	连续	默认	图框等
轴线	红	CENTER	0.13	点画线
墙线	白	连续	0.5	粗线
柱网	253	连续	0.5	粗线
门窗	黄	连续	0.25	中线
楼梯	洋红	连续	0.25	中线
台阶	绿	连续	0.25	中线
标注	蓝	连续	0.13	细线
文字说明	白	连续	0.13	细线
其他	青	连续	默认	不属于以上图层图元

在绘制的平面图中，包括轴线、门窗、文字和尺寸标注几项内容，分别按照所介绍的方法设置图层。其他的颜色可以依照个人的绘图习惯自行设置，没有具体要求。设置完成后的"图层特性管理器"对话框，如图 16-1-3 所示。

小提示

绘图过程中，往往会有不同的绘图内容，如轴线、墙线、门窗、楼梯、尺寸、标注、文字等，如果将这些内容放置在一起，绘图之后如果要删除或编辑某一类型的图形时，将带来选取困难。为了便于管理，把具有不同属性的图形放在不同的图层上进行处理。

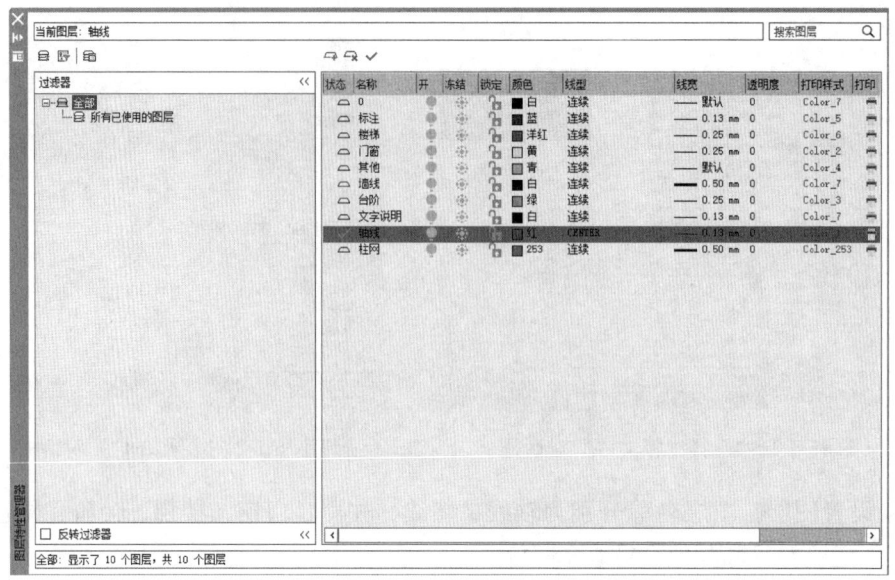

图 16-1-3 "图层特性管理器"对话框

下面介绍一下点画线层的线型设置。

点画线线型设置：双击"线型"打开"线型管理器"对话框（图 16-1-4），单击"加载"打开"添加线型"对话框（图 16-1-5），选择 CENTER，单击"确定"按钮（图 16-1-6），

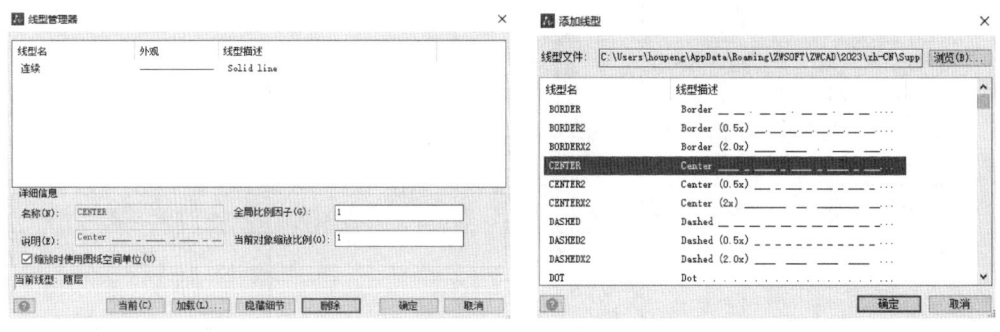

图 16-1-4 "线型管理器"对话框　　　　图 16-1-5 "添加线型"对话框

最后选择 CENTER，单击"确定"按钮，完成线型编辑。

⑤ 文字样式设置。在 CAD 中所有文字的字体都会建立在某一文字样式基础之上。因此，设置文字样式是进行文字注释和尺寸标注的首要任务。中望 CAD 软件中附带了很多字体，但是并非所有字体均符合制图国标，因此在进行尺寸标注及文字注释前应先设置符合制图标注与规范的文字样式。

图 16-1-6 选择 CENTER

设置两个文字样式，所有字体宽度因子为 0.7。

文字样式命名为"HZ"，字体名选择"仿宋"，语言为"CHINESE＿GB 2312"，字高设置为 3.5。

文字样式命名为"SZ"，字体名选择"Simplex.shx"，语言为"HZTXT.shx"，字高设置为 3。

执行命令 STYLE（ST）→"文字样式管理器"对话框→单击"新建"按钮，如图 16-1-7 所示"新文字样式"的对话框，输入样式名"HZ"→单击"确定"按钮，中望 CAD 返回"文字样式管理器"对话框，并在"当前样式名"列表框中显示出新建文字样式名。

在"文字样式管理器"对话框的"文本字体"区，设置文字样式使用的字体"仿宋"。在"文本度量"区，设置高度为"3.5"，设置宽度因子为 0.7，如图 16-1-8 所示。

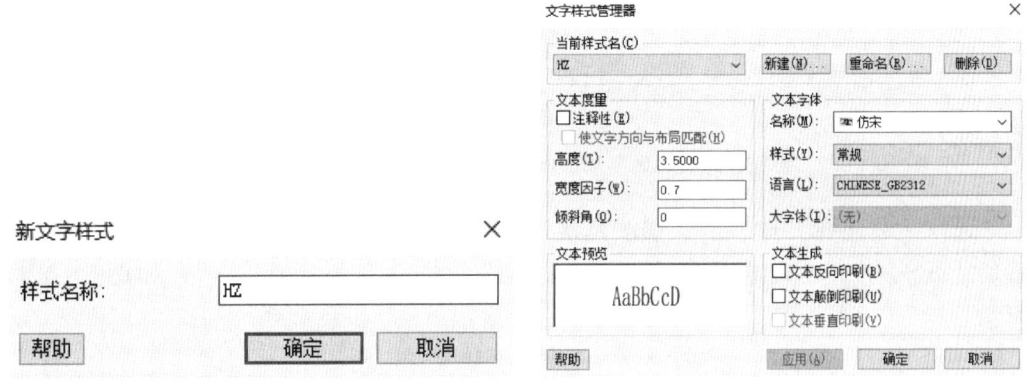

图 16-1-7　"新文字样式"对话框　　　　图 16-1-8　设置文字样式

🔊 小提示

> 仿宋字为汉字，汉字的高度不应小于 3.5mm。

单击"新建"按钮，输入样式名"SZ"→单击"确定"按钮→对"文字样式管理器"对话框进行设置：在"文本字体"区，选择字体"simplex.shx"，在"大字体"位置选择大字体"HZTXT.shx"。在"文本度量"区，输入高度为"3"、宽度因子"0.7"，如图 16-1-9 所示。

⑥ 标注样式设置。建筑图样上标注的尺寸具有以下独特的元素：尺寸界线、尺寸线、尺寸起止符号和标注文字（尺寸数字）。尺寸用以表达建筑构件的形状

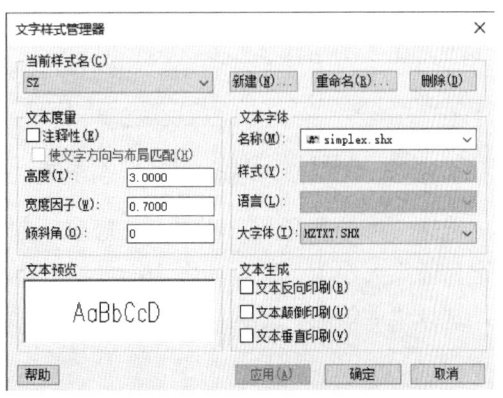

图 16-1-9　对"文字样式管理器"对话框进行设置

及其大小，是工程施工的重要依据。

标注样式设置，应符合国家制图相关规范的样式，满足建筑工程图的要求，因此就需要用户进行标注样式的编辑。

打开"标注样式管理器"（图16-1-10），单击"新建"命名"新样式名"为"标注"，如图16-1-11所示，单击"继续"按钮，打开"新建标注样式：标注"对话框如图16-1-12所示。

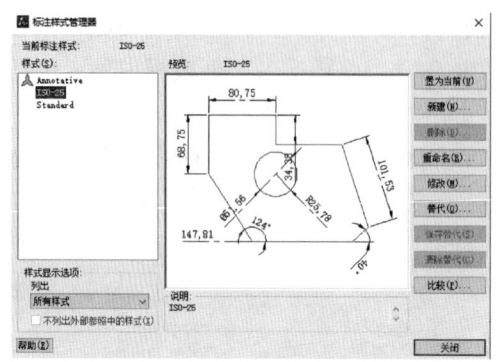 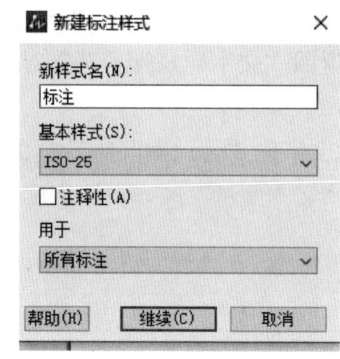

图16-1-10 "标注样式管理区"对话框　　图16-1-11 "新建标注样式"对话框

选择"标注线"选项卡：修改基线间距为"8"尺寸界线偏移原点为"2"，偏移尺寸线为"2"，勾选固定长度尺寸界线，并设置长度为"8"，如图16-1-13所示。

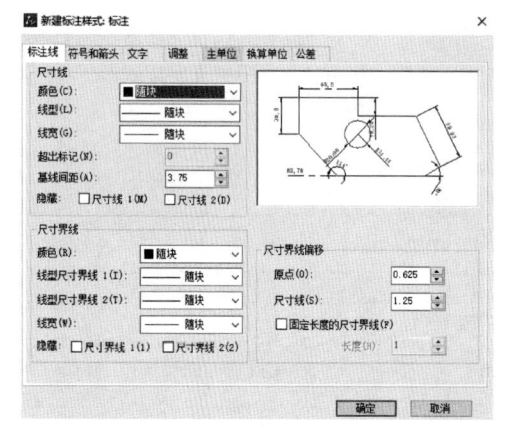 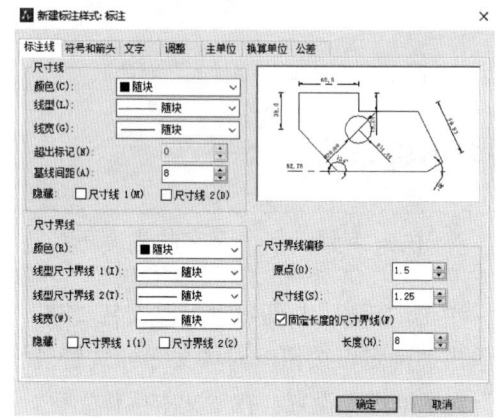

图16-1-12 "新建标注样式：标注"对话框　　图16-1-13 选择"标注线"选项卡

选择"符号和箭头"选项卡：修改"起始箭头"→建筑标记、"终止箭头"→建筑标记，箭头大小为"2"，如图16-1-14所示。

选择"主单位"选项卡：修改"精度"为"0"、"比例因子"为"100"，如图16-1-15所示。

编辑完毕后，单击"确定"回到"标注样式管理器"，单击"置为当前"。然后关闭对话框，完成标注编辑。

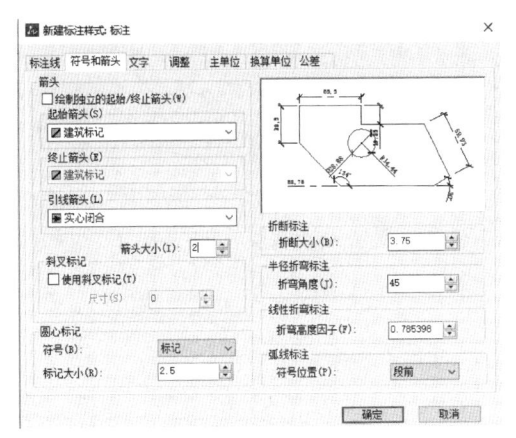
图 16-1-14　选择"符号和箭头"选项卡

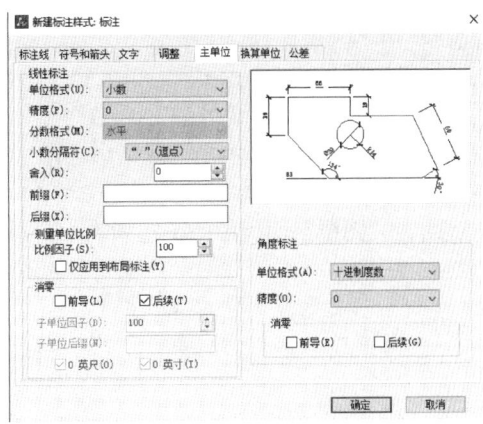
图 16-1-15　选择"主单位"选项卡

2. 绘制建筑平面图

（1）绘制轴线网及编号

定位轴线确定房屋主要承重构件（墙、柱、梁）的位置及标注尺寸的基线称为"定义轴线"，如图 16-1-16 所示。

定位轴线用细单点画线表示。定位轴线的编号注写在轴线端部的 $\phi8\sim10$ 的细线圆内。横向轴线：从左至右，用阿拉伯数字标注。

纵向轴线：从下向上，用大写拉丁字母进行标注，但不用 I、O、Z 字母以免与阿拉伯数字 0、1、2 混淆。一般承重墙柱及外墙编为主轴线，非承重墙、隔墙等编为附加轴线（又称分轴线）。

轴号用属性块的方法绘制。设置直径为 8 的圆，编号字高为 4，如图 16-1-17 所示。

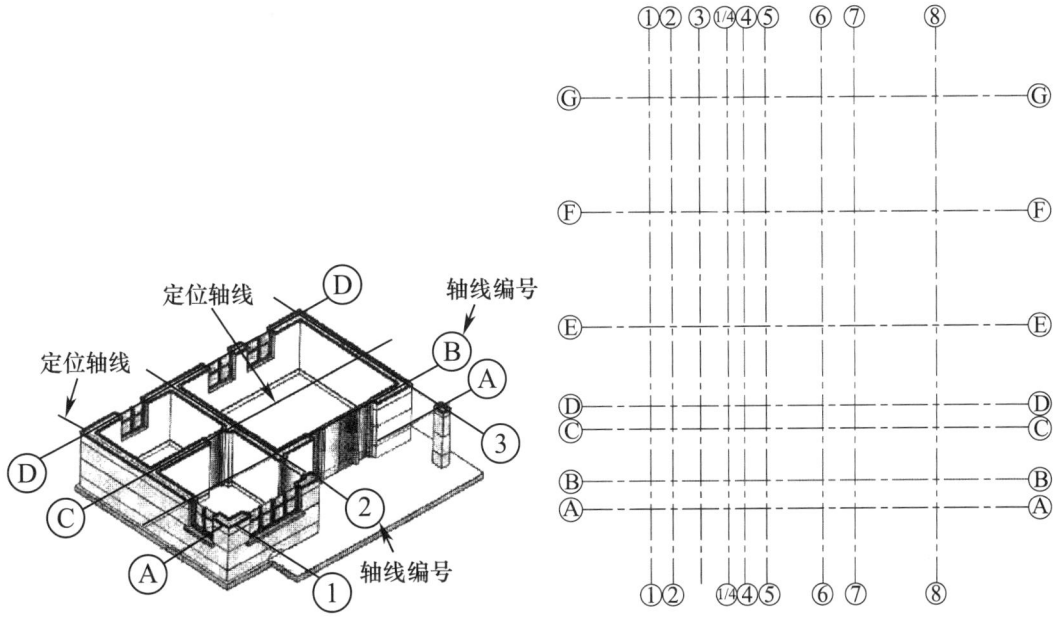

图 16-1-16　绘制轴线网及编号　　　　图 16-1-17　轴号用属性块的方法绘制

📢 小提示

在定位轴线的编号中,分数形式表示附加轴线编号。其中分子为附加编号,分母为前一轴线编号。1 或 A 轴前的附加轴线分母为 01 或 0A。

① 在"图层"面板中的下拉列表中,选择"轴线"图层为当前层,如图 16-1-18 所示。

图 16-1-18　选择"轴线"图层为当前层

② 单击"绘图"面板中的"直线"按钮，在空白区域任选其起点,绘制一条长度为 21600 竖向轴线,绘制完成后,再绘制一条长度为 15600 的水平轴线。绘图效果如图 16-1-19 所示。

```
命令：LINE↙
指定第一个点：
指定下一点或 [角度（A）/长度（L）/放弃（U）]：21600↙
指定下一点或 [角度（A）/长度（L）/放弃（U）]：15600↙
```

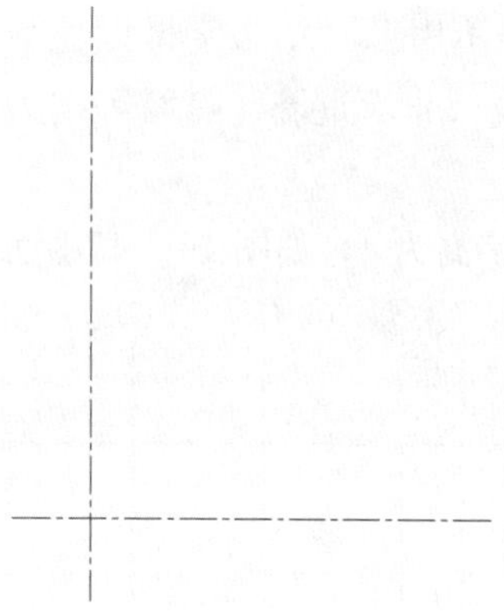

图 16-1-19　绘图效果

③ 单击"修改"面板中的"偏移"按钮，然后在"偏移距离"提示行后面输入 1500,按【Enter】键确认后选择水平直线,在直线上侧单击,将直线向上偏移 1500 的距离。

按上述方法,继续偏移其他轴线,水平直线向上偏移的尺寸分别为 1500、2700、1200、4200、6000、6000；竖直方向偏移尺寸分别为 1200、1500、1500、900、1200、3000、1800、4500。绘制完成后,单击"修改"面板中的"修剪"按钮，对多余的轴线进行修剪,如图 16-1-20 所示。

（2）绘制墙体

一般的建筑结构的墙线均可通过"多线"命令来绘制。

① 在"图层"面板中的下拉列表中,选择"墙线"图层为当前图层,如图 16-1-21 所示。

② 设置多线样式。在建筑结构中,包括承载受力的承重结构和用来分隔空间、美化环境的非承重结墙,下面将进行绘制。

③ 单击"格式"—"多线样式",打开"多线样式"对话框,如图 16-1-22 所示。

④ 在"多线样式"对话框中,可以看到"样式"中只有系统自带的 Standard 样式,单击右侧的"添加"按钮,打开"创建新多线样式"对话框,如图 16-1-23 所示,在"新样式名"文本框中输入"墙",作为多线的名称。单击"继续"按钮,打开"新建多

线样式：Standard"对话框，如图 16-1-24 所示。

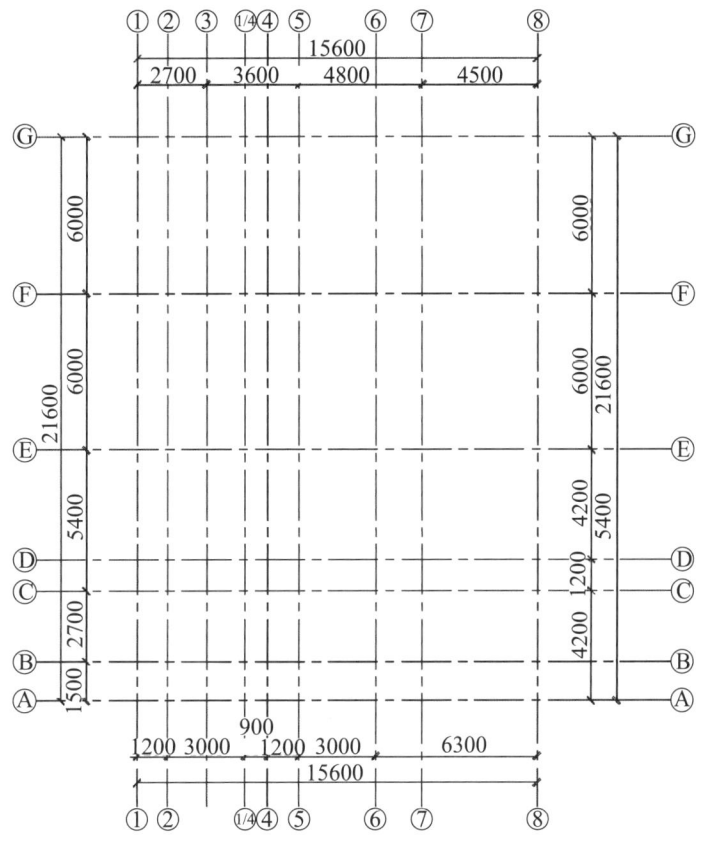

图 16-1-20 对多余的轴线进行修剪

图 16-1-21 选择"墙线"图层为当前图层

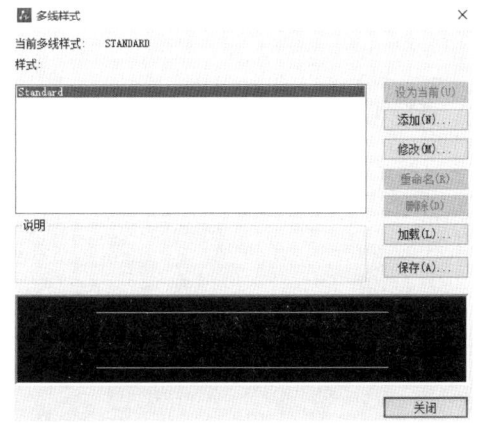

图 16-1-22 "多线样式"对话框

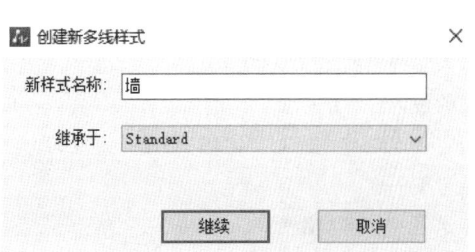

图 16-1-23 "创建新多线样式"对话框

⑤"墙"为绘制外墙时应用的多线样式，由于外墙的宽度为 250，所以按照图 16-1-24 所示，将偏移分别修改为 125 和－125，并将左侧"封口"选项组中"直线"后面的两个复选框选中，单击"确定"按钮，回到多线样式对话框，单击"确定"按钮回到绘图状态。

图 16-1-24 "修改多线样式：Standard"对话框

(3) 绘制墙线

绘制平面图中所有 250 厚的墙体，命令行提示与操作如下。

命令：MLINE↙
当前设置：对正＝上，比例＝20.0000，样式＝STANDARD
指定起点或 [对正 (J)/比例 (S)/样式 (ST)]：st↙ （设置多线样式）
输入多线样式名或 [?]：墙↙
当前设置：对正＝上，比例＝20.0000，样式＝墙
指定起点或 [对正 (J)/比例 (S)/样式 (ST)]：j↙
输入对正类型 [上 (T)/无 (Z)/下 (B)]〈上〉：z↙ （设置对中模式为无）
当前设置：对正＝无，比例＝20.0000，样式＝墙
指定起点或 [对正 (J)/比例 (S)/样式 (ST)]：s↙
输入多线比例〈20.0000〉：1↙ （设置线型比例为 1）
当前设置：对正＝无，比例＝1.0000，样式＝墙
指定起点或 [对正 (J)/比例 (S)/样式 (ST)]：
指定下一点：
指定下一点或 [撤销 (U)]：
指定下一点或 [闭合 (C)/撤销 (U)]：

逐个进行绘制，完成后的图形如 16-1-25 所示。

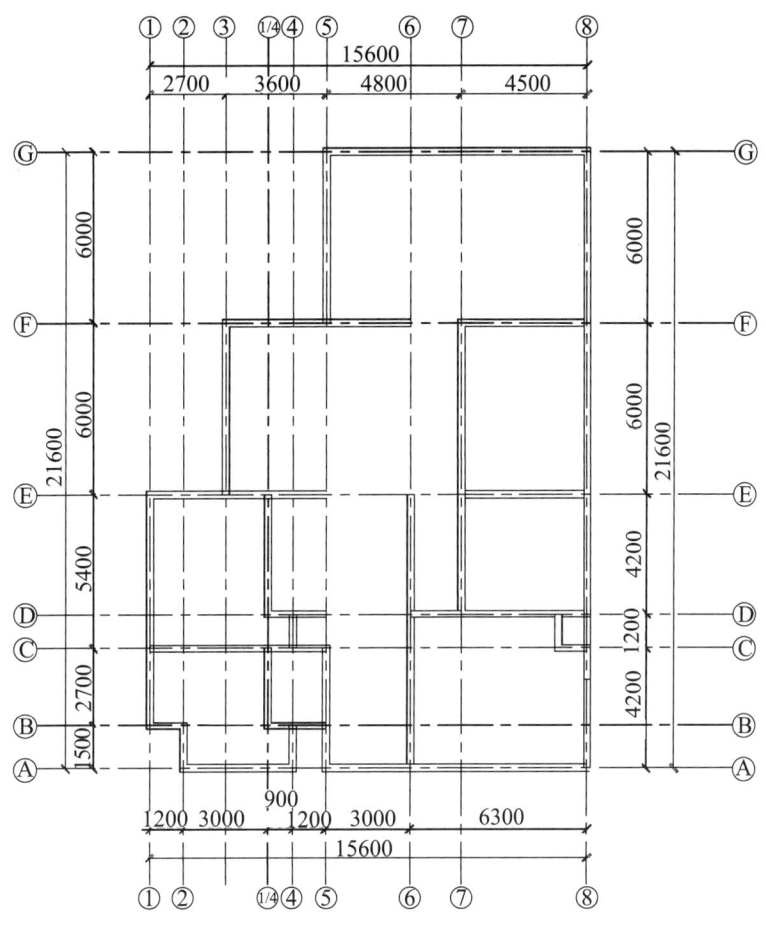

图 16-1-25　完成后的图形

(4) 编辑墙体线

双击任一多线,将启用"多线编辑工具",如图 16-1-26 所示,用"T 形打开"工具对所绘制的墙体按要求的连接方式进行编辑。用"T 形打开"工具时,编辑效果与选择对象的次序有关,先选"T"中的"竖",后选"T"中"横",如图 16-1-27 所示。

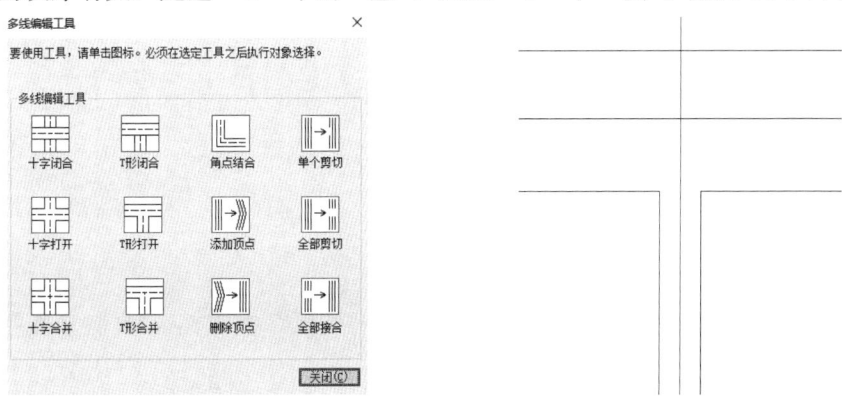

图 16-1-26　启用"多线编辑工具"　　　图 16-1-27　按要求的连接方式进行编辑

(5) 修剪门、窗洞口

① 定位门、窗洞口：用直线命令和偏移命令定位门、窗洞口修剪边界线。

② 修剪洞口：在修剪过程中，最好锁定"轴线"，以免误剪，如图 16-1-28 所示。

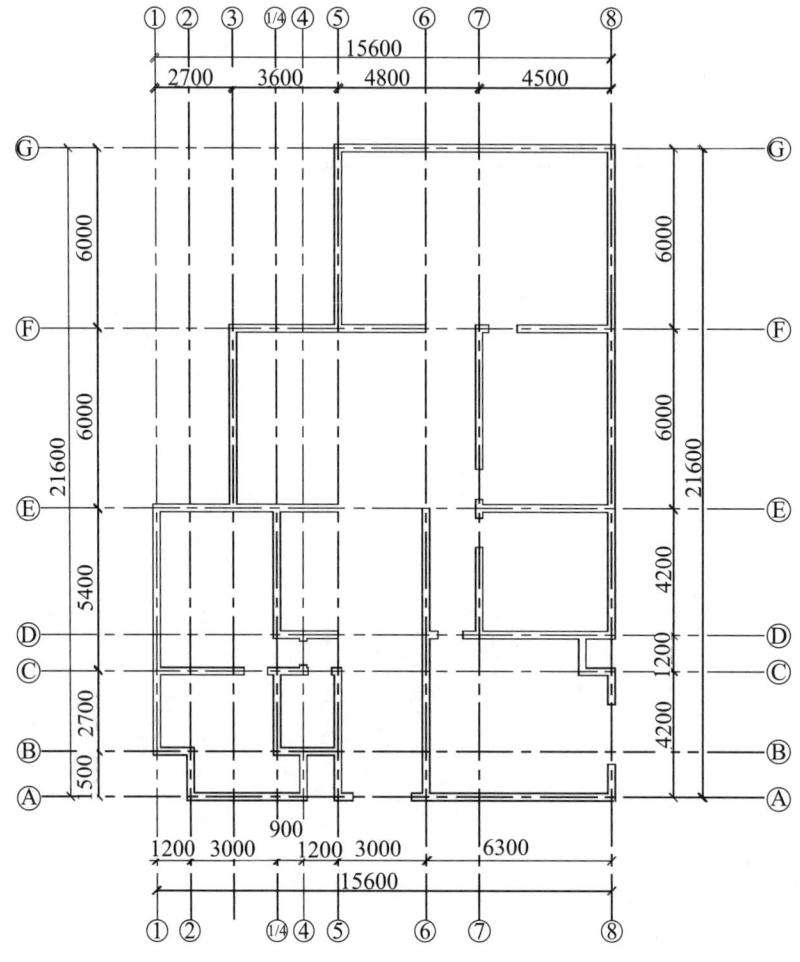

图 16-1-28 修剪洞口

(6) 绘制门窗

① 在"图层"面板的下拉列表中，选择"门窗"图层为当前层，如图 16-1-29 所示。

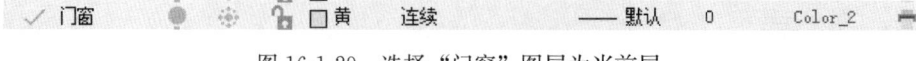

图 16-1-29 选择"门窗"图层为当前层

② 应用"绘图"面板中的"直线"按钮 和"圆弧"按钮 ，绘制平开门和子母门。

③ 应用"绘图"面板中的"矩形"按钮 ，绘制推拉门。

④ 应用"多线样式"，创建"窗"，设定相应比例绘制窗线。

绘制完成后图形如图 16-1-30 所示。

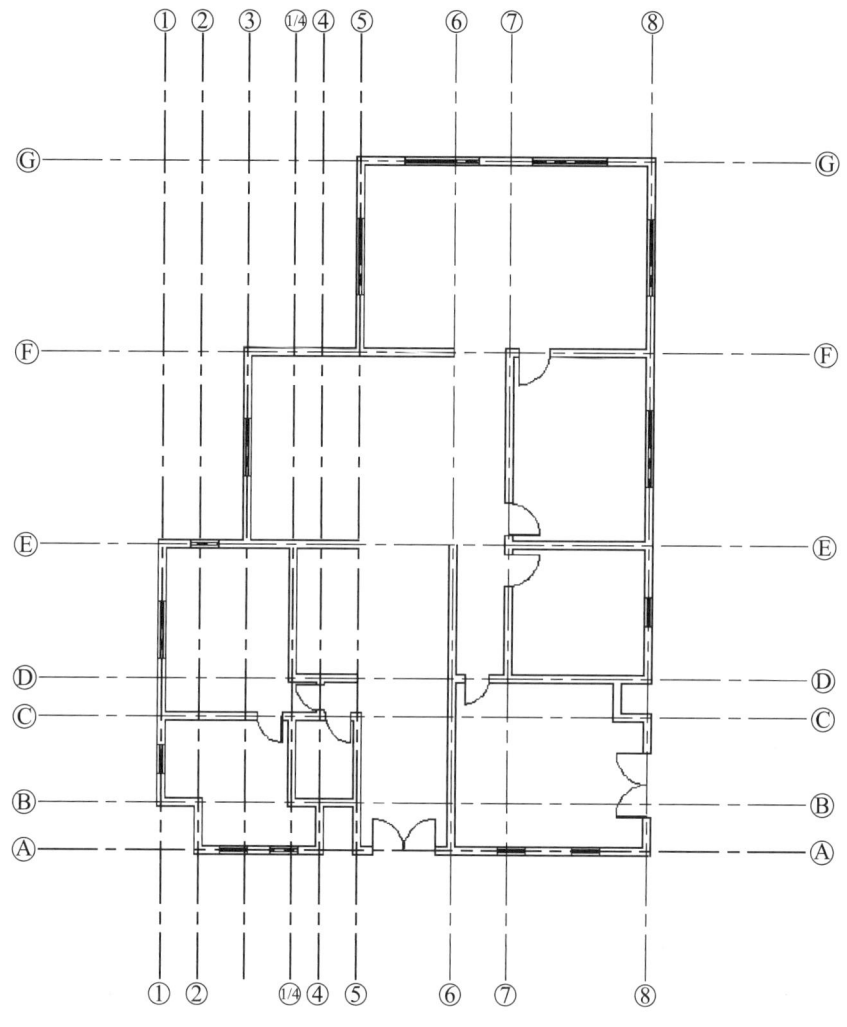

图 16-1-30　绘制完成后图形

(7) 绘制柱、台阶、散水、柱子等

① 绘制柱：单击"绘图"面板中的"多段线"按钮，在图形适当位置绘制连续多段线，形成 600×600、400×400 的正方形，并进行填充，如图 16-1-31 所示。

② 绘制散水：单击"绘图"面板中的"多段线"按钮，沿着外墙绘制轮廓，在"修改"面板中的单击"偏移"按钮，向外偏移 800，使用"修剪"按钮 进行修剪，完成散水的绘制，如图 16-1-32 所示。

(8) 绘制楼梯

在"图层"面板的下拉列表中，选择"楼梯"图层为当前层，单击"绘图"面板中的"多段线"按钮 和"偏移"按钮 绘制楼梯踏步线。

折断线用扩展工具—绘图工具—折断线或者应用 BREAKLINE 命令，然后应用"修剪"按钮 修剪部分踏步线。绘制完成后如图 16-1-33 所示。

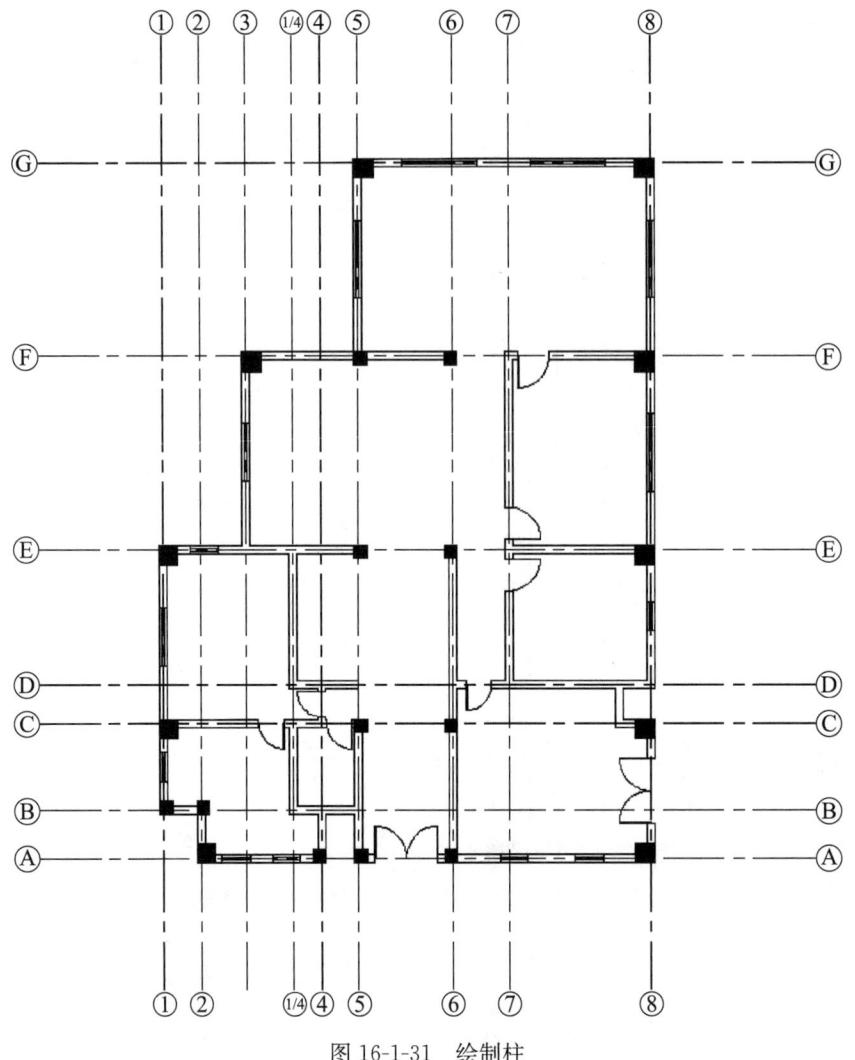

图 16-1-31 绘制柱

(9) 文字标注

① 文字：文字编辑前面已经介绍过，不做多的讲解，选择"多行文字"命令，将图中的文字绘制出来。

② 标注：建筑平面图的标注包括外部尺寸、内部尺寸和标高。

外部尺寸：在水平方向和垂直方向各标注 3 道。用线性标注命令、连续标注命令和基线标注命令进行标注。

内部尺寸：标出各房间长、宽方向的净空尺寸，墙厚及与轴线之间的关系、柱子截面、房内部门窗洞口、门垛等细部尺寸。

标高：平面图中应标注不同楼地面标高、房间及室外地坪等标高，且是以米为单位，精确到小数点后两位。

绘制完成后如图 16-1-34 所示。

模块 16
建筑图形绘制实例

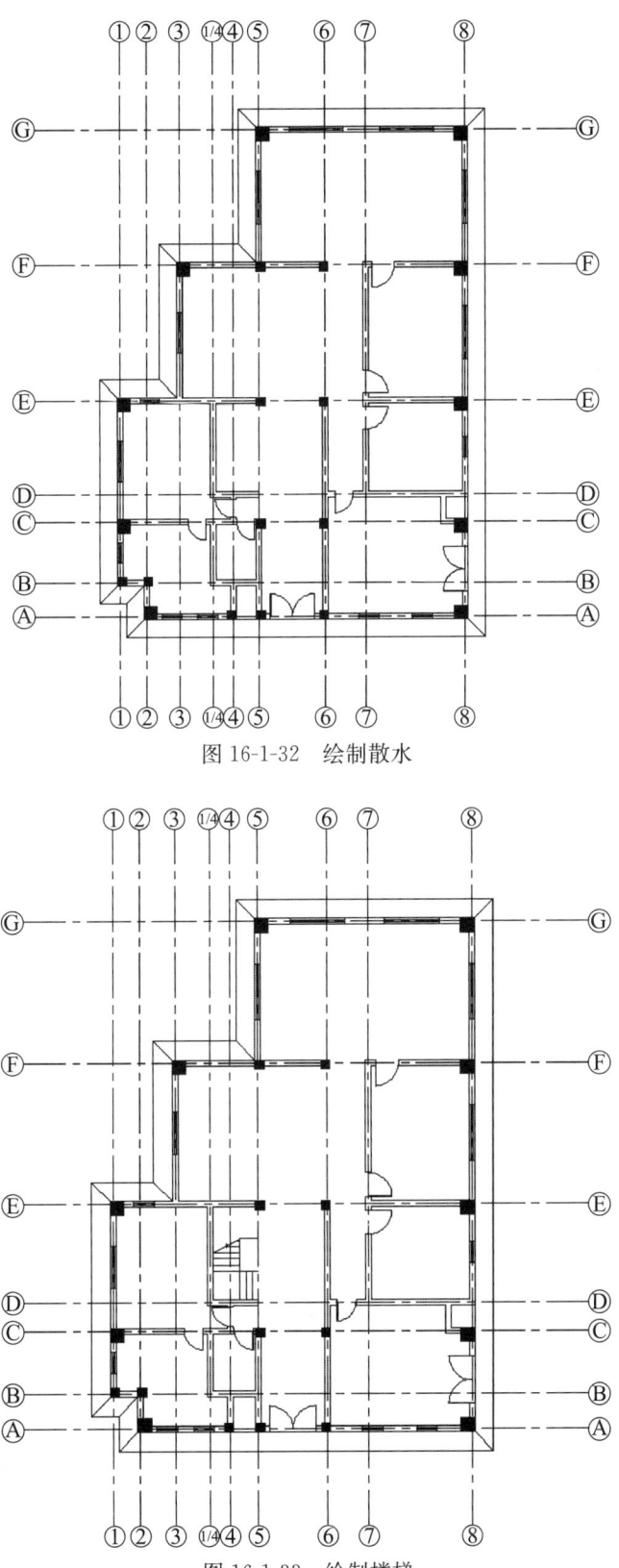

图 16-1-32 绘制散水

图 16-1-33 绘制楼梯

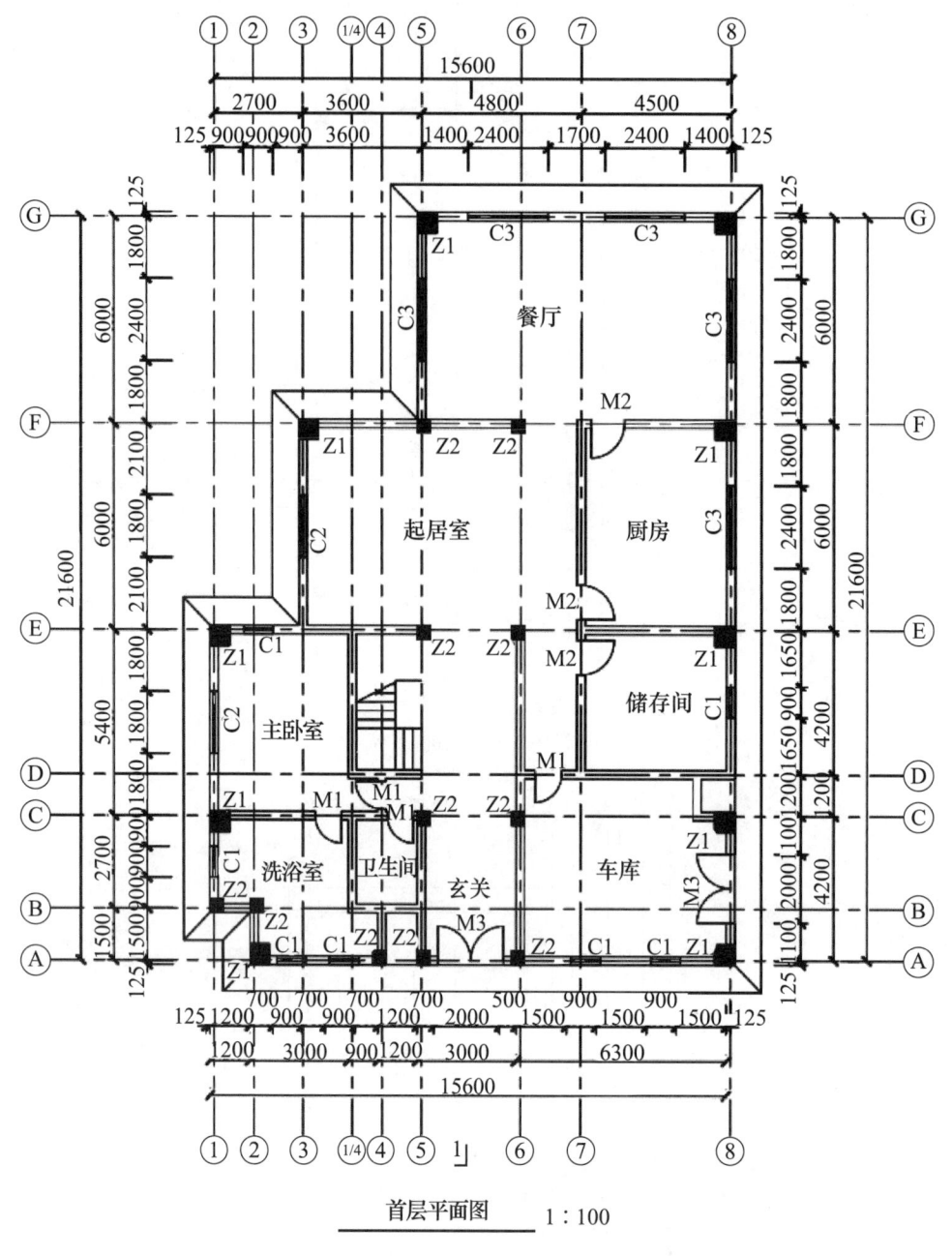

图 16-1-34 文字标注

(10) 绘制指北针、注写图名与比例

图名字高为 5，下画线为粗实线，比例字高为 3.5。绘制完成后如图 16-1-35 所示。

(11) 图形检查

绘制完成后，显示线宽进行图元检查，检查无误后对图形进行调整，使图形整体美观、整洁。

小提示

掌握平面图的绘制流程和了解建筑制图规范是绘图质量的保证。

利用图层管理器工具,对图层进行隔离、关闭或锁定,能减少密集区域失误操作。

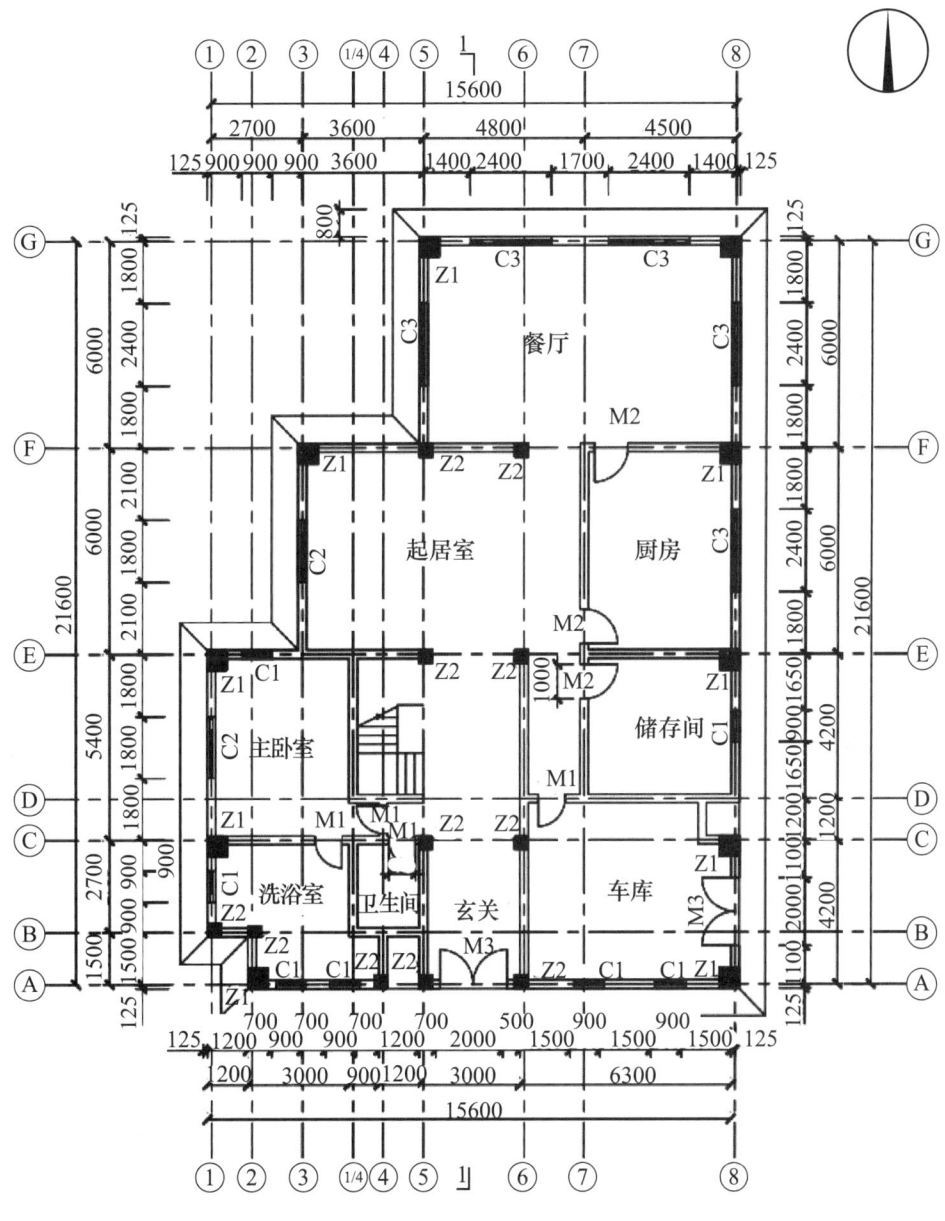

首层平面图 1:100

图 16-1-35 绘制指北针、注写图名与比例

项目 2 建筑立面图实例

建筑立面图是用来研究建筑立面的造型和装修的图样。立面图主要是反映建筑物的外貌和立面装修的做法，这是因为建筑物给人的美感主要来自其立面的造型和装修。

1. 建筑立面图的概念及图示内容

立面图是用直接正投影法将建筑各个墙面进行投影所得到的正投影图。一般情况下，立面图上的图示内容包括墙体外轮廓及内部凹凸轮廓、入口台阶及坡道、雨篷、窗台、窗楣、壁柱、檐口、栏杆、外露楼梯，各种小的细部可以简化或用比例来代替，如门窗的立面、踢脚线等。

2. 建筑立面图的命名方式

建筑立面图命名的目的在于能够使读者一目了然地识别其立面的位置。因此，各种命名方式都是围绕"明确位置"这一主题来实施的。至于采取哪种方式，则视具体情况而定。

① 以相对主入口的位置特征来命名。

如果以相对主入口的位置特征来命名，则建筑立面图称为正立面图、背立面图和侧立面图。这种方式一般适用于建筑平面方正、简单，入口位置明确的情况。

② 以相对地理方位的特征来命名。

如果以相对地理方位的特征来命名，则建筑立面图常称为南立面图、北立面图、东立面图和西立面图。

这种方式一般适用于建筑平面图规整、简单，而且朝向相对正南、正北偏转不大的情况。

③ 以轴线编号来命名。

以轴线编号来命名是指用立面图的起止定位轴线来命名，例如⑧～①立面图、E～A立面图等。这种命名方式准确，便于查对，特别适用于平面较复杂的情况。

3. 建筑立面图绘制的一般步骤

从总体上来说，立面图是通过在平面图的基础上引出定位辅助线确定立面图样的水平位置及大小，然后根据高度方向的设计尺寸来确定立面图样的竖向位置及尺寸，从而绘制出一系列的图样。因此，立面图绘制的一般步骤如下：

① 绘图环境设置。

② 确定定位辅助线，包括墙、柱定位轴线、楼层水平定位辅助线及其他立面图样的辅助线。

③ 立面图样的绘制，包括墙体外轮廓及内部凹凸轮廓、门窗、入口台阶及坡道、雨篷、窗台、栏杆、外露楼梯、各种脚线等。

④ 尺寸、文字标注。

⑤ 线型、线宽设置。

(1) 绘图环境设置

① 用 LIMITS 命令设置图幅：42000×29700。

② 单击"图层"面板中的"图层特性"按钮，弹出"图层特性管理器"对话框，创建"立面"图层。根据绘制需要，新增图层：辅助线、地坪线、屋顶轮廓线、外墙轮廓线等。

(2) 绘制定位辅助线

① 选择"绘图"面板中的"多段线"按钮，按照立面线宽要求（地坪线可采用加粗实线），绘制地坪线。

② 选择"绘图"面板中的"直线"按钮，由一层平面图向下引出定位辅助线。

③ 选择"修改"面板中的"偏移"按钮，根据室内外高差、各层层高、屋面标高等确定楼层定位辅助线，如图 16-2-1 所示。

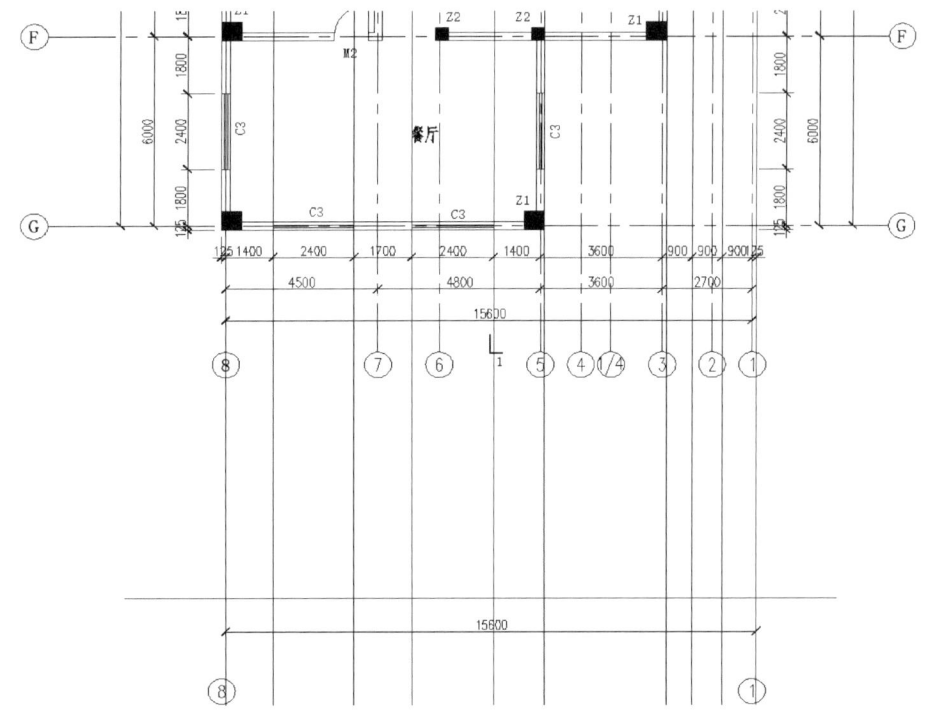

图 16-2-1 绘制定位辅助线

(3) 绘制立面图样

① 绘制外墙轮廓线：以建筑平面图为参照，应用"绘图"面板中的"直线"按钮、"多段线"按钮及"修改"面板中的"偏移"按钮、"修剪"按钮，逐层对照⑧～①轴线上的外墙立面变化，绘制外墙轮廓线，如图 16-2-2 所示。

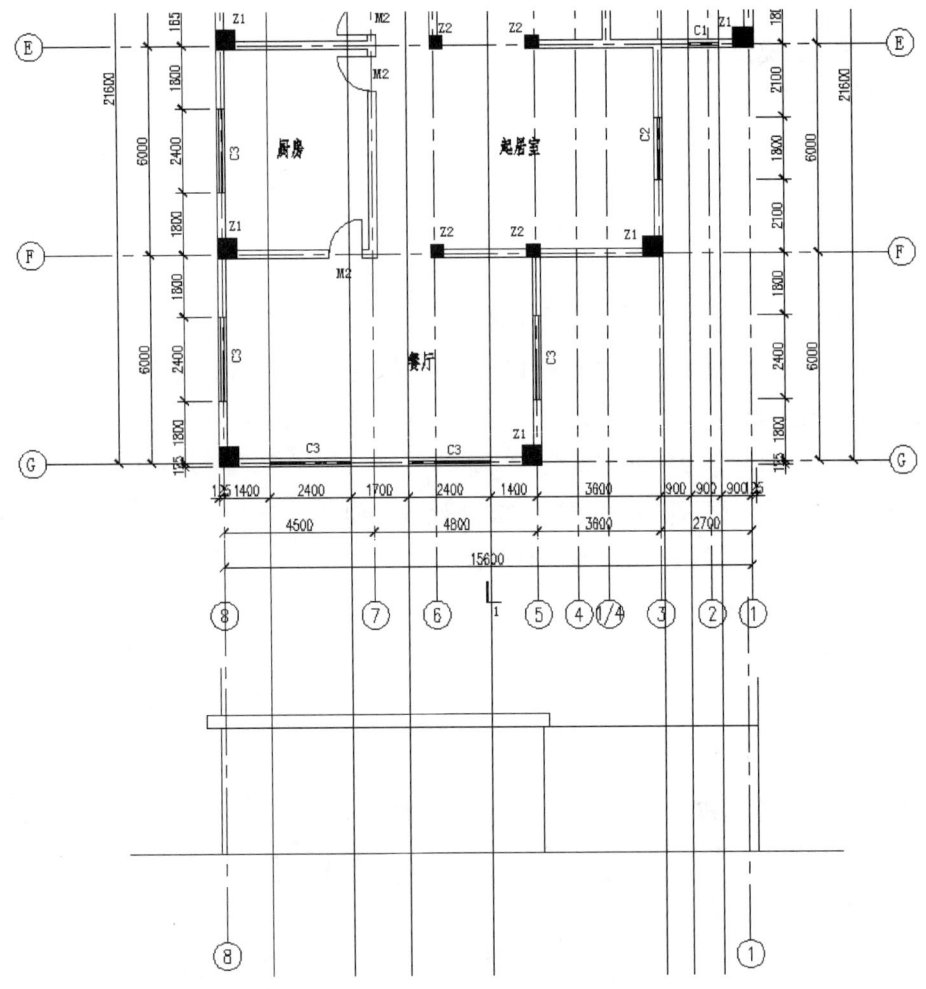

图 16-2-2　绘制外墙轮廓线

②绘制屋顶：以屋顶平面图为参照，应用"绘图"面板中的"直线"按钮、"多段线"按钮及"修改"面板中的"偏移"按钮、"修剪"按钮。分析屋顶几何关系，结合屋脊交点，确定屋顶轮廓线。如图 16-2-3 所示。

③绘制门窗：根据建筑平面图、立面图中标高尺寸，以及门窗统计表尺寸，以一层地面为基准，应用"绘图"面板中的"矩形"按钮。确定门窗的定位线、绘制门窗，如图 16-2-4 和图 16-2-5 所示。

以立面图为参照，应用"绘图"面板中的"图案填充"按钮，按要求进行图案填充，如图 16-2-6 所示。

(4) 尺寸标注与标高、文字说明等

①单击"绘图"面板中的"直线"按钮，绘制标高，如图 16-2-7 所示。

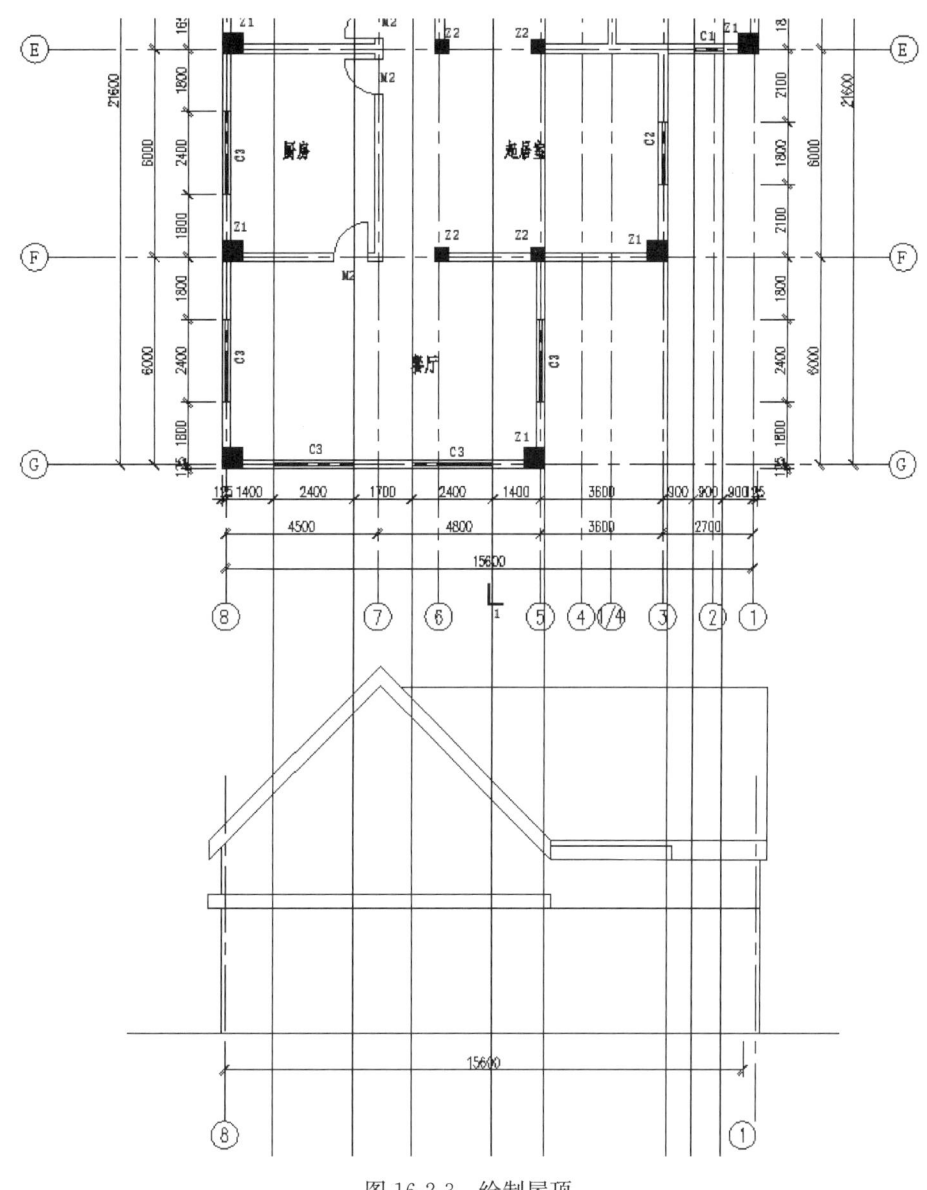

图 16-2-3　绘制屋顶

② 单击"绘图"面板中的"多行文字"按钮 ，在标高上添加文字，最终完成标高的绘制。

③ 单击"修改"面板中的"复制"按钮 ，选取已经绘制完成的标高进行复制，双击标高上的文字可以进行修改，所有标高绘制完成后，如图 16-2-7 所示。

④ 在命令行输入 QLEADER 命令，为图形添加引线。单击"绘图"面板中的"多行文字"按钮 ，为图形添加文字说明，如图 16-2-8 所示。

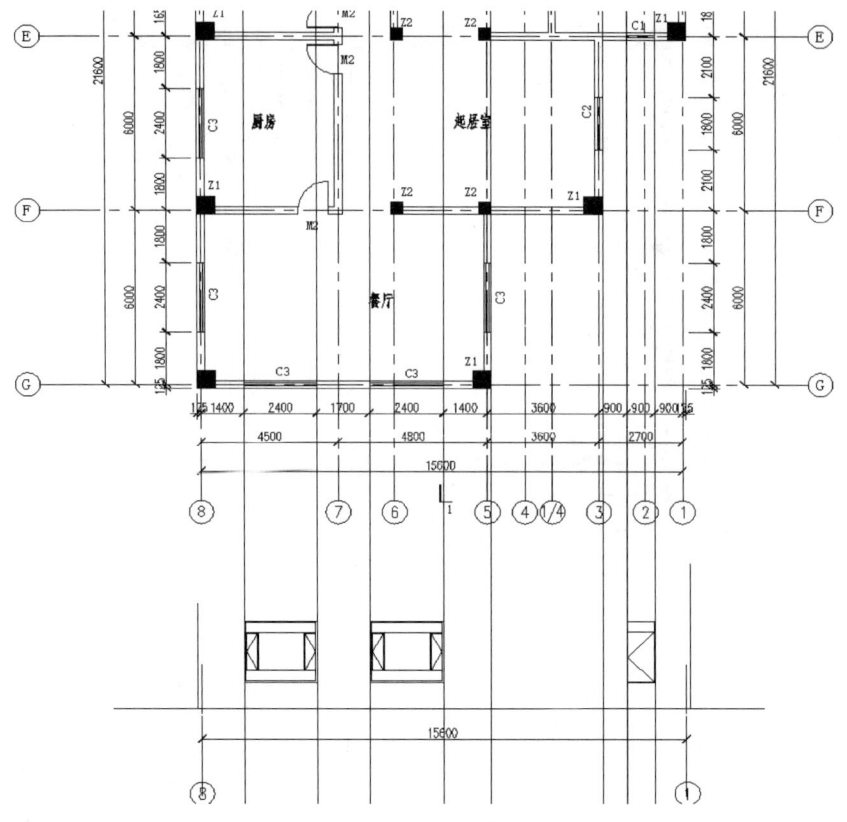

图 16-2-4　绘制门

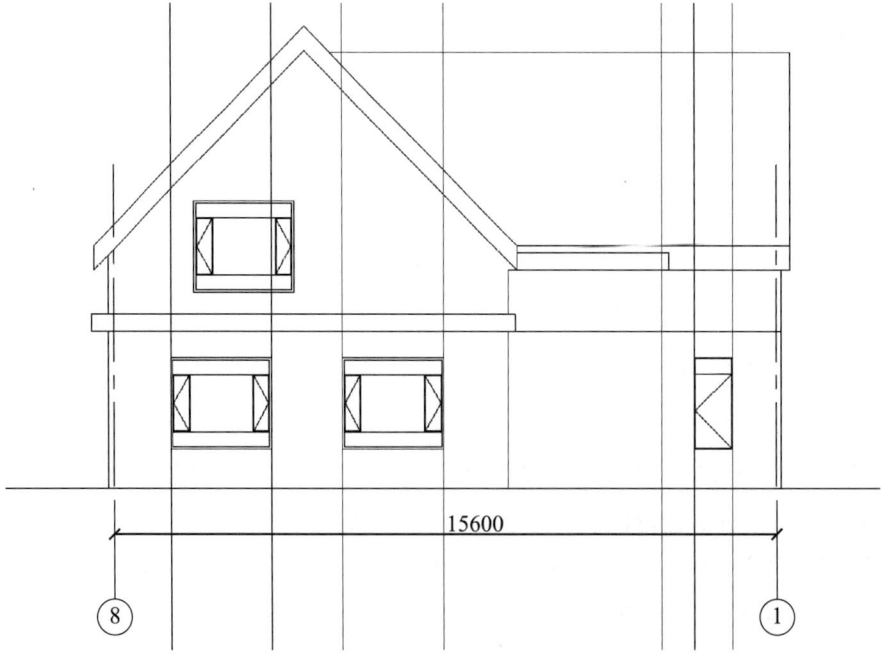

图 16-2-5　绘制窗

模块 16
建筑图形绘制实例

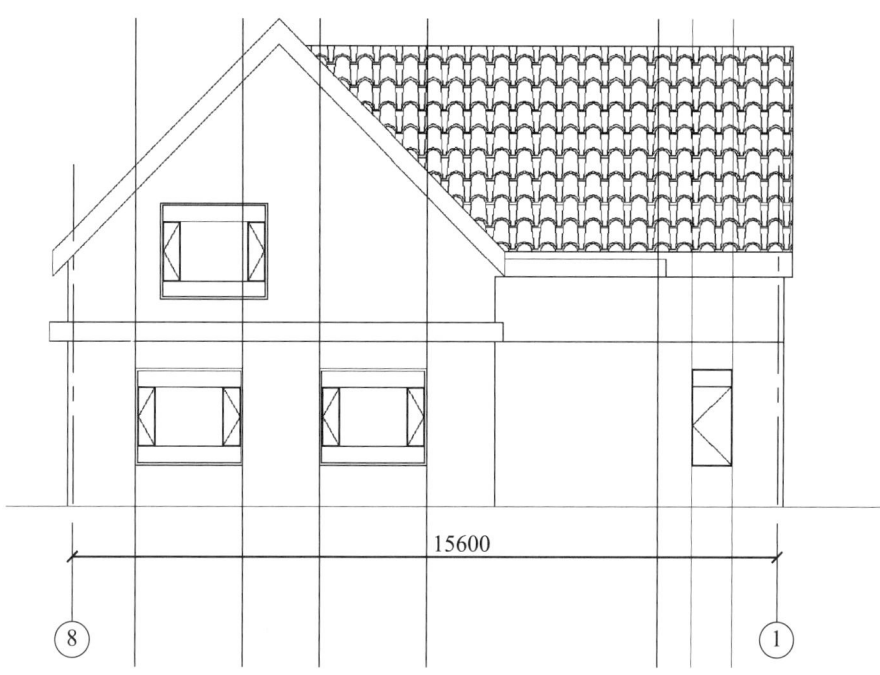

图 16-2-6　图案填充

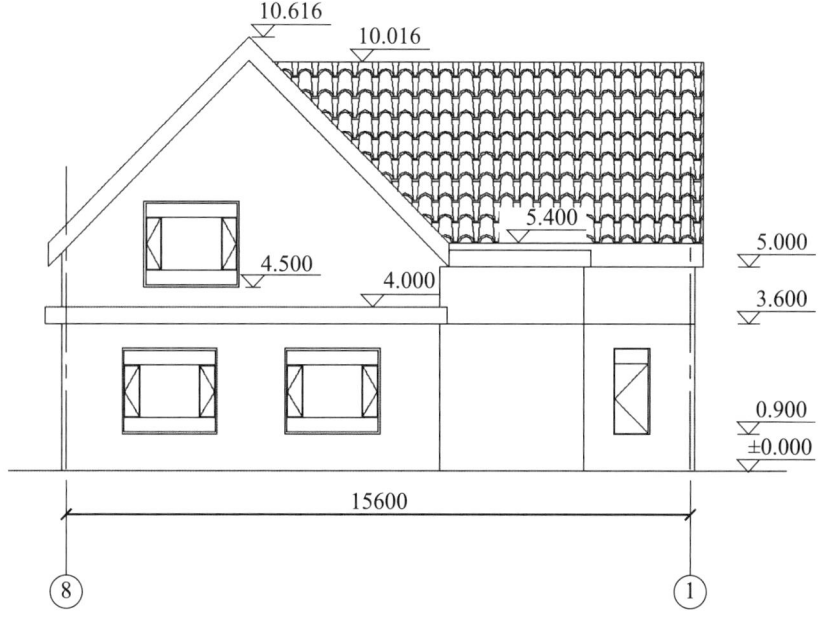

图 16-2-7　标高绘制

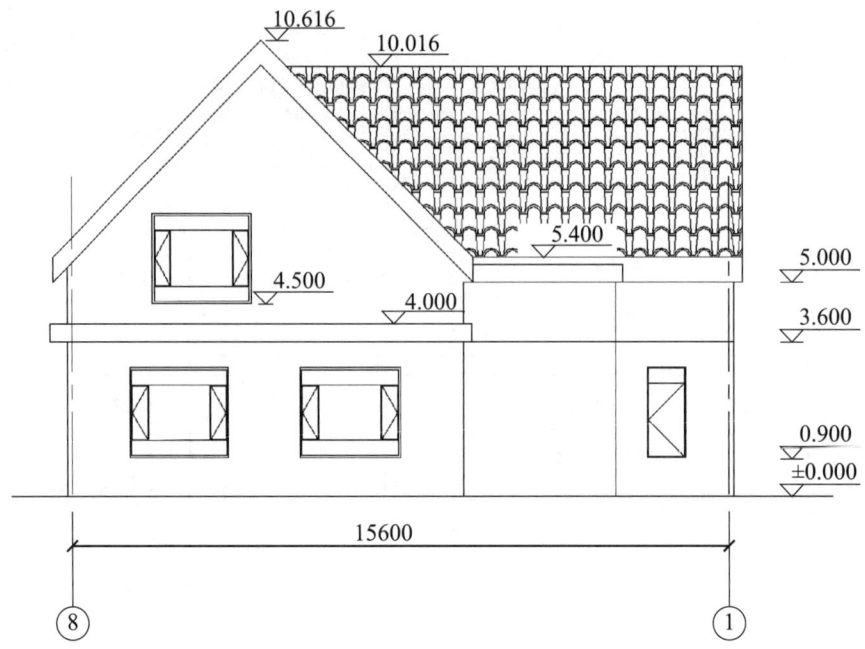

图 16-2-8 为图形添加文字说明

项目3 建筑剖面图实例

建筑剖面图是与平面图和立面图相互配合表达建筑物的重要图样,主要反映建筑物的结构形式、垂直空间利用、各层构造做法和门窗洞口高度等。

1. 建筑剖面图的概念及图示内容

剖面图是指用剖切面将建筑物的某一位置剖开,移去一侧后,剩下的一侧沿剖视方向的正投影图。根据工程的需要,绘制1个剖面图可以选择1个剖切面、2个平行的剖切面或2个相交的剖切面,如图16-3-1所示。

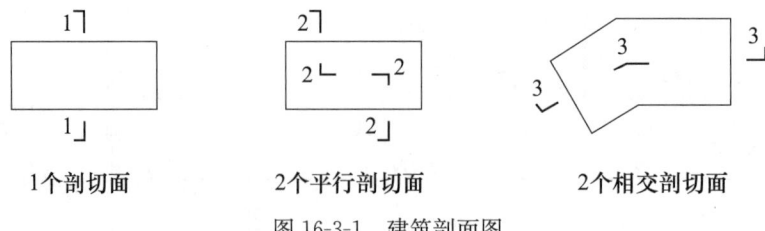

1个剖切面　　　　2个平行剖切面　　　　2个相交剖切面

图 16-3-1　建筑剖面图

2. 剖切位置及投射方向的选择

根据规定,剖面图的剖切部位应根据图纸的用途或设计深度,选择空间复杂、能反映建筑全貌、构造特征,以及有代表性的部位。

投射方向一般宜向左、向上，当然也要根据工程情况而定。剖切符号在底层平面图中，短线指向为投射方向。剖面图编号标注在投射方向那一侧，剖切线若有转折，应在转角的外侧加注与该符号相同的编号。

3. 建筑剖面图绘制的一般步骤

建筑剖面图在平面图、立面图的基础上，参照平面图、立面图进行绘制，一般步骤如下：

① 设置绘图环境，确定剖切位置和投射方向。

② 绘制定位辅助线，包括墙、柱定位轴线、楼层水平定位辅助线及其他辅助线。

③ 剖面图样绘制，包括剖切到的和看到的墙柱、地坪、楼层、屋面、门窗、楼梯、台阶及坡道、雨篷、窗台、窗楣、檐口、阳台、栏杆和各种线脚等。

④ 进行尺寸标注和文字说明。

（1）绘图环境设置

① 用 LIMITS 命令设置图幅：42000×29700。

② 单击"图层"面板中的"图层特性"按钮，打开"图层特性管理器"对话框，创建"剖面"图层。根据绘制需要，新增图层：楼面，线型为"默认"，线宽为"0.5"。

（2）绘制定位辅助线

① 以Ⓐ～Ⓖ立面图为参照，应用"绘图"面板中的"多段线"按钮，从立面图中引出标高线。

② 将一层平面图顺时针旋转 90°，布置在适当位置，沿剖切线截开，应用与立面图绘制纵向定位线相同的方法，绘制剖面图的墙体定位轴线、轴号。

📢 小提示

> 注意室内外地坪之间是否存在高差。

（3）绘制剖面图样

① 应用"绘图"面板中的"直线"按钮、"多段线"按钮绘制墙体轮廓线。

② 应用"修改"面板中的"偏移"按钮、"修剪"按钮，根据剖面图中梁、板尺寸，绘制楼板轮廓线，如图 16-3-2 所示。

③ 应用"绘图"面板中的"直线"按钮，根据剖面图中门窗尺寸，参考平面图中门窗绘制方法，应用"多线"命令进行门窗绘制，如图 16-3-3 所示。

④ 根据剖切位置，确定剖面图与屋顶平面图之间的投影关系，如图 16-3-4 所示。

⑤ 绘制剩余图形，按照绘制立面图的方法，完成未剖到部分及其他细节部位，如图 16-3-5 所示。

（4）尺寸标注与标高、文字说明等

应用线性标注和连续标注，标注对应尺寸。应用多行文字命令进行标高标注，如图 16-3-6 所示。

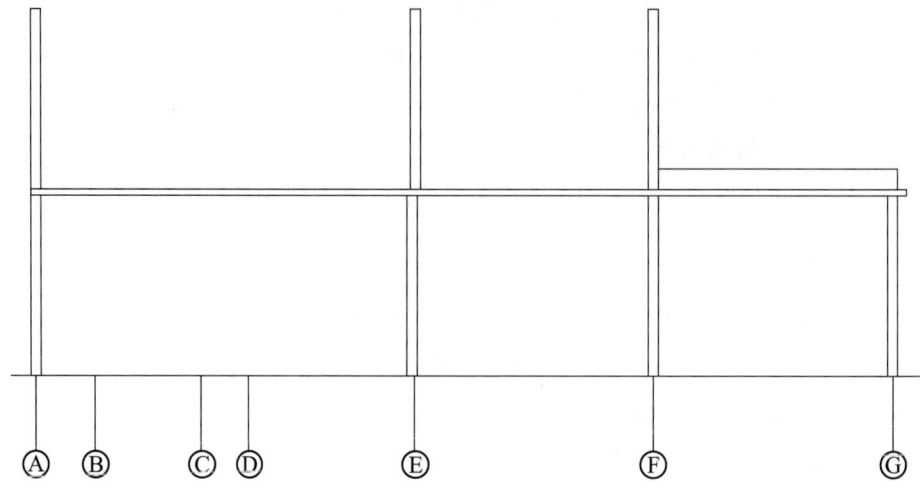

图 16-3-2　绘制楼板轮廓线

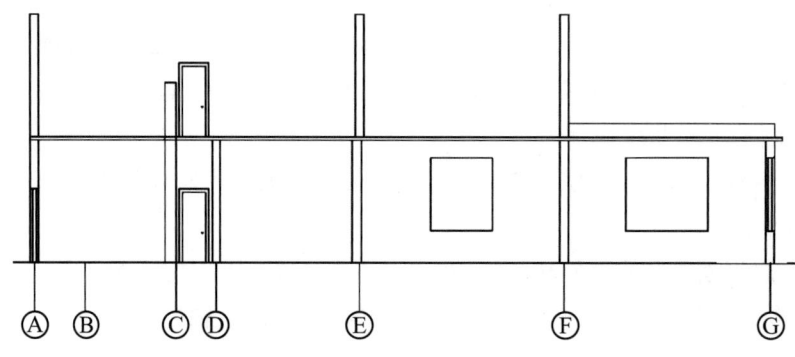

图 16-3-3　绘制门窗

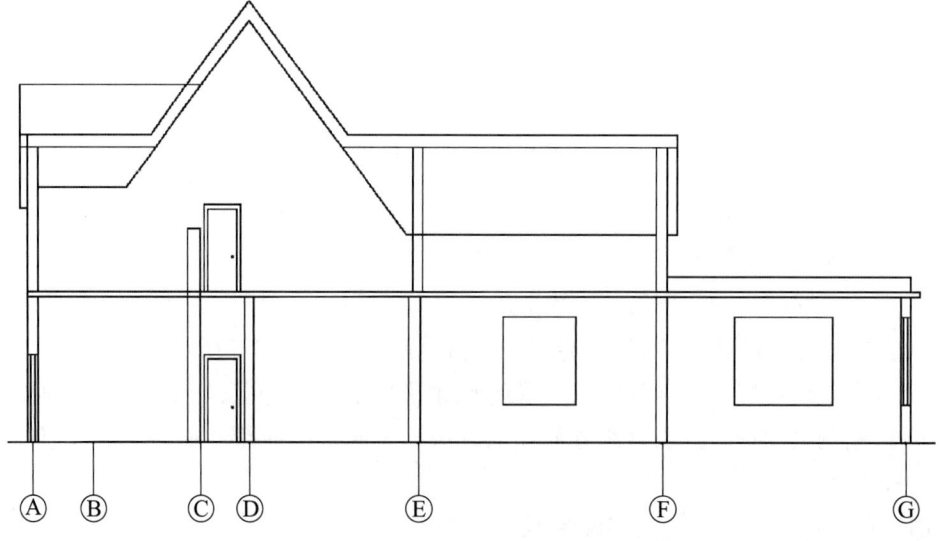

图 16-3-4　确定剖面图与屋顶平面图之间的投影关系

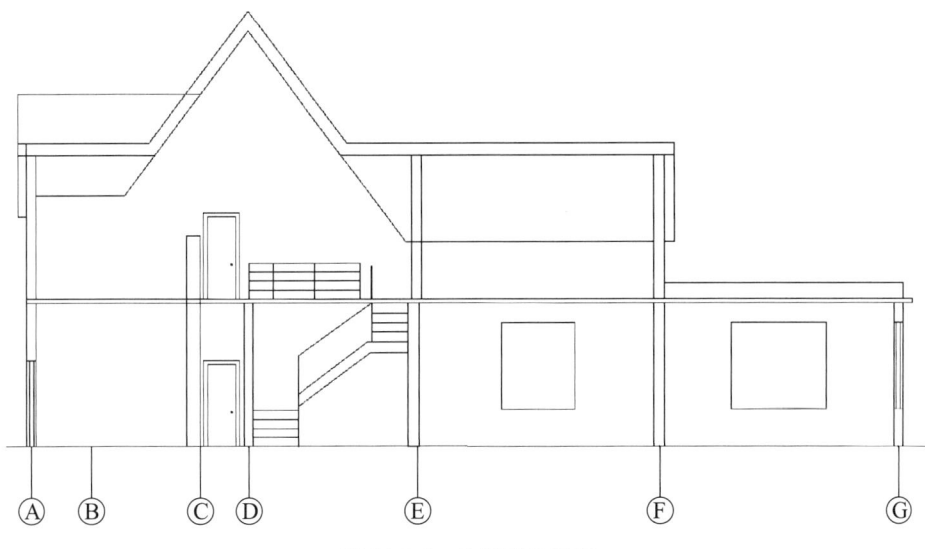

图 16-3-5　绘制剩余图形

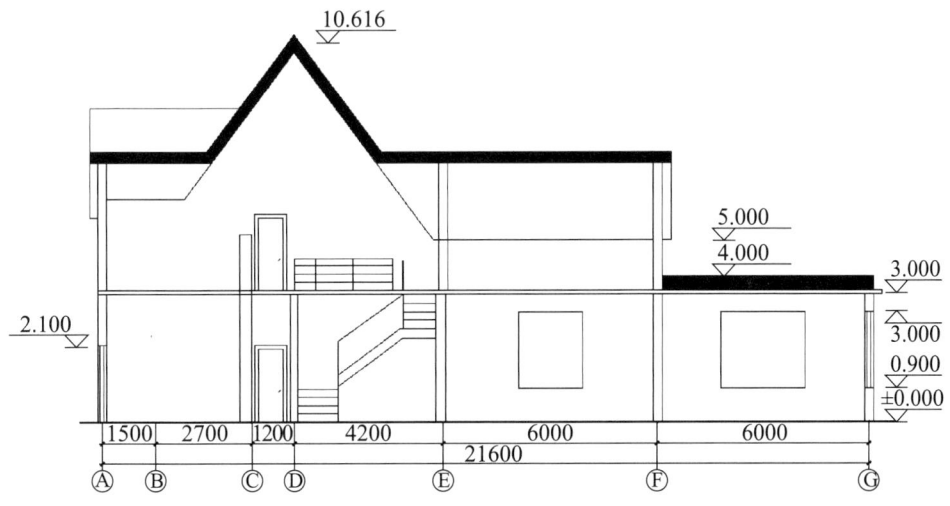

图 16-3-6　尺寸标注与标高、文字说明等

通过本模块的学习，用户掌握了建筑平面图、立面图和剖面图的绘图步骤，融入建筑制图国家标准、行业规范，使学生具有良好的绘图习惯、严谨细致的工作作风和精益求精的工匠精神。

拓展训练

一、绘制建筑平面图（图1）

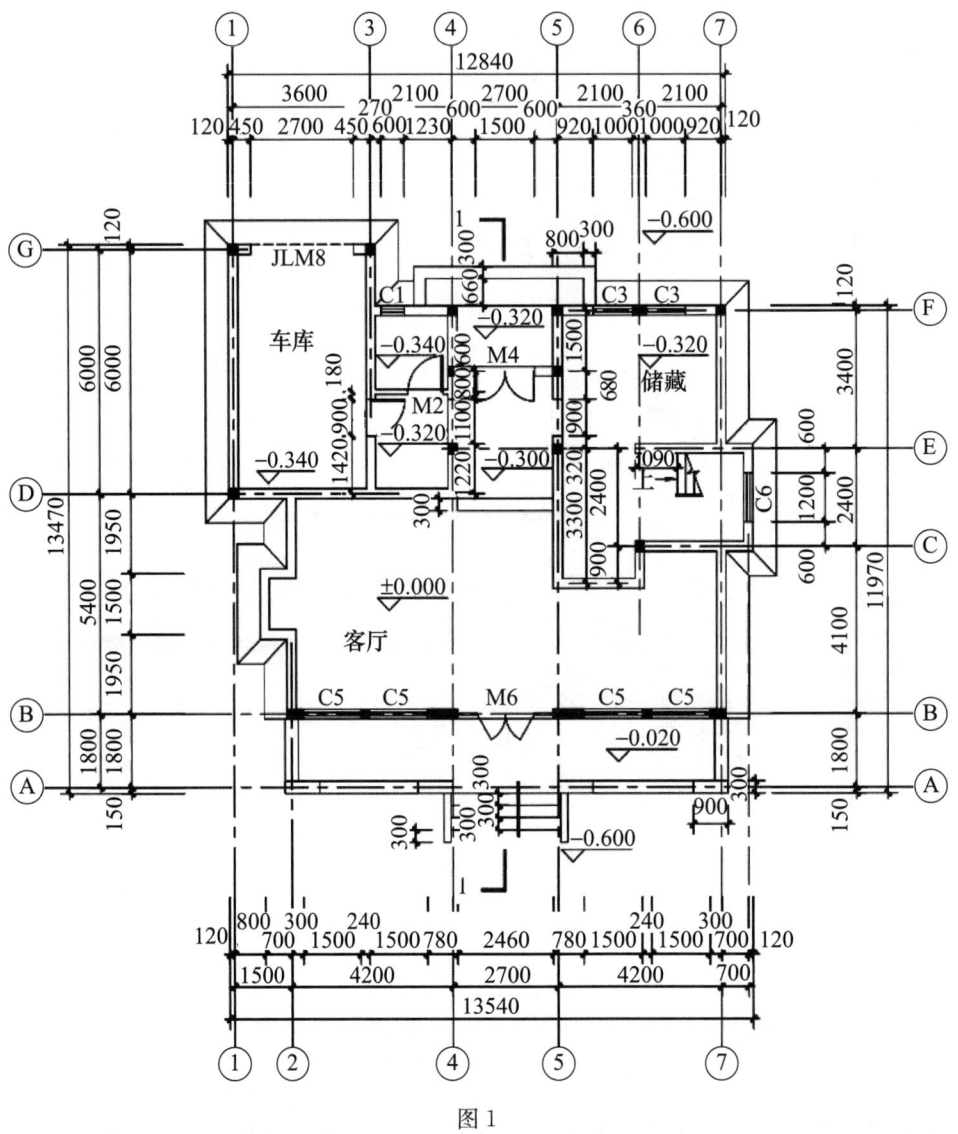

图1

二、绘制建筑立面图（图2）

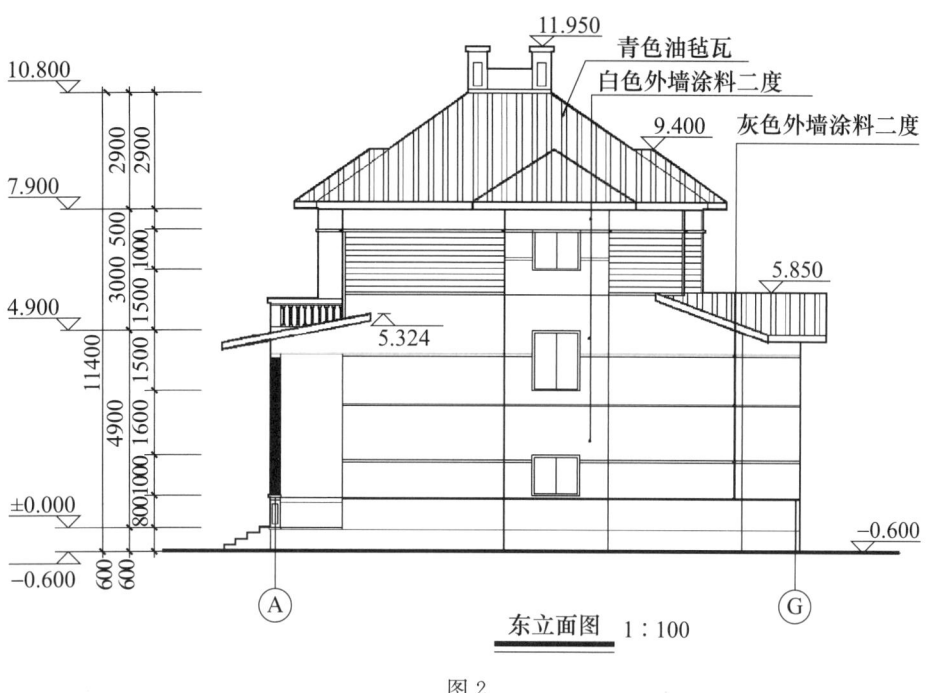

图 2

三、绘制建筑剖面图（图3）

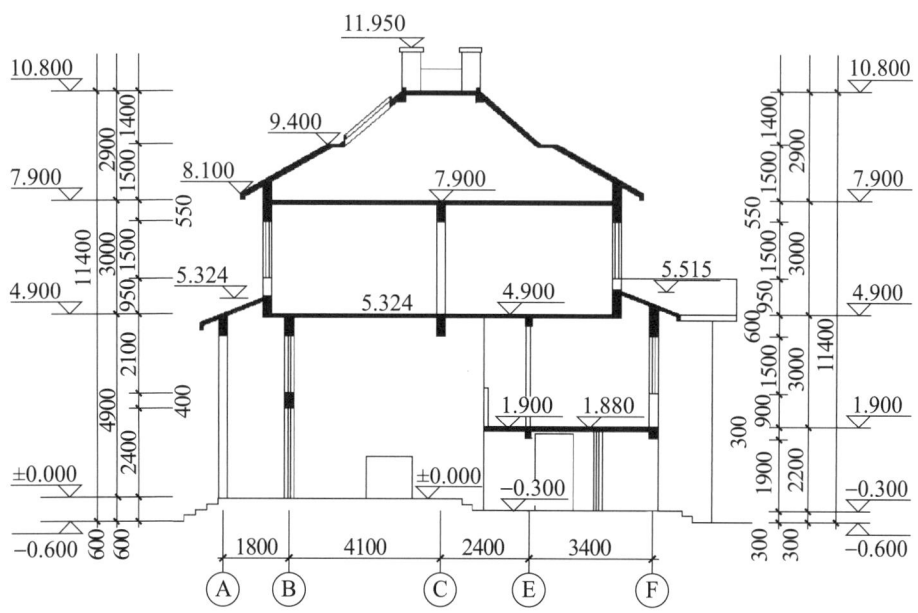

图 3

参 考 文 献

[1] 王磊，郭景全. 道路CAD［M］. 北京：中国电力出版社，2010.

[2] 胡仁喜，刘昌丽，张日晶. AutoCAD 2010中文版室内装潢设计从入门到精通［M］. 北京：人民邮电出版社，2010.

[3] 李善峰，张卫华，姜勇. 从零开始：AutoCAD 2010建筑制图基础培训教程［M］. 北京：人民邮电出版社，2011.

[4] 何倩玲，冯强，蔡奕武，等. CAD 2010基础教程［M］. 北京：中国建筑工业出版社，2011.

[5] 邱玲，张振华，于淑丽. 建筑CAD基础教程［M］. 北京：中国建材工业出版社. 2013.